普通高等教育"十一五"国家级规划教材

"十二五"国家重点图书出版规划项目

机械系统设计

（根据教育部最新颁布本科专业目录编写）

（第3版）

侯珍秀　主编

孙靖民　主审

哈尔滨工业大学出版社

内 容 简 介

本书从系统的观点出发,较全面地叙述了机械系统的组成、作用原理、应用条件、特点以及它们的设计方法和一般要求。全书共分八章,内容包括绪论、机械系统总体设计、执行系统设计、传动系统设计、支承系统设计、控制系统设计、操纵系统和安全系统设计、润滑系统及工艺过程冷却。

本书是21世纪高等学校机械类及相关专业本科生的基本教材,也可作为电大、函授等同类专业的教材或教学参考书,同时也可供广大工程技术人员自学参考。

图书在版编目(CIP)数据

机械系统设计/侯珍秀主编. —3 版. —哈尔滨:哈尔滨
工业大学出版社,2015.9(2019.7 重印)
ISBN 978-7-5603-5588-7

Ⅰ.①机… Ⅱ.①侯… Ⅲ.①机械系统-系统设计
Ⅳ.①TH122

中国版本图书馆 CIP 数据核字(2015)第 202773 号

责任编辑　王桂芝
封面设计　卞秉利
出版发行　哈尔滨工业大学出版社
社　　址　哈尔滨市南岗区复华四道街 10 号　邮编150006
传　　真　0451－86414749
网　　址　http://hitpress.hit.edu.cn
印　　刷　哈尔滨久利印刷有限公司
开　　本　787mm×1092mm　1/16　印张 16.25　字数 376.5 千字
版　　次　2001 年 5 月第 1 版　2015 年 9 月第 3 版
　　　　　2019 年 7 月第 3 次印刷
书　　号　ISBN 978-7-5603-5588-7
定　　价　29.80 元

第 3 版 前 言

随着科学技术的发展,人类改造自然的手段不仅由简单的工具逐步形成系统,而且实现系统功能的方式也在不断更新。现在,机械系统组成的内涵正经历着由机、电、液、气、光向微电子化、智能化的方向发展,从而体现出高新技术促使传统机械产品不断创新、层出不穷的重要作用。然而,机械系统仍然是各种产业机械(以后简称机械产品)的基础。作为机械产品基础的机械系统,其设计原理方案和功能的好坏将直接决定产品的基本性能。

虽然教育部新批准的"机械设计制造及其自动化"仍作为二级学科类专业,但它的专业范围已经大为拓宽,已涵盖了以前很多相近的二级学科专业的培养要求,如机械制造工艺与设备、机械设计及制造(部分)、汽车与拖拉机、机车车辆工程、流体传动及控制(部分)、真空技术及设备、机械电子工程、设备工程与管理、林业与木工机械等。究其原因,主要是这些机械都是以机为主的共同点多于各自工作原理和方法的不同点,而且这些共性部分又占有很大的比重。因此,"机械系统设计"仍是新批准的"机械设计制造及其自动化"专业的主干课程之一,本书正是本着这个新专业的上述特点编写的。本书已被评为普通高等教育"十一五"国家级规划教材,并入选"十二五"国家重点图书出版规划项目。

《机械系统设计》一书在编写过程中,始终贯穿着"全面介绍和重点深入"以及"现状评述和发展简介"这两个宗旨。所谓"全面介绍和重点深入"是指:既要全面考虑把所涉及的二类学科之间的不同之处包容起来进行一般的全面介绍,又要有重点地对它们的机械系统中必不可少的重点内容,如执行轴组件、导轨、传动系统的运动设计等进行深入而详细的典型分析,做到既有特殊性又有共同性;既有一般性又有针对性,使学生在既能了解机械系统全貌的同时,又能掌握具体的设计过程和方法。所谓"现状评述和发展简介"体现在立足于目前的机械系统现状,详细介绍其组成、作用原理、应用条件和特点以及它们的设计方法和一般要求等,使学生获得必备的设计知识和能力;在此基础上,还要对相关的新技术、新工艺、新材料等有关高新技术的发展趋势作简要的介绍,以启发和培养学生的创新意识。如在新产品的原理方案和功能设计时,尽可能采用新机构、新材料、新工艺等,以提高产品的高新技术含量和市场竞争能力。

此次修订又对书中疏漏之处进行了补充和修正。参加本书编写的有哈尔滨工业大学的侯珍秀、付云忠、白相林。具体编写分工为:侯珍秀编写第一、二、三、八章和第五章5.6节;白相林编写第四章和第五章中5.1~5.5节;付云忠编写第六、七章,全书由侯珍秀主编。

全书在编写过程中自始至终得到了哈尔滨工业大学孙靖民教授的热心指导,并承蒙孙靖民教授精心、细致的审阅,编者对他深表感谢。

限于编者水平,书中的疏漏和不足甚至偏颇之处在所难免,敬请读者指正,使本书在今后不断修订中逐渐完善。

编 者
2017 年 2 月

目　　录

第一章　绪　　论

1.1　机械系统设计在机械工程科学中的地位及作用

一、机械工程科学

机械工程科学是研究机械产品(或系统)的性能、设计和制造的基础理论与技术的科学。机械系统从构思到实现要经历设计和制造两大不同性质的阶段。按照经历阶段的不同,机械工程科学可分成机械学和机械制造两大分学科。

机械学是对机械进行功能综合并定量描述及控制其性能的基础技术科学。它的主要任务是把各种知识、信息注入到设计中,加工成机械制造系统能接受的信息并输入到机械制造系统。机械制造是接受设计输出的指令和信息,并加工出合乎设计要求的产品的过程。因此,机械制造科学是研究机械制造系统、机械制造过程手段的科学,如图 1.1 所示。从图中可看到,设计和制造是两个不可分的统一体,其中设计是核心,制造是基础。若忽视了这一点就有可能出现:用先进的设计技术设计出"质量很差的先进产品",或用先进的制造技术生产出"落后的高质量产品"的现象。由于制造系统本身的特定条件,

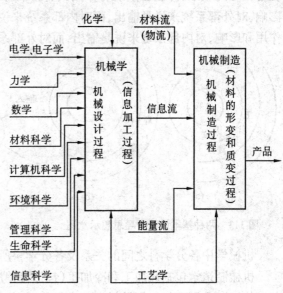

图 1.1　机械工程科学的组成

对机械设计过程有极强的约束作用,所以,在设计阶段就必须考虑到现有制造系统的工艺能力对所设计产品性能的影响,两者决不能偏废。

机械学的研究对象主要有:机械工程中图形的表示原理和方法;机械运动中的运动和力的变换与传递规律;机械零件与构件中的应力、应变和机械的失效;机械中的摩擦行为;设计过程中的思维活动规律及设计手段;机械系统与人、环境的相互影响等内容。若按学科来分,主要是:制图学、机构学、机械结构强度学、机械振动学、摩擦学、传递机械学、设计理论与方法学、机器人机械学和人-机工程学等分学科。这些分学科的研究目的,都是为机械及其系统(产品)服务的。前几个分学科是基础学科,为设计出更好的机械系统打基础。设计理论和方法学是研究在设计过程中,设计过程本身使用的理论、方法、技术和设计进程及规律的一门综合性应用技术学科。设计方法学的内容亦很多。如创造性设计方

法、系统分析方法、可靠性设计、有限元分析法、优化设计方法、计算机辅助设计等。人-机工程学是研究机械系统与人和周围环境关系的科学。若把机械产品及其系统看作内部系统，把人、周围环境看作外部系统，则它们之间的关系如图1.2所示。这种设计的指导思想是以机器为中心，逐步向人、环境扩展，如图1.3(a)所示；另一种是以人为中心，逐步向机器、环境扩展，见图1.3(b)。随着对"人-机工程学"理论的逐渐认识和接受，人们设计时越来越多地考虑使用者了。但从理论上讲，只要从系统设计的角度来考虑，这两种设计指导思想均是正确的，只不过是针对不同的矛盾采用不同的思想方法而已。

图1.2　内、外部系统之间的关系

　　不论是把人作为内部系统，还是把机械系统作为内部系统，内部与外部系统之间都存在着一定的联系，即相互间既有作用又有影响，见图1.4。外部系统对内部系统的作用和影响，对外部系统来说是输出，而对内部系统来说则是输入；反之，内部系统对外部系统的作用和影响，对内部系统来说是输出，而对外部系统来说则是输入。

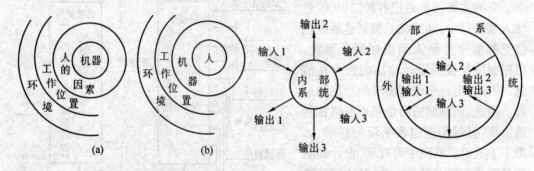

图1.3　两种基本设计指导思想示意图　　　　　图1.4　系统输入、输出的关系

　　机械学中各分学科之间的关系及各分学科所包括的主要内容见图1.5。

　　机械制造学包括热加工和冷加工(包括特种加工)。

　　热加工是研究如何将材料加工成产品，如何保证、评估、提高这些产品安全可靠度和寿命的技术科学。主要内容有：

　　①研究如何将材料加工成为一定形状及尺寸的机器部件；

　　②研究在加工过程中保证或改进材料的内部组织、化学成分和加工性能；

　　③研究发展机器部件所需要的本体材料或其表面层；

　　④研究机器部件的疲劳、蠕变、断裂韧性、应力腐蚀、寿命等使用性能问题；

　　⑤研究加工工艺、加工装备及其自动流水线。

　　机械热加工学按方法可分为铸造、锻造、焊接、金属热处理、无损探测、表面工程等分学科。

　　冷加工是研究各种机械制造过程和方法的技术科学。主要研究内容有：

　　①机械加工和装配工艺过程的生产装备及其自动化、集成化与智能化；

　　②机械加工和装配工艺的过程和方法；

③机械制造(冷加工)的基础理论。

本书讲授的内容既不是机械学中各基础学科,也不是设计理论和方法学及人-机工程学,更不是机械制造学,而是机械学中各分学科为之服务的最终目标——机械(产品)及其系统的设计。

二、机械、机械系统、系统

目前,关于机械的定义,尚无严格的定论,但一般可归纳为:①须由两个以上的零、部件组成;②这些零、部件中的运动部件,应按设计要求作确定的运动;③把外来的能源变为有用的机械功。根据这三条,机械产品随处可见。如各种计时用的表、汽车、机床、推土机、火车等。除此之外,还有照相机、电视机、计算机等产品,人们也称它们为机械产品,但严格地说,它们应该是机、电、光相综合的产品。应把它们看作为"广义的机械产品"。这样就引出了一个新概念——系统。所谓系统是指具有特定功能的、相互间具有一定联系的许多要素构成的一个整体,即由两个或两个以上的要素组成的具有一定结构和特定功能的整体

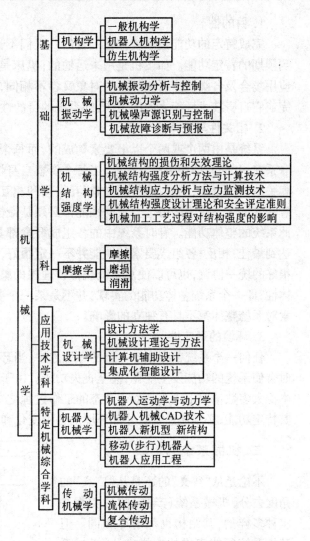

图 1.5　机械学所包含的分学科

都是系统。系统本身可分成若干个子系统;子系统里有时还可以分出更小的小子系统;反过来,系统本身还可以作为更大系统的一个子系统。例如,照相机本身可以看作是由机、光、电能(全自动照相机)及其控制系统所组成的一个系统。若把它的机械系统再细分,又可分为相机壳体、光学镜头支承架、胶卷支承架和进、退胶卷的传动机构等不同的机械子系统;当把该照相机固定到卫星上,让它随着卫星一起去拍摄卫星所经之处,人们想知道而又不能到达地方的情景时,则该照相机又是卫星系统中的一个子系统了。

任何机械产品都是由若干个零、部件及装置组成的一个特定系统,即是一个由确定的质量、刚度及阻尼的若干个物质所组成的,彼此间有机联系,并能完成特定功能的系统,故亦称之为机械系统。机械设计课程中所讲授的各种机械零件则是组成机械系统的基本要素,它们为组成各种不同功能的机械系统而有机地联系着。

通过上述各概念的介绍及举例可知,系统应具有下述特性。

1. 目的性

完成特定的功能是系统存在的目的。人们不论设计何种产品,都要求此产品必须达到预期的特定功能。如飞机是用来运输的;机床是用来机械加工的。但不同类型飞机的应用场合及各类机床所能加工的对象又各不相同,也就是说不同种类的飞机或机床只能完成它自身技术性能之内的工作,即系统的目的性必须很明确。

2. 相关性与整体性

系统是由两个或两个以上要素构成的,而每个要素之间都是有机地并以特定的关系联系在一起的,即相关性。这样,当每个要素自身性能发生改变时,就会影响到与此要素相关的其他要素,同时各要素间的相互作用和相互影响也会对系统产生影响。但这并不意味着要求系统中的每个要素的性能都必须是最佳的。因为评价一个系统的好与坏是看此系统的整体功能。有时系统中的各组成要素都具有最佳性能,但总系统的功能不一定达到最佳;相反,各组成要素的性能并不一定很好,但由于各要素之间的有机联系得到了很好的统一协调,也可以使总系统获得较理想的整体功能。这就是人们所说的系统的整体性,即一个系统整体功能的实现,并不是某一个要素单独作用的结果,或者说每一个要素对系统整体都不具有独立的影响。

3. 环境的适应性

任何一个系统都存在于一定的环境之中,当环境变化时,就会对系统产生影响,严重时会使系统的功能发生变化,甚至丧失功能。由于外部环境总是在不断地变化着,而系统本身大多数情况下也总是处于动态的工作过程之中,因此,为了使系统运行良好,并完成其特定功能,必须使系统对外部环境的各种变化和干扰有良好的适应性。

三、机械系统的组成

不论是从"狭义"的还是从"广义"的角度去分,机械系统(产品)的种类都是多种多样的,其结构也都不尽相同。但若从系统所能完成的功能来分,机械系统主要由动力系统、执行系统、传动系统、操作和控制系统、支承系统及润滑、冷却等子系统组成,见图1.6。

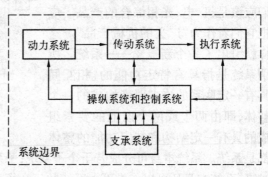

图 1.6　机械系统的主要组成框图

1. 动力系统

动力系统是机械系统工作的动力源,它包括动力机和与其相配套的一些装置。

2. 执行系统

执行系统的功用是利用机械能来改变作业对象的性质、状态、形状、位置或进行检测等。由于每个系统要完成的功能各不相同,所以,对其执行系统的运动、工作载荷等技术要求也各不相同,进而执行系统也是多种多样的。但它的组成不外乎由执行末端件和执行组件这两大类零、部件来构成。

3. 传动系统

传动系统是把动力机的动力和运动传递给执行系统的中间装置。

传动系统大致分为下述几大类:①机械传动系统;②液、气传动系统;③电器传动系统;④前三大类不同组合的传动系统。

4. 操纵、控制系统

操纵、控制系统是使动力系统、传动系统及执行系统彼此协调运行,并准确可靠地实现整个机械系统功能的装置。它的功能主要是控制或操纵上述各子系统的起动、制动、离合、变速、换向或各部件间运动的先后次序、运动轨迹及行程。此外,还控制换刀、测量、冷却与润滑的供应与停止工作等一系列动作。

5. 支承系统

支承系统是总系统的基础部分。它主要包括底座、立柱、横梁、箱体、工作台和升降台等。总之,此系统是将前述四个子系统相互有机地联系起来,并为构成总系统起到支承的作用。

6. 润滑、冷却与密封系统

润滑与密封装置的作用是降低摩擦;冷却的功用是降低温升。两者的目的都是为了保证总系统及各子系统能在规定的温度范围内正常地工作和延长使用寿命。

四、机械系统的地位与作用

任何产品都离不开机械系统,不论是汽车、飞机还是汽轮机、轧钢机乃至机器人、加工中心这种典型的机电一体化产品,都必须有机械系统。通常所指的加工中心也都是在机械系统基础之上,应用相应的控制理论和方法,结合电子及微电子技术,并采用测试、控制等电子集成元件,组成了比普通机床在某一方面或某几方面技术指标都有所提高的一种加工设备。下面通过举例来说明这一点。

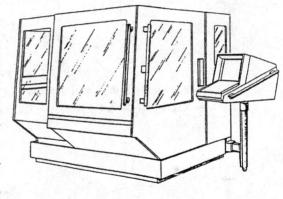

图 1.7　MAHO 加工中心外形图

【例 1.1】　图 1.7 是德国产 MAHO加工中心的外形图;图 1.8 是其结构示意图。该加工中心可对工件进行钻、铣、镗等工序的加工。被加工工件放在工作台 3 上(图 1.8),工作台可作纵向(x 轴)和升降(y 轴)运动。有两个带动刀具旋转的主轴 5 和 7,图中是立式主轴 5 工作时的状态。当它不工作时将其旋转 180°,则该主轴头便被旋到上后方,此时,卧式主轴 7 便可工作了。由此可知,MAHO 加工中心的执行系统为两个主轴、装夹工件并带动工件移动的工作台及能自动换刀的机械手 8。它们各自的动力源和传动系统都是相互独立的。两主轴由电动机及一系列齿轮等带动;工作台则由电动机和丝杠、导轨等带动。整个加工中心的支承是由很庞大的床身(主柱)、底坐及横梁等组成。其操纵、控制系统则由控制器 9 和一些限位开关及相应的软、硬件来完成。它的润滑、冷却系统也很完善(图中未画出)。

【例 1.2】　图 1.9 是汽车组成示意图。这里发动机是动力系统;从发动机到四个车轮之间的各种齿轮、离合器、变速机构等是传动系统;四个车轮则是执行系统;它们都固定在汽车的底盘上,同时汽车的壳体、坐位也固定在底盘上,所以底盘是汽车的支承系统;而方向盘、操纵杆和加速、停车踏板则是控制系统。

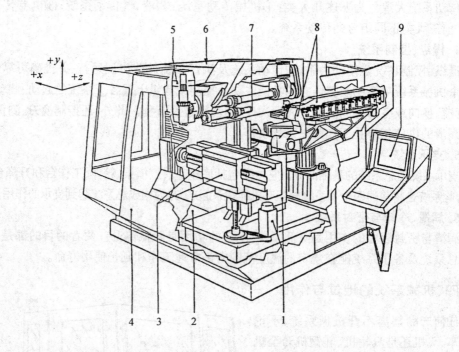

图 1.8　MAHO 加工中心结构示意图

1—立柱及 Y 轴驱动机构；2—冷却液单元；3—工作台及滑座；4—前滑门；5—垂直主轴铣头；6—CNC 控制箱；7—水平主轴铣头；8—刀库及换刀机械手；9—控制面板

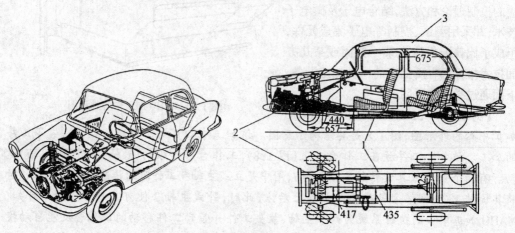

图 1.9　汽车的组成

1—底盘；2—发动机；3—车身

　　这样的例子很多,随处可见。通过以上两个例子可知,机械系统无处不在,但设计时应根据所设计的产品功能要求来决定对系统舍取,因为并不是机械系统中的所有子系统都必须存在于任何产品之中。

　　图 1.10 是"人体和机电一体化系统的五大要素"组成关系的示意图。从图(c)中可见,机电一体化系统一般由五个本质不同的基本要素:动力、机构、执行器、计算机和传感

器组成。其中前三个要素就是机械系统中的动力、支承和传动系统以及执行系统。

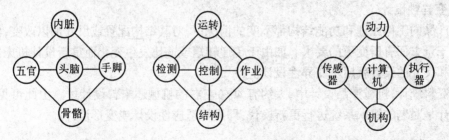

(a)人体的五大要素 　(b)人体和机电一体化系统的五大机能 　(c)机电一体化系统的五大要素

图1.10 人体和机电一体化系统的五大要素

科学技术的发展与生产实际的需要,使人们清楚地看到,机械系统必须与微电子技术、控制理论及方法等相结合才有出路。美国机械工程师协会(ASME)的一个专家组,在1984年给美国国家科学基金会的报告中,对"现代机械系统"给出了如下定义:"由计算机信息网络协调与控制的,用于完成包括机械力、运动和能量流等动力学任务的机械和(或)机电部件相联系的系统。"这一定义的实质是指由多个计算机控制和协调的高一级机电一体化产品。换言之,只有掌握了机械系统设计、控制理论、测量技术等分学科,并使这些分学科之间友好地握手,有机地结合,才能设计出更好的机电一体化产品来。

由此看来,机械系统是基础,只要掌握了它并结合不同产业的特点,就可以设计出不同行业的设备。编写本书的目的在于使学习者掌握机械系统的设计原则、组成规律、设计步骤、设计内容和方法等共性技术,具有解决具体技术问题和开发、设计各类产品中的机械系统的初步能力。

1.2 机械系统设计的任务、基本原则及要求

一、机械系统设计的任务及设计类型

机械系统设计的任务是开发新的产品和改造老产品,最终目的是为市场提供优质高效、价廉物美的机械产品,以取得较好的经济效益。事实上,任何设计任务都是根据客观需求,通过人们的创造性思维活动,借助人类已掌握的各种信息资源,经过决策、判断、设计,最终制造出具有特定功能、并满足人们日益增长的生活和生产需求的各种装置、装备或产品来。

虽然机械产品的种类繁多、结构千变万化,但从设计角度来看不外乎分为下列三类。

1. 完全创新设计

所设计的产品是过去从没有过的全新产品。此类设计的特点是只知道新产品的功用,但对确保实现该功能应采用的工作原理及结构等问题完全未知,没有任何参考资料。世界上第一台电话的设计就属于完全创新设计。

2. 适应性设计

在原有的总工作原理基本不变的情况下,对已有产品进行局部变更,以适应某种新的要求。但局部变化应有所创新,且从原理上有所突破。如为了满足节约燃料的目的,人们

用汽油喷射装置来代替汽油发动机中传统的汽化器就属于此类型设计。

3. 变异性设计

在产品的工作原理和功能结构都不变的情况下,对其结构配置或尺寸加以改变,使之只适应于量方面有所变更的要求。如由于传递转矩或速比发生变化而重新设计机床的传动系统和尺寸的设计就属于变异性设计。

据资料统计,机械产品设计中,大约有40%左右的机械还未曾设计过。由此可见,大多数设计是对老的机械系统进行更新换代,即进行适应性设计或变形设计。

二、机械系统设计的基本原则及要求

1. 设计的基本原则和法规

前面提到,产品的获得必须经历两个不同性质的阶段。这两个阶段之间相互影响、密不可分,对产品质量都起着重要作用。据有关资料统计,产品的质量事故约50%是设计阶段造成的;而产品成本的60%~70%也取决于设计阶段。因此,把好设计阶段这一关,对于一个好产品的获得就等于有了一半的把握。怎样才能设计出更好的产品来呢? 只有设计人员在设计过程中遵循一定的原则和法规,才能一步步地达到预期的目的。

一般的设计原则主要有:

(1)需求原则

所谓需求是指对产品功能的需求,若人们没有了需求,也就没有了设计所要解决的问题和约束条件,从而设计也就不存在了。所以,一切设计都是以满足客观需求为出发点。

(2)信息原则

设计人员在进行产品设计之前,必须进行各方面的调查研究,以获得大量的必要的信息。这些信息包括市场信息、设计所需的各种科学技术信息、制造过程中的各种工艺信息、测试信息及装配、调整信息等。

(3)系统原则

随着"系统论"的理论不断完善及应用场合的不断增多,人们从系统论的角度出发认识到:任何一个设计任务,都可以视为一个待定的技术系统,而这个待定技术系统的功能则是如何将此系统的输入量转化成所需要的输出量。这里的输入、输出量均包括物质流、能量流和信息流。在这三大流中,有系统需要的输入、输出量,也有系统不需要的输入、输出量,如机床在加工过程中,主轴带动工件(刀具)旋转及加工出合格的零件是需要的输入、输出量;而主轴的振动、发热、噪音等是不需要的输入、输出量。设计时,应将这些不需要的输入、输出量控制在允许值范围内,且越小越好。

(4)优化、效益原则

优化是设计人员在设计过程中必须关注的又一原则。这里的优化是广义的,包括原理优化、设计参数优化、总体方案优化、成本优化、价值优化、效率优化等。优化的目的是为了提高产品的技术经济效益及社会效益,所以,优化和效益两者应紧密地联系起来。

此外,设计过程中会涉及到很多法规,如各种标准、政策和法令。这就要求设计人员不但精通本职业务,还应熟悉国家在现阶段的有关法规,以便在设计中认真贯彻执行。

2. 设计要求

由于设计要求既是设计、制造、试验、鉴定、验收的依据,同时又是用户衡量的尺度,所以，在进行设计之前，就必须对所设计产品提出详细、明确的设计要求。任何一个产品的设计要求无外乎都是围绕着技术性能和经济指标来提出，一般主要包括下列内容。

(1) 功能要求

用户购买产品实际上是购买产品的功能，而产品的功能又与技术、经济等因素密切相关，功能越多则产品越复杂、设计越困难、价格费用就越大。但由于产品功能的减少很可能没有市场，这样，在确定产品功能时，应保证基本功能，满足使用功能，剔除多余功能，增添新颖及外观功能，而各种功能的最终取舍应按价值工程原理进行技术可行性分析来定夺。

(2) 适应性要求

这是指当工作状态及环境发生变化时产品的适应程度，如物料的形状、尺寸、理化性能、温度、负荷、速度、加速度、振动等。人们总是希望产品的适应性强一些，但这将给产品的设计、制造、维护等方面带来很大困难，有时甚至达不到，因此，适应性要求应提得合理。

(3) 可靠性要求

可靠性是指系统、产品、零部件在规定的使用条件下，在预期的使用时间内能完成规定功能的能力。这是一项重要的技术质量指标，关系到设备或产品能否持续正常工作，甚至关系到设备或产品以及人身安全的问题。

(4) 生产能力要求

这是指产品在单位时间内所能完成工作量的多少。它也是一项重要的技术指标。它表示单位时间内创造财富的多少。提高生产能力在设计上可以采取不同的方法，但每一种方法都会带来一系列的负面问题。只有在这些负面问题得到妥善解决或减少、减小之后，去提高产品的生产能力才有现实意义。

(5) 使用经济性要求

这是指单位时间内生产的价值与同时间内使用费用的差值。使用经济性越高越好。因为，使用费用主要包括原材料、辅料消耗、能源消耗、保养维修、折旧、工具耗损、操作人员的工资等等。

(6) 成本要求

产品成本的高低将直接影响其竞争能力。图1.11列出了产品成本主要包括的内容。

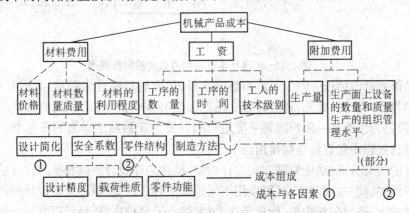

图1.11 机械产品成本的主要组成

在机械产品的成本构成中,材料费用一般占 50%,有时高达 70% ~ 80%。这主要与材料的品质、利用率及废品率有关。

三、产品设计、产生过程

图 1.12 是产品产生过程和寿命阶段的大致流程图。它主要包括几个阶段:产品策划、产品设计、产品生产、产品销售、产品运转、产品报废或回收。以往在设计时很少考虑产品的报废或回收这一问题。随着人们对环境保护的重视和废品再利用认识的提高,有必要将这一步纳入到产品的产生过程中。这对设计人员也是一个新的挑战。在此流程图中属于设计过程的主要有:产品策划阶段、产品设计阶段。产品生产阶段属于制造过程。

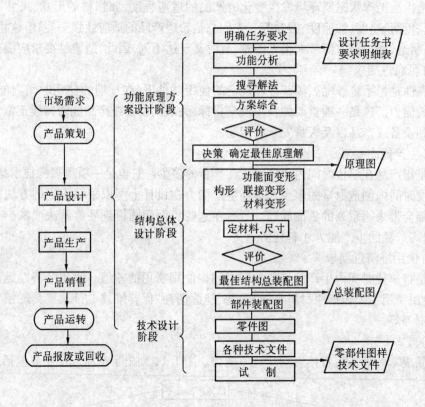

图 1.12　产品产生过程和寿命阶段的流程图

产品策划阶段的任务除了了解市场需求外,还要确定在什么时候、为哪种市场开发、创造和销售哪种产品;此外,还应详细介绍产品的开发目的、性能和其他必要的数据。总之,这阶段是为了给某一用户或某一类用户而开发的产品制定详细的任务书。这一阶段在整个设计过程中起着指导性作用。

设计阶段又分成:功能原理方案设计阶段、结构总体设计阶段和技术设计阶段。

众所周知,同一功能的产品可以用不同原理实现。因此,原理方案设计阶段是在功能分析的基础上,通过创新构思、优化筛选、方案综合及评价决策,最后得到一个较理想的功能原理方案来。这一原理方案的好坏将决定着产品的性能、成本、水平及竞争能力,所以,是设计阶段的关键。

　　结构总体设计阶段是把功能原理方案具体化,在此阶段主要完成产品的总体布置图、尺寸参数、运动参数、动力参数的确定,及所需的各种装配图。

　　原理方案设计及结构总体设计的具体设计方法详见第二章。

　　技术设计阶段的工作内容大体有:根据总装配图绘制零件图,编制技术文件,如设计说明书,各种工艺文件,标准件、外购件明细表,备件、专用工具明细表等。也包括对产品的样机进行试制和测量等。

　　设计阶段不论怎么划分,其内容就是为了明确确定某一产品所要做的全部工作,即从提出任务书到制定工艺文件所必须做的工作。也可以把这一阶段视为数据处理过程。输入的数据是任务书中所包含的信息,这些信息在设计过程中不断被处理,整个过程的结果(输出)是用图形、文件等表示的大量信息。这些信息再经过制造转化为产品。

　　图 1.12 大致反映了产品产生的一般规律,有一定的普遍性。整个产品设计的过程一般不能随意颠倒或跳越,但可以有反馈或迭代。这种反馈或迭代过程可以是局部的,也可以是整体的,所以,一个成熟的产品设计往往要经过多次的循环过程才能完成。从时间上看,可能需要几年,但应尽可能地缩短这个过程。

1.3　机械系统设计方法及机械设计学发展简介

一、机械系统的设计方法

　　英文 Design(设计)一词起源于拉丁语 Designare(动词)、Designum(名词)。Designare 由 De(记下)和 Signare(符号、记号、图形等)两词组成。所以,Design 的最初含义是将符号、记号、图形之类记下来的意思。随着生产的不断发展,科学技术的不断进步,设计也不断地向深度、广度发展,以致人类活动的一切领域几乎都离不开设计,如机械设计、广告设计、桥梁设计、公路设计、飞机设计、工艺过程设计、发电系统设计等,可见设计包括许多类型。本书所涉及的内容显然是"机械设计"部分。

　　目前,在机械设计过程中所采用的方法主要有两种:一种是所谓的传统设计方法,即静态的半经验半理论的设计方法,此方法只考虑产品本身,一般着眼点放在产品的结构、部件或零件上,对它们的强度、刚度、稳定性、安全系数等方面进行计算和验算。另一种是"现代设计方法"。

1. 机械系统的现代设计方法

　　现代设计方法是现代广义设计和分析科学方法学的简称,其实质是科学方法论在设计中的应用。采用"现代设计"的名称,只是为了强调其中的一些设计方法是国际上新发展起来的,且不少设计方法是以计算机为工具,其特征可以归纳为:①20 世纪 80 年代前后初步成熟且在今后一个相当长时期内继续发展与研究的设计与分析方法学(时域特征);②在经验的、感性的、类比的基础上,上升到更科学的、逻辑的设计与分析方法学(哲理特性);③能大幅度地提高设计的稳定性、准确性与快速性的设计与分析方法学(质量特征);④在稳定分析基础上考虑多变量动态特性,以广义优化为目标且运用自动设计工具的设计与分析方法学(目标与手段特征)。

应当指出,现代设计方法也是在传统设计方法的基础上,不断吸收现代理论、方法和技术以及相邻学科最新成就而发展起来的,因此,不应把"传统设计"与"现代设计"相互对立,更不要予以割裂。

现代设计方法的内容主要包括:

信息论方法——如信息分析法、技术预测法等,它是现代设计方法的前提。

系统论方法——如系统设计法,人-机工程等。

控制论方法——如动态分析设计法等。

优化论方法——优化设计法是现代设计的目标。

对应论方法——如相似设计法等。

智能论方法——如 CAD、CAM、计算机辅助计算等,它是现代设计法的核心。

寿命论方法——如可靠性设计和价值工程等。

离散论方法——如有限元和边界元分析设计法。

模糊论方法——如模糊设计法。

突变论方法——如创造性设计等,它是现代设计法的基础。

艺术论方法——如艺术造型设计。

以上提到的各种现代设计方法,可以应用到各行业的设计之中,如电器、电子、液压控制系统等,当应用到机械系统设计中时,则称其为机械系统的现代设计方法。

2. 现代设计方法与传统设计方法的比较

现代设计方法是动态的、科学的、计算机化的方法,它将那些在科学领域内得到的所有科学方法论应用到工程设计中来了。现代设计方法可以做到主动地设计产品的参数。这样,既可以缩短产品的设计周期,又可以提高产品的质量并降低其成本。若将传统设计方法与现代设计方法进行比较,则它们之间的不同之处主要表现在以下方面。

①设计性质　传统设计面向问题并偏重于技术;现代设计则面向功能目标,将技术、经济和社会环境等因素结合在一起统筹考虑,具有工程性,不但重视设计内容,也强调设计进程的管理。

②设计思维　传统设计是朝向结构方案的"收敛性思维";现代设计则面向产品总功能目标的"发散性思维"。

③设计方法　传统设计采用少数的验证性分析以满足限定的约束条件;而现代设计是用多元性方法直接综合使其在各种情况下实现方案与全域优化目标。

④设计手段　传统设计是用计算器、图板、手册的个体手工作业;现代设计则充分利用计算机进行计算、自动绘图和数据库管理,集团分工协作。

⑤设计对象　传统设计局限在零件和结构上;现代设计则更注重机械系统的全局构成,包括造型艺术。

⑥设计工况　传统设计避开复杂问题,只按确定工况与静态考虑;现代设计则研究动态的随机工况、模糊性与其他一系列设计中复杂问题的深化细解。

⑦设计评价　传统设计采用单项与手册标准为准则(如强度、成本等);现代设计则采用科学的模糊综合评价。

设计方法学是一门探索设计过程本身的科学进程和规律的学科,具体应用时,请查找有关资料及书籍。

二、机械设计发展简史

设计的发展历史与科技进步密切相关。自从有了人类便伴随有了设计。机械设计大致经历了以下三个阶段。

1. 直觉设计阶段

机械设计的历史应该从古代人类发明工具开始算起。当时人们或是从自然现象中直接得到启示，或是全凭直观感觉来设计制作工具、机械。最初只知道使用这些工具能省力，提高工效(如杠杆)，但不知其所以然。这就驱使一些人去分析、研究各种现有工具和装置的工作机理，并将其与数学结合起来，如意大利物理学家和天文学家伽利略曾研究了摆、落体、抛射物、行星和恒星等物体的状态。英国数学家和自然哲学家伊萨克·牛顿爵士研究了引力定律及其与行星的关系、光的特性及其通过棱镜的折射问题，以及其他许多重要的物理现象。此阶段的侧重点是对已有结构、装置的性能进行分析。这样，逐步产生了力学和机械学，为改进设计方法提供了必要的理论基础。直觉设计阶段一直延续到17世纪前。

2. 经验设计阶段及传统设计阶段

自17世纪数学、力学和物理学结合之后，人们开始运用数学公式来解决设计中的一些问题，如零部件的应力、强度、机器功率及成本计算等。18世纪工业革命后，当时的创造发明更是层出不穷。1854年德国学者劳莱克斯(Reuleaux. F)编写了《机械制造中的设计学》一书。劳莱克斯首先把力学和机械制造作为机械设计的基础，建立了"机械设计"的基本体系。从此，德国的机械设计学术体系成为欧洲、俄国的样板，它把设计学分为"机构学(机械原理)"和"机械零件(机械设计)"两门课程来进行教学，显然这两门课程的基础是理论力学和材料力学。但当时还不能提供更多的设计理论与方法来指导人们的设计，借助图纸来设计是到20世纪初才出现的。这阶段设计的特点是主要依靠个人的才能和经验，运用一些基本设计计算理论，借助类比、模拟和试凑等设计方法来进行的。经验设计只能满足产品的基本功能要求，在成本、性能、质量等诸方面都有很大的局限性。学者们把"运动学"作为机械学的第一个里程碑展现在世人的面前，20世纪50年代前后，动力学得到了充分的发展，并成为机械学发展的第二个里程碑。在运动学和动力学发展、成熟的同时，还发展了以理论力学和材料力学为基础的其他一些机械学的分支学科，如机械原理、机构综合、液压传动、机械零件、结构理论、机器动力学、断裂力学、流体力学等。上述各理论的进步及实验手段的加强，使设计水平得到了很大的提高，主要表现在以下几方面。

①加强了设计基础理论和各种专业产品设计机理的研究。如材料的应力应变、摩擦磨损理论、零件失效与寿命的研究，机床、刀具设计及各种大型设备(内燃机、气轮机等)原理与设计研究等，从而为机械设计提供了大量的信息，如机械设计图册、图表、手册、数据等。

②加强了关键零部件的设计研究。机械系统设计成功与否往往取决于关键零部件。根据船舶、飞机设计所采用的模型风浪试验、风洞试验的成功经验，50年代后期，人们开始加强了关键零部件的模拟试验，大大提高了设计速度和成功率。

③加强了零件的标准化、通用化、系列化的研究。进一步地提高了设计的速度、质量，

并降低了产品的成本。

通过上述分析看到,这一设计阶段的主要特点是大大减少了设计的盲目性,有效地提高了设计效率和质量并降低了设计成本。传统设计方法至今仍被广泛使用,但它自身存在着一些弊端,主要表现在以下几方面。

①设计理论　传统设计理论主要集中在揭示具体设计对象的内在机理上,而未能将"设计"本身作为一门学科来加以研究。

②设计方法　传统设计方法未能将局部与系统,定性与定量,静态与动态,量变与质变,技术与经济,技术与美学,设计与销售,硬科学与软科学等关系辩证地融汇贯通于整个设计中,因而在设计方法上有较大的局限性。

③设计本质　任何设计都应包含有创造性思维的过程,这正是设计工作的一个根本特征。然而,此阶段的设计未能将创造性设计提到应有的高度来认识和研究。

传统设计阶段的"设计学"其实只是"机械学",人们一心一意地在研究运动学、动力学、强度、断裂、摩擦等问题,而忽略甚至忘了"设计学"的核心是"功能",其自身还有更重要的内容应该去研究,亦即设计者只重视用更合理的机构、结构去完善别人已经创造了的并能实现某种功能的机器,而忽视了去研究功能本身。尽管如此,"机械学"的发展对于"设计学"来说还是一个非常重要的基础,坚实的基础将不断地支承和推动"设计学"的发展。人们只有在完全、彻底掌握了"设计学"的基础知识——"机械学"时,才能向"现代设计阶段"进展。

3. 现代设计阶段

现代设计阶段中所采用的各种现代设计方法的名称及定义已在本节的"机械系统的设计方法"中有所介绍。图1.13更形象地展现了现代设计方法与相关科学技术的关系,可以说它是一门多元综合的新兴交叉学科。其任务是通过对现代设计方法的内涵、规律、原理原则、方法及手段等内容的研究,探索出一套科学的设计方法来。

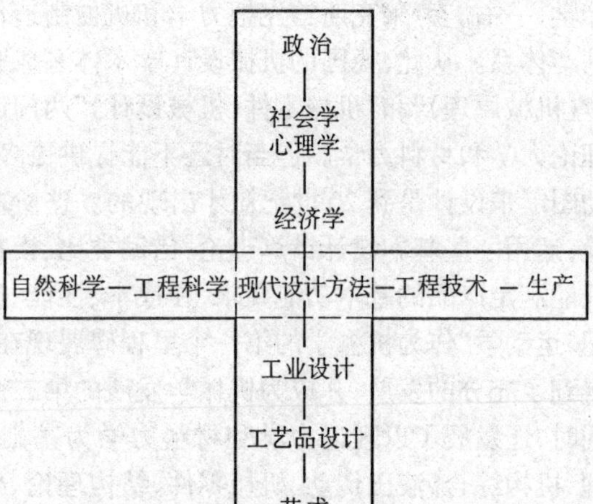

现代设计阶段始于20世纪40年代,当时人们对新的设计思想、设计方法及创造性设计进行了探索性研究,如人-机工程学、价值分析、智暴法等。到了20世纪

图 1.13　现代设计方法与相关科学技术之关系

50年代中期至60年代初,现代设计方法的研究才引起人们的普遍重视。80年代以来,对现代设计方法的研究出现了高潮。由于现代设计方法涉及的面很广,而各国学者的研究侧重点又不尽一致,以至于连名称也不统一,如设计方法学、工程新设计法、工程设计原理、工程设计学等等,由此便形成了几种学派。

美国是开展研究现代设计法较早的国家,20世纪60年代初期就陆续发表了一些专著,其中较有代表性的是 T.T.Moodson 著的《工程设计概论》,它较全面、较系统地论述了工程设计中的各种问题。他提出"工程设计是一种反复作出判断的活动以便制订计划,借此将资料更适宜地转化为装置或系统以满足人们的需要。"威斯康辛大学 A. Seireg 教授认为设计由三种基本活动——创造性、分析和决策组成。其中,"创造性"发展了基本原理,"分析"产生了一个预定的、模拟的设计系统的模型,"决策"则用来评选最优方案和确定最优设计参数。美国在研究现代设计方法方面不强调设计进程模式的严格程式,而把重点放在满足人们的需求和创造性设计上。1985 年 9 月由美国机械工程师协会(ASME)组织,美国国家科学基金会发起,召开了"设计理论和方法研究的目标和优先项目"研讨会。会后成立了"设计、制造和计算机一体化"工程分会,制订了一项设计理论和方法的研究计划,并成立了由化学、土木、电机、机械和工业工程以及计算机科学等领域的代表组成的指导委员会,来考虑为适应工程设计需要,应进行研究的领域和对这些领域提出资助的建议。

1963 至 1964 年间,德国举行了全国性"薄弱环节在于设计"的讨论会,并制订了一批有关设计工作的指导性文件,举办了有关产品系统规划、创造性设计与发展、CAD 等许多专题的培训班和讨论会,在高等学校中开设了设计方法和 CAD 等专题课程。德国在研究现代设计方法方面的特点是:以机械总体设计为基础,着重研究设计的一般进程模式及工作条理化。在总体设计步骤、程式、原则、技巧及需求与技术系统设计之间转换的方法方面做了大量的工作。

日本在二次大战后,设计人才奇缺,产品设计以模仿欧美为主。为了补求设计师短缺和有效地使用计算机及改进设计教育,同时也是为了适应新产品日益增长的需要,自 20 世纪 70 年代初陆续引进了一套名家专著——工程设计学丛书,并开始了自己有关 CAD 和设计方法的研究。日本研究现代设计的特点是:既研究设计中的理论与原理,又研究设计方法和创造性设计,并凭借在计算机技术方面的优势,将现代设计与计算机紧密联系起来,从而使设计走向自动化。现在日本在产品开发中的更新速度受到全世界的关注,其产品竞争能力已给许多国家造成巨大的威胁。

其他如英国、瑞典、丹麦、前苏联等国也都开展了设计理论和方法的研究工作。

我国在这方面的研究工作起步较晚,中国机械工程学会于 1983 年 5 月才召开"第一次机械设计方法学讨论会",但经过几年的努力,我国在现代设计方法的研究方面已经取得了可喜的成绩。如"六五"期间,国家科技攻关项目中的优化设计、CAD、工业艺术造型设计、模块设计等已取得了实用性成果,并在一部分科技人员中进行了现代设计方法的培训。相信我国学者在总结过去设计经验并吸收国外先进的学术思想和科学技术的基础之上,定能研究出一套符合我国国情、高效优质、经济地进行设计的规律和方法来,为加速四化建设作出应有的贡献。

习 题 与 思 考

一、机械工程科学研究的内容包括几大分学科? 各分学科之间的相互关系又怎样?

二、什么是系统? 系统有何特性?

三、什么是机械系统? 机械系统由几大部分组成? 机械系统在产品中的地位与作用?

四、在设计机械系统时,为什么特别强调和重视从系统的观点出发?

五、机械产品设计有几种类型?

六、简述产品产生过程及设计的一般过程。

七、什么是机械系统的现代设计方法? 此方法与传统设计阶段的设计方法有何联系与区别?

第二章 机械系统总体设计

机械系统总体设计是产品设计的关键,它对产品的技术性能、经济指标和外观造型均具有决定性意义。这部分工作在图 1.12 的设计过程中是功能原理设计阶段和结构总体设计阶段的内容,即主要包括机械系统功能原理设计、总体布局(各子系统如动力系统、传动系统、执行系统、操纵和控制系统等之间的相互关系)、主要技术参数如尺寸参数、运动参数和动力参数等的确定及技术经济分析等。由于最终确定的总体设计方案是技术设计阶段的指导性文件,亦即各子系统中所有零部件的结构、形状、尺寸、材质等都是以总体设计方案为依据,所以,设计者在进行此阶段工作时必须大量查找国内、外有关同类产品设计的资料,通过分析、判断、评价、创新,最终获取最有价值的信息以便设计出较理想的总体方案来。

此外,若从系统的角度出发,并按图 1.4 的内、外部系统之间相互作用来分析,设计时还应注意机械系统与其他系统之关系,如人-机关系、机械系统和制造技术、机械系统和"运行管理"系统、"环境系统"、规范标准系统等……

2.1 机械系统的功能原理设计

设计人员在进行了大量相关资料查阅之后,应设计出几种不同的功能原理方案来,以便从中选出较理想的一个为下一步总体设计奠定基础。针对产品主要功能而进行的功能原理设计这一步,在整个设计中是非常重要的一环。一个好的功能原理设计应既有创新构思,同时又能满足用户的需求。因此,在培养设计人员时,不仅要注重机构和结构设计的培养和训练,而且更应注重功能原理设计的培养和训练。由于功能原理设计有其自身的特点和工作内容,因此,本节将主要针对其设计思路及具体方法进行讲授。

一、功能的定义及其分类

1947 年美国工程师 L.D 麦尔斯(Miles)在他的《价值工程》一书中首先明确地指出:"顾客购买的不是产品本身,而是产品所具有的功能"。说明了"功能"是产品的核心和本质。这句话在美国技术界经过了足足 30 多年才被人们完全理解和接受。尽管如此,在 20 世纪 60 年代欧、美各国先后开展的设计学研究中,仍把"功能"这一概念明确地作为设计学的一个基本概念。人们开始意识到,设计的最主要工作并不只是选用某种机械或设计某种结构,更重要的是要进行功能原理的构思。

功能是系统必须实现的任务,或者说是系统具有转化能量、运动或其他物理量的特性。每个系统都有自己的功能,如运输工具的功能是运货或运客;电动机的功能是能量转换等。这样,用户对产品功能的需求则是有条件的,即功能的使用地点及环境条件、功能的定量与定性参数、实现功能的具体结构与手段、功能的经济性等。

功能的分类大致如下:

$$功能\begin{cases}必要功能\begin{cases}基本功能\\附加功能\end{cases}\\非必要功能\end{cases}$$

在以上各功能中,基本功能必须保证,且在设计中不能改变;附加功能可随技术条件或结构方式的改变而取舍或改变;而非必要功能可能是设计者主观加上去的,因此,可有可无。由于系统的功能总是以成本作为代价的,所以,设计时应对一个系统需具有哪些必要功能,去掉哪些非必要功能做出明确的决定。

二、功能原理设计及其特点

所谓"功能原理设计"就是针对所设计产品的主要功能提出一些原理性的构思,亦即针对产品的主要功能进行原理性设计。

【例 2.1】 设计草地剪草机

对杂草进行剪修通常的办法有:

拉——可以拉断草,但无法控制被拉断草的高度,即无法使草地整齐。

割断——像农夫割麦一样,需要握住草的上部才能割断。

剪断——利用剪刀刃的合拢可以剪断草。

显然,选择剪断是较合理的方案,并且将剪刀做成像理发推子那样,这就是传统的剪草机的解法原理。后来设计人员受到杂技演员用鞭子把纸抽断这一现象的启发联想到:可以用具有足够高速度的软物体代替刀、剪去切断某些物体。于是一种新型的割草机诞生了:用一根直径约 2mm 的高速旋转的尼龙绳,去抽打被修剪的草,其结果是又快又好地将草坪修剪出来,见图 2.1。

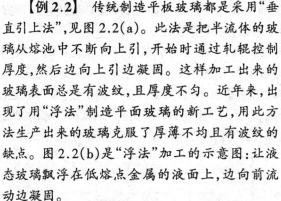

图 2.1　新型割草机

【例 2.2】 传统制造平板玻璃都是采用"垂直引上法",见图 2.2(a)。此法是把半流体的玻璃从熔池中不断向上引,开始时通过轧辊控制厚度,然后边向上引边凝固。这样加工出来的玻璃表面总是有波纹,且厚度不匀。近年来,出现了用"浮法"制造平面玻璃的新工艺,用此方法生产出来的玻璃克服了厚薄不均且有波纹的缺点。图 2.2(b)是"浮法"加工的示意图:让液态玻璃飘浮在低熔点金属的液面上,边向前流动边凝固。

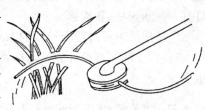

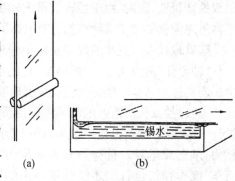

(a)　　　　　　　　(b)

图 2.2　平板玻璃制造工艺的完善

(a)垂直引上法　(b)浮法

通过上述二个例子可知,功能原理方案设计的任务是:针对某一确定的功能要求,去寻求一些物理效应并借助某些作用原理来求得一些实现该功能目标的解法原理来;或者说,功能原理设计的主要工作内容是:构思能实现功能目标的新的解法原理。这一步设计工作的重点应放在尽可能多地提出创新构思上,从而使思维尽量"发散",以力求提出较多的解法供比较和优选。此时,对构件的具体结构、材料和制造工艺等则不一定要有成熟的考虑,故只需用简图或示意图的形式来表达所构思的内容。

当几种功能原理方案设计出来后,有时还应通过模型试验进行技术分析,以验证其原理上的可行性。对不完善的构思还应按实验结果做进一步的修改、完善和提高。最后再对几个方案进行技术经济评价,选择其中一种较合理的方案作为最优方案加以采用。功能原理设计的工作步骤和工作内容如图 2.3 所示。

通过上述二个例子还可以看到功能原理设计具有如下特点:

①功能原理设计是用一种新的物理效应来代替旧的物理效应,使所设计系统的工作原理发生根本变化。

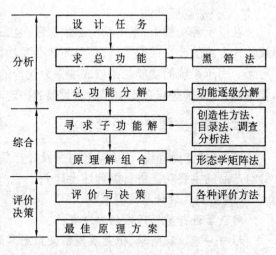

图 2.3　功能原理方案设计步骤

②功能原理设计中往往要引入某种新技术、新材料、新工艺……,但首先要求设计人员有一种新想法、新构思。

③功能原理设计使所设计的系统发生质的变化。

所以,功能原理设计的好与坏将对产品的成败起决定性作用,设计人员必须给予高度重视。

三、功能原理设计的设计方法——"黑箱法"

一个设计任务往往有许多差异很大的方案。许多设计人员一般习惯于先画出几个总结构图或方案图,然后从中选择一个,再进行更详细的设计。这种设计方法的弊端是带有很大的盲目性,同时,由于设计人员的知识和经验有一定的局限性,很容易使其在原理方案构思之前就形成了某种框框,因而妨碍了思维,束缚了创造力。

随着现代设计方法的发展及应用越来越广泛,人们在对系统功能原理设计时常采用一种"抽象化"的方法——"黑箱法"。此方法是暂时摒弃那些附加功能和非必要功能,突出必要功能和基本功能,并将这些功能用较为抽象的形式(如输入量和输出量)加以表达。这样,通过抽象化可清晰地掌握所设计系统(产品)的基本功能和主要约束条件,从而突出设计中的主要矛盾,抓住问题的本质。例如,自行车的功能是在一定的运动速度下的承载能力,以完成运载。只有当骑车人用力蹬车(推车)时,自行车才能获得一定的运动速度,并行走。若将自行车看作一个系统,蹬力(推力,一种机械能量)看作输入,车的行走(另一种机械能量)看作输出,这时就可以画出一个自行车功能原理系统图来,见图 2.4 所示。又如,在设计一台机床时,也可以采用机床功能

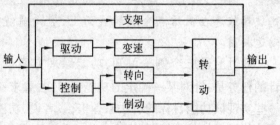

图 2.4　自行车功能原理系统图

原理系统图来进行设计,如图2.5所示。图中左边为输入量,右边为输出量,下方为外界对该系统的影响因素;上方是本系统对外界的影响。

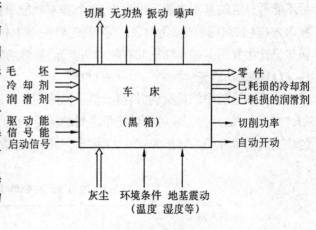

图2.5　车床"黑箱"示意图

如抛开二例中的具体设计对象而把它们抽象化——统称为待设计的技术系统(此系统可大可小),则有图2.6所示的形式——黑箱法。这里输入、输出量只涉及物料流、能量流和信号流。

其中:物料流包括材料、毛坯、半成品、成品、液体、气体等各种物体;能量流包括电能、光能、机械能、热能、核能等;信号流包括数据、测量值、控制信号、波形等。

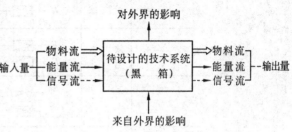

图2.6　"黑箱法"示意图

之所以称为"黑箱法"是因为对于待设计的系统(产品)来说,在求解之前,犹如一个看不见其内部结构的"黑箱"。而这种"黑箱"只是用来描述系统的"功能目标",至于"黑箱"的内部结构却是未知的,是需要设计人员去进一步构思和设计的。由此可知,"黑箱法"是根据系统的输入、输出关系来研究实现系统功能目标的一种方法,即根据系统的某种输入及要求获得某种输出的功能要求,从中寻找出某种物理效应或原理来实现输入-输出之间的转换,得到相应的解决办法,从而推求出"黑箱"的功能结构,使"黑箱"逐渐变成"灰箱"、"白箱"的一种方法。这样就摆脱了具体设计对象,而按系统(产品)的功能和对三大流进行定性描述来进行思考,使问题简化,以利于启发设计人员构思出更新、更好的功能原理方案来。

"黑箱法"的特点是通过"黑箱"与输入、输出量及周围环境的信息联系,了解系统(产品)的功能、特性,进一步探索出系统的机理和结构,逐步使"黑箱"透亮,直至方案拟定。

由于每个系统(产品)的总功能(或分功能)都可以用"黑箱"的形式来抽象地表达出来,所以,从系统的角度出发,"功能"的定义是指输入量和输出量之间的因果关系,即功能是系统的属性,它表明系统的效能及可能实现的能量、物料及信号的传递和转换。

四、功能元、功能结构

1. 功能元

由于一个系统可以分解成一些子系统,所以,一个系统的总功能也能分解为一些分功能;如果有些分功能还太复杂,则还可以进一步分解到更低层次的分功能,直到分解到最后不能再分解的基本功能单位为止,这个基本功能单位就叫功能元。功能元是能直接从技术效应(如物理效应、化学效应等)及逻辑关系中找到可以满足功能要求的最小单位。机械设计中常用的基本功能元有物理功能元、数学功能元和逻辑功能元。

(1)物理功能元

它反映系统中能量流、物料流及信息流的基本物理动作,常用的有五个,见表2.1,其中,"变换"功能元包括各种类型能量之间的转变、运动形式的转变、材料性质的转变、物态的转变及信号种类的转换等;"放大、缩小"功能元是指各种能量、信号向量(如力、速度)、

表 2.1　常用的五种物理功能元

输入量 E 特征 输出量 A	功能元	符　号	备　注
类　　型	变　换	E —▱— A	E、A 类型不同
大　　小	放　大 缩　小	E —▱— A E —▱— A	$E < A$ $E > A$
数　　目	合　并 分　离	E_1 E_2 —▱— A E —▱— A_1 A_2	数目 $E > A$ $E < A$
位　　置	传　导 隔　阻	E —▱— A E —▯— A	位置 $E = A$ $E \neq A$
时　　间	贮　存	E —◯▯— A	在时间上 $E \neq A$

物理量的放大和缩小及物料性质的缩放(如压敏材料电阻随外压的变化等);"合并、分离"功能元是指包括能量流、物料流及同一性质或不同性质的信息流在数量上的结合或分离;"传导、绝缘"功能元是反映能量流、物料流、信息流的位置变化的。传导包括单向传导、变向传导,而绝缘则包括离合器、开关、阀门等;"贮存"功能元则是体现三大流在一定时间范围内保存的功能,如弹簧、电池、录音带、光盘等的贮存。

(2)数学功能元

它主要用于机械系统中有一些与数学的加、减、乘、除等有关的功能要求,如差动轮系、求积仪、机械式计算机等,它反映数学的基本动作,表2.2列出了常用的数学功能元及其符号。

(3)逻辑功能元

主要用于信息及控制系统中,基本的逻辑功能元有"与"、"或"、"非"元。将这三种基本逻辑功能元组合可得到更复杂功能的逻辑关系及繁衍出不同的方案来。在对系统(产品)的功能逻辑进行分析、计算和优化时,应采用逻辑代数,以便大大简化工作量。表2.3列出了三个基本逻辑元的基本逻辑关系。

表 2.2　常用的数学功能元

功　能　元	符　　　号	数 学 方 程
加	$x_1 \stackrel{+}{}$ $x_2 \stackrel{+}{}$ ▷ — y	$y = x_1 + x_2$
减	$x_1 \stackrel{+}{}$ $x_2 \stackrel{-}{}$ ▷ — y	$y = x_1 - x_2$
乘	x_1 x_2 [M] — y	$y = x_1 \cdot x_2$
除	x_1 x_2 [T] — y	$y = x_1 / x_2$
乘　方	x — [a^2] — y	$y = x^2$
开　方	x — [$\sqrt{a}$] — y	$y = \sqrt{x}$
积　分	x — ▷[I] — y	$y = \int x \mathrm{d}x$
微　分	x — ◁[D] — y	$y = \dfrac{\mathrm{d}x}{\mathrm{d}t}$

表 2.3　逻辑功能元的基本逻辑关系

功　能　元	与				或				非	
关　　　系	若 x_1、x_2 有,则 y 有				若 x_1 或 x_2 有,则 y 有				若 x 有,则 y 无	
符　　　号	x_1 x_2 ⊃— y				x_1 x_2 ⊃— y				x ⊃— y	
真　值　表	x_1	0	1	0	1	x_1	0	1	0	1
(0–无信号)	x_2	0	0	1	1	x_2	0	0	1	1
(1–有信号)	y	0	0	0	1	y	0	1	1	1

（非：真值表）

x	0	1
y	1	0

逻辑方程	$y = x_1 \wedge x_2$	$y = x_1 \vee x_2$	$y = -x$

2. 功能结构

将总功能分解成分功能,并相应找出实现各分功能的原理方案,从而简化了实现总功能的原理构思。反之,同一层次的功能单位组合起来,应能满足上一层功能的要求,最后

组合成的整体应能满足总功能的要求。这种功能的分解和组合关系称为功能结构。图

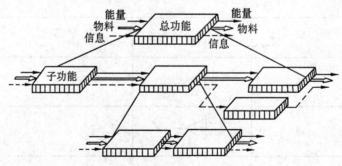

图 2.7　功能结构示意图

2.7是功能结构示意图。图中箭头表明的是同一层次的分功能之间的联系,从而反映出能量流、物料流和信号流在系统中的流动情况。在编制功能结构时,为使问题简化,也可以暂不考虑三大流的结合情况。

以功能元为基础,组合成功能结构的方式有三种基本类型:即串联结构、并联结构和循环结构。

串联结构又称为链式结构,它表示各分功能之间是按顺序依次进行的,如图 2.8(a)所示,其中 F_1、F_2、F_3 为分功能。

并联结构的几个分功能处于并联关系见图 2.8(b),几个分功能同时起作用才能实现预期的功能。

循环结构又称环状结构,其中 F_3 起反馈作用,见图 2.8(c)。

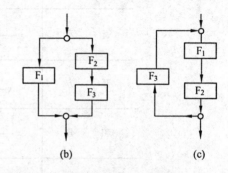

图 2.8　三种基本类型的功能结构

功能结构图可从"黑箱"或设计要求明细表出发来建立。在分析功能关系和逻辑关系时,首先考虑主要功能和主要流,初步建立功能结构图;然后,再解决辅助功能和次要流,逐渐完善系统的功能结构。这个过程往往不是一次能完成的,它需要随设计工作的逐步深入而不断修改和不断完善。此外还应指出,功能结构不是只有一种形式。因为对于某一个具体系统来说,其总功能需要分解到什么程度,主要取决于在哪个层次上能找到相应的技术效应和结构来实现其功能要求,而这一步要根据设计者的知识、阅历及所收集的资料等情况来决定。这样,不同的设计者所设计的同一个系统(产品)的功能结构肯定不一样;即使是同一个设计者对同一个系统(产品)的功能结构在不同时期的设计也会有所不同。

【例 2.3】　建立材料拉伸试验机的功能结构图

第一步:用"黑箱法"求总功能。图 2.9(a)是试验机总功能"黑箱"。

第二步:总功能分解。将总功能分解为四个主要的第一层次分功能;输入能量转换成力和位移、试件加载、测力、测变形,这时可初步建立第一层次分功能的功能结构图,见图 2.9(b)。考虑到各分功能的实现尚需满足一些其他要求,如输入能量大小要调节;力和变形的测量值需要放大;试件加载需要装卡;调节和测量时均需与标准值进行比较等,故将

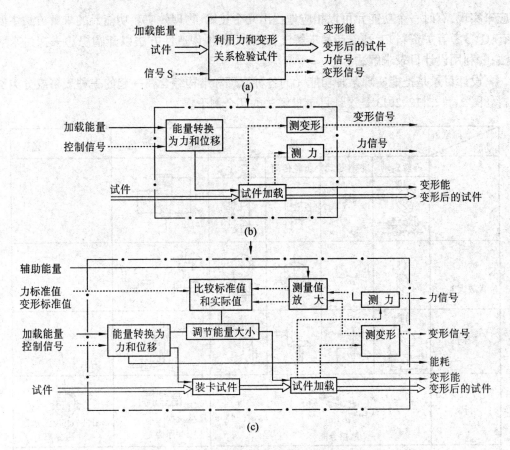

图2.9　材料拉伸机"功能结构图"的形成过程

第一层分功能再进一步分解为第二层次分功
能,图2.9(c)是考虑了上述要求完善后的第二
层次分功能的结构图。

　　以上过程可归纳为图2.10所示的流程图。

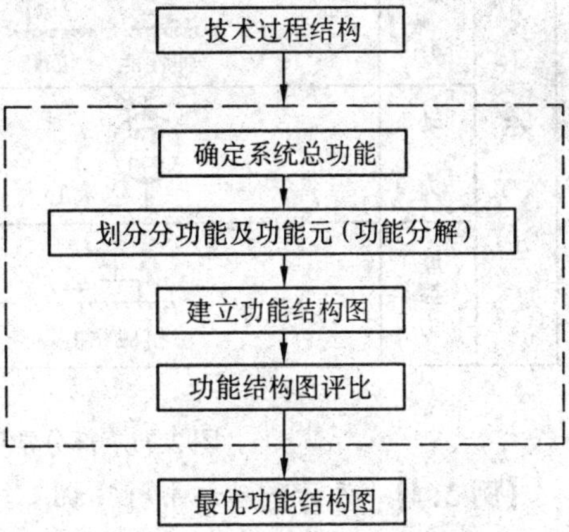

　　在建立功能结构图时应注意:

　　①建立系统功能结构图的方法有两种:一
是从总功能出发来层层分解,如上例所示;二是
先建立输入、输出两端的分功能,再根据总功能
要求将两端联接起来;

　　②建立功能结构图时,应首先选用表2.1
所列的基本功能元;

　　③功能结构图应尽可能简单,能找到相应
的技术效应时就不要再继续分解下去了;

　　④要把原理方案构思同功能结构图的建立结合起来。

图2.10　建立功能结构图的流程

五、功能元(分功能)求解

　　功能元是功能结构图中最基本的单位,每一个功能元都要求找出相应的技术、物理效应来实现,有时一个功能元可以相应地提出几个技术、物理效应。功能元的求解方法主要有:①参考有关资料、专刊或产品求解法;②利用各种创造性方法以开阔思想去探讨求解法;③利用设计目录求解法。

设计目录是把能实现某种功能元的各种原理和结构综合在一起的一种表格或分类资料。图 2.11、2.12、2.13 是设计目录求解法的几个例子。

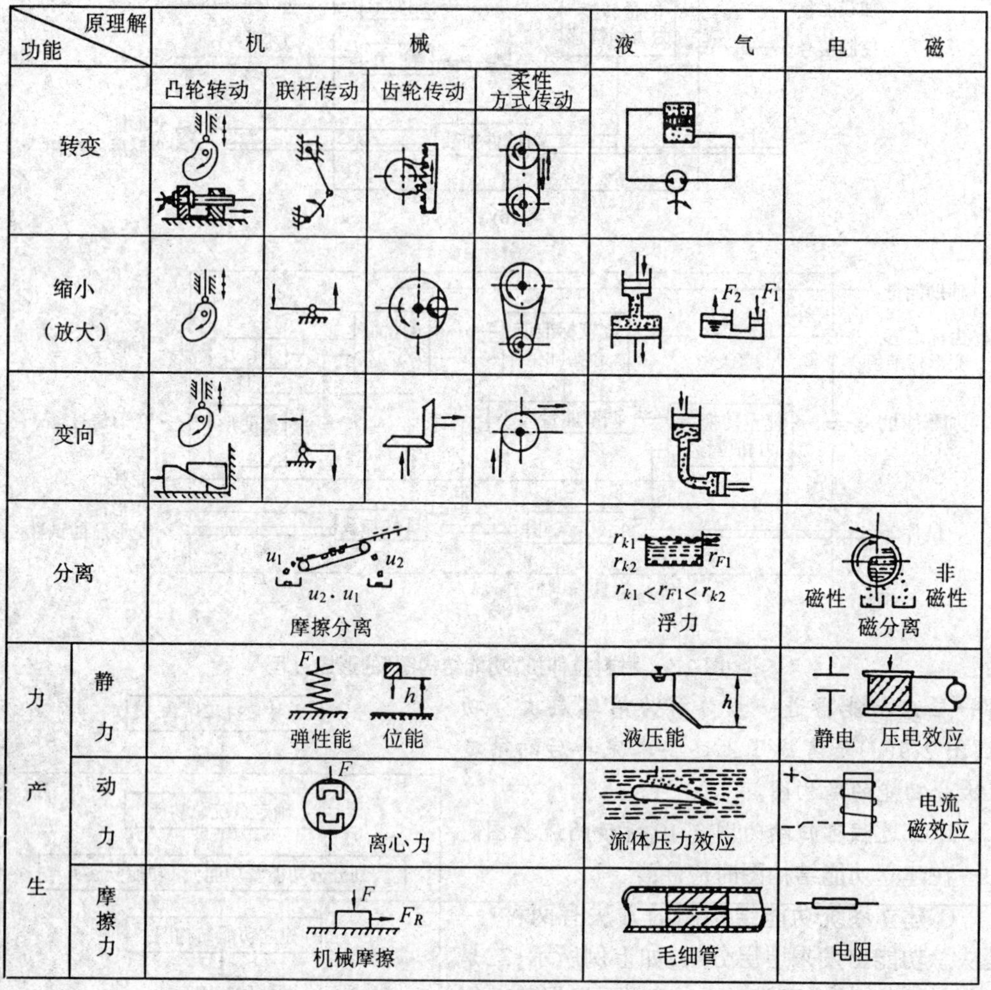

功能 ＼ 原理解	机　　械				液　　气	电　　磁
	凸轮转动	联杆传动	齿轮传动	柔性方式传动		
转变						
缩小（放大）					F_2　F_1	
变向						
分离		摩擦分离			浮力 r_{k1} r_{k2} r_{F1} $r_{k1}<r_{F1}<r_{k2}$	非磁性 磁性 磁分离
力产生　静力		弹性能　位能			液压能 h	静电　压电效应
力产生　动力		离心力			流体压力效应	电流磁效应
力产生　摩擦力		机械摩擦 F F_R			毛细管	电阻

图 2.11　部分常用物理基本功能元解法目录

【例 2.4】　设计手动订书打孔机

设计要求:①操作手柄旋转运动;②打孔针作直线往复运动;③杆件数目为 4 个;④省力。

解题步骤:

第一步:确定总功能(打孔)。

第二步:总功能分解(输入的旋转运动变为输出的直线移动运动;力增大)。

第三步:由于是一个由旋转运动变为移动运动的四杆机构,故可查图 2.13 以寻求解法。

机构名称	杠	杆	肘杆(曲杆)	斜面	楔	螺旋	动滑轮
机构简图	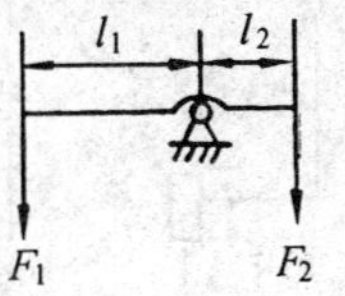 l_1 l_2 F_1 F_2	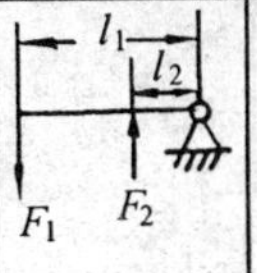 l_1 l_2 F_1 F_2	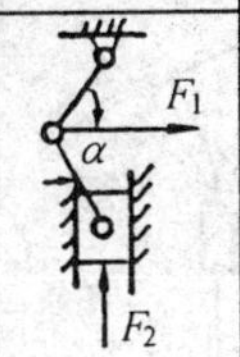 F_1 α F_2	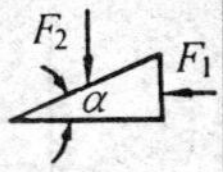 F_2 α F_1	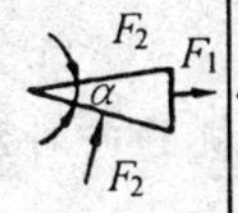 F_2 α F_1 F_2	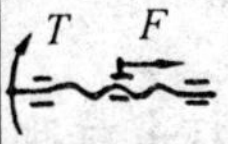 T F	 F_1 F_2
计算公式	$F_2=\dfrac{l_1}{l_2}F_1$ $l_1>l_2$	$F_2=\dfrac{l_1}{l_2}F_1$	$F_2=F_1\cdot\operatorname{tg}\alpha$ $\operatorname{tg}\alpha>1$	$F_2=\dfrac{F_1}{\operatorname{tg}\alpha}$	$F_2=\dfrac{F_1}{2\sin\dfrac{\alpha}{2}}$	$F=\dfrac{2T}{d_2\operatorname{tg}(\lambda+\rho)}$ d_2—螺纹中径 λ—螺纹升角 ρ—当量摩擦角	$F_2=\dfrac{F_1}{2}$

图 2.12　机械一次增力功能元解法目录

四杆机构图	运动副转换			四杆机构图	运动副转换		
	旋转/旋转	旋转/平移	平移/平移		旋转/旋转	旋转/平移	平移/平移
1	◯	⊗	⊗	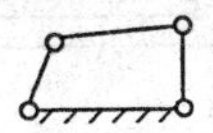 9 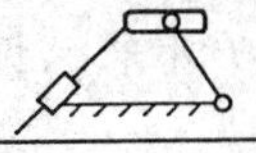	⊗	◯	⊗
2	⊗	◯	⊗	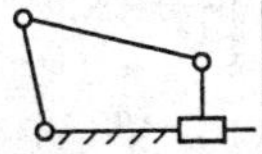 10 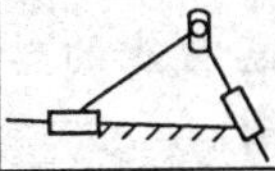	◯	◯	◯
3	◯	⊗	◯	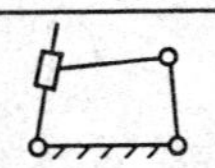 11 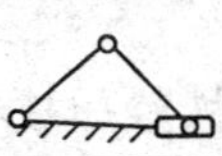	◯	◯	◯
4	⊗	⊗	⊗	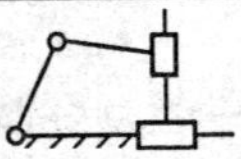 12 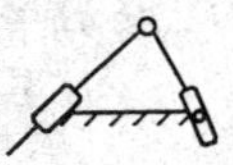	◯	◯	⊗
5	◯	⊗	◯	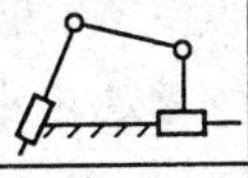 13 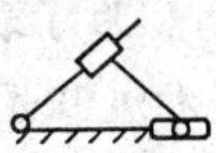	◯	◯	⊗
6	◯	⊗	◯	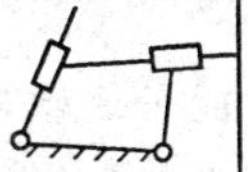 14 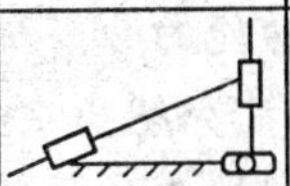	◯	⊗	◯
7	⊗	◯	⊗	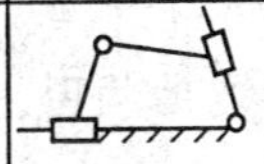 15 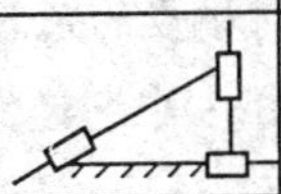	⊗	⊗	◯
8	◯	⊗	◯	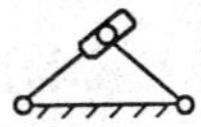 16 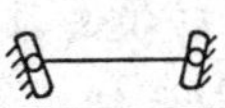	⊗	⊗	◯

注：◯　行；　⊗　不行；　▭━　移动副；　⌐　回转副；

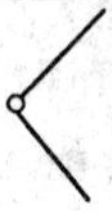

▭⊙▭　滑动枢轴，高副

图 2.13　四杆机构运动副转换解法目录

第四步：选取 2、4、7、9 四个方案。

第五步：增力机构选取曲杆机构，见图 2.12。

第六步：订书打孔机的四种原理方案解见图 2.14。

此外，功能元(分功能)的求解还可以采用模拟研究和模型试验等方法。

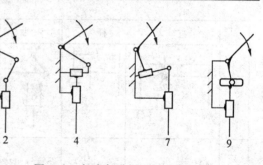

图 2.14　订书打孔机原理方案解

六、系统(产品)原理方案的综合

把各种功能元的局部解合理地予以组合，就可以得到一个系统的多个原理解。组合的方法可以采用形态矩阵法(亦称为模幅箱法——利用形态学方法建立起的模幅箱)。下面通过例题介绍利用形态矩阵法对系统功能元的解进行综合的过程。

形态矩阵法是把系统功能元和其所对应的各个解分别作为纵、横坐标，列出"功能求解矩阵"，然后从每个功能元中取出一个对应解进行有机组合，以构成一个系统解的方法。

【例 2.5】　试设计露天矿开采挖掘机的原理方案。

第一步：用黑箱法寻找总功能的转换关系，见图 2.15 黑箱示意图。

第二步：总功能分解。

①总功能分解的依据　机器一般都是由 5 部分组成：即动力系统、传动系

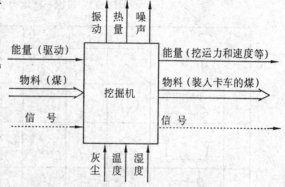

图 2.15　挖掘机"黑箱"示意图

统、执行系统、控制和支承系统。其技术过程通常是：原动机→传动→控制→执行机构，而这 4 部分都安装在支承部件上。为了表示这种技术过程和周围环境关系，用技术过程流程图来表示，见图 2.16。此技术流程图已较清楚地将机器的技术轮廓展示出来了，可直接求得总功能的解，并为总功能的分解提供了可靠的依据。

②总功能分解　将总功能分解为一级、二级分功能，二级分功能若还找不到解，还可以接着往下分解，直到可找到相应的原理解(技术)为止，如图 2.17 所示。

第三步：建立功能结构图。首先建立总功能与一级分功能的功能结构图，如图 2.18 (a)、(b)。建立的过程是：

①作出总功能输入、输出转换关系图(a)，然后再建立一级分功能的结构图(b)；

②先画出最基本的功能即执行功能，然后画它的输入和输出；

③画出行走、辅助、控制、驱动功能，画每个功能的输入和输出；

④各个功能的输入、输出关系的连接；

⑤支承和联接功能与上述每个功能相关，故用多个箭头表示。

然后，建立二级功能的结构图(c)。建立步骤与上述相同。接着往下，还可以逐步地建立更加详细的完善的功能结构图。

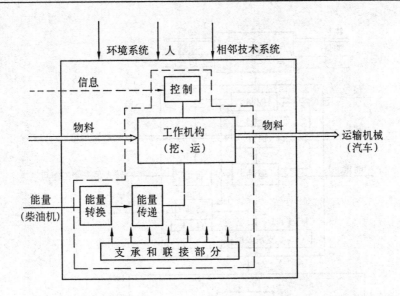

1. 环境系统是指根据设计要求明细中提出的要求,如爬坡、作业范围等;2. 人是指操作人员对机器的要求,即考虑人-机工程学设计;3. 相邻技术系统是指运输机械的种类。设计要求中提出运输机械为汽车,这实质是对煤高度提出的要求;动力源的种类为柴油机;4. 虚线方框以内表示机械内部结构,而机械与外界联系用实线大方框表示。

图 2.16　技术过程流程图

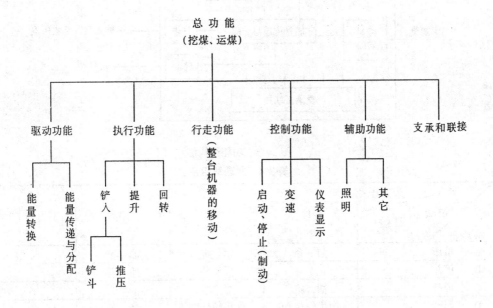

图 2.17　总功能分解

第四步:寻找原理解法和原理解组合。

　　功能结构图建立后,就可寻找各功能元的解,然后用形态学矩阵法对功能元的解进行组合,可得到设计方案的多种解。见表2.4。

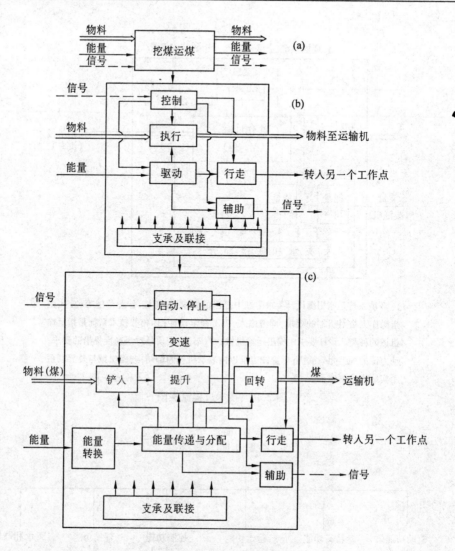

图 2.18　功能结构图

表 2.4　原理解组合

技术物理解 分功能	方案序号	1	2	3	4
A	推压	齿条	钢丝绳	油缸	
B	铲斗	正铲斗	反铲斗	抓斗	
C	提升	油缸	绳索		
D	回转	内齿轮传动	外齿轮传动	液轮	
E	能量转换	柴油机			
F	能量传递与分配	齿轮箱	油泵	链传动	皮带传动
G	制动	带式制动	闸瓦制动	片式制动	圆锥形制动
H	变速	液压式	齿轮式	液压－齿轮	
I	行走	履带	轮胎	迈步式	轨道－车轮

$$组合方案数 = 3 \times 3 \times 2 \times 3 \times 1 \times 4 \times 4 \times 3 \times 4 = 10\ 368$$

方案 1 为履带式正铲机械挖掘机(A1 + B1 + C2 + D2 + E1 + F1 + G2 + H2 + I1)

方案 2 为轮胎式正铲液压挖掘机(A3 + B1 + C1 + D2 + E1 + F2 + G3 + H1 + I2)

根据设计对功率的要求可知,在能量传递与分配过程中,采用链传动和皮带传动是不相容的,应去掉。故组合方案数 = 3 × 3 × 2 × 3 × 1 × 2 × 4 × 3 × 4 = 5 184。在众多的方案中,进行定性筛选,然后进行详细评价,最后决策最佳方案。

通过此例可看到能得到很多种方案。这给设计者提供了广阔的选择范围,但难以进行评选。若选择不当,则前功尽弃。此时,一般采用相容性矩阵或选择表来对众多的原理方案进行筛选。

表 2.5　相容性矩阵示例

动力源 / 机构		电 动 机	摆 动 油 缸	热水中双金属螺旋管	液 力 活 塞
		1	2	3	4
四杆机构	A	可以 (当四杆机构可回转时)	否 运动过缓	可以	否
圆柱齿轮传动	B	可以	否 运动过缓 反向转动困难	可以 (转角要与齿节相应)	否
槽轮机构	C	可以 (在普通槽轮机构中考虑了返回)	否 同上	可以 (间歇转角较小时)	否
盘形摩擦轮传动	D	可以	否 同上	否 传扭矩所需力过大	否

1. 相容性矩阵

为了便于检验和了解有联系的分功能(功能元)之间的相容性,可以列出相容性矩阵。表 2.5 为一相容性矩阵的示例。此矩阵可检验功能元 F_1(改变机械能成分)和功能元 F_2(能量转换)所对应的技术、物理效应之间的相容性。

由表可见,判断在功能元 F_1 和 F_2 的技术、物理效应之间是否相容,有三种情况:相容(A_3、B_1、D_1)、条件性相容(A_1、B_3、C_1、C_3)和不相容。

2. 选择表

对于复杂的问题,从模幅箱中筛选有价值的组合方案,可以采用选择表,见表 2.6。建立选择表之前,先要拟出一些选择标准,例如:①与设计任务应相符;②应能满足设计要求明细表上的各项必达要求;③在原理上可实现;④在成本上可行;⑤符合安全和人-机工程学要求;⑥在技术水平、材料供应、制造方法、专利和标准方面可行;⑦其他。

按照这些标准,对每个组合方案加以判定;能满足要求的方案记为"＋";不能满足要求的方案应剔除,记为"－",并在说明栏内简要注明问题所在;由于信息量不足难于判定的记为"?";设计要求明细表有问题需要检查的记为"!"。

由表 2.6 可见,原有 17 个方案组合经选择后,可取的方案只有 2 个。还有一个方案有待增加信息量再判定,另一个方案需检查设计要求明细表后再决定取舍。这样的选择表条理十分清晰,便于检查,将复杂问题理清头绪,尤为适用。表 2.7 是表 2.6 的补充说明。

表 2.6　选择表示例

| 设计单位 ×××× | | 选择表　油箱贮油量测量仪传感器 | | | | | | | | 共 页 第 页 |

组合方案及编号		与设计任务相符	满足要求明细表	在原理上可以实现	成本在允许范围内	满足安全等要求	在技术等方面可行	其它	符号说明		决策
									在选择标准栏中	在决策栏中	
									+ 满足	方案可取	
									− 不满足	排除	
									? 信息量不足	增加信息后再判断	
									! 检查要求明细表	检查要求明细表	
		A	B	C	D	E	F	G	举例说明		
a_1	1	+	+	+	?	+	+		D——阻尼？　　G——测量点的数目		?
a_2	2	−							A——质量块的安放,B——测量容差		−
a_3	3	+	+	−							−
a_4	4	+	+	−							−
b_1	5	+	−						B——测量容差,任意形状的容器		−
b_2	6	+	−		?				B——测量容差,通用的容积		
设计单位 ××××		选择表　油箱贮油量测量仪传感器									共 页 第 页
c_1	7	+	+	+	−				D——要用两个容器		−
c_2	8	+	−						B——测量容差		−
c_3	9	+	!	+	+	+	+		B——容器的配合		!
d_1	10	+									
d_2	11	+	+								
d_3	12	−		−					A——位置要求,D——两个容器,泵		
d_4	13	+	+	+	+	+					+
d_5	14	+	+	?					D——总系统		
e_1	15	+	+	+	+	+					+
f_1	16	−							A——不导电的液体不能用		−
f_2	17	+	−						B——测量容差		−
	18										
	19										
⋮	⋮										
日期			制表者				审核者				

表 2.7　选择表法补充

编号	组 合 方 案 （说明）	信　　号
	1. 静力学	
	1.1　液体	
a_1	液体质量	力
a_2	质量块引力	力
a_3	在液体中溶解某种介质	浓度或剩余量
a_4	液体中的悬浮物	浓　度
	1.2　气体	
b_1	液体中的气泡	路径、气体压力
b_2	密封容器达到封闭时的气体体积	气体压力
	1.3　模拟	
c_1	用几何上相似的截面来模拟容器中的液体量	力
c_2	模拟气体体积(截面相似)	路径,气体压力
c_3	相对密度小于液体的相似于容器的浮体	力
	2.动力学	
	2.1　液体	
d_1	利用液体的惯性力(加速过程)	力(力矩)
d_2	使液体晃动	频率
d_3	在某个时间间隔内把液体从一个容器抽到另一个容器中	直接测量、时间、电能
d_4	测量注入和放出的流量差	材料量(±)
d_5	冲撞容积以测量冲量,在容器上贴上振动器	(衰减)时间,功率
	2.2　气体	
e_1	在密封容器中压进或抽出气体使其达到一定压力或一定的气体量	(气体)材料量,(气体)压力
	3.电　学	
f_1	把液体作为一个电阻器(与其体积有关)	电阻
f_2	把液体作为电解质(与其体积有关)	电容,容抗

七、功能原理设计举例

【例 2.6】　瓶盖整列装置的原理方案设计

设计要求:把一堆不规则放置的瓶盖整列成口朝上的位置逐个输出。瓶盖的形状和尺寸见图 2.19。瓶盖质量为 m = 10g;整列速度 100 个/分钟;能量为 220V 交流和高压气(压力 0.6MPa);其余功能要求见表 2.8。

第一步:明确任务要求。

第二步:功能分析。

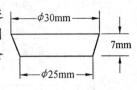

图 2.19　瓶盖

表 2.8　瓶盖整列装置的功能要求

功	1. 不规则瓶盖整列为口朝上逐个输出	基本要求
能	2. 整列速度 100 个/分钟	必达要求
	3. 整列误差小于 1/10 00	必达要求
加工	4. 小批生产,中小型厂加工	基本要求
成	5. 成本不高于 2 000 元/台	附加要求
本	6. 结构简单	附加要求
使 用	7. 操作方便	附加要求

①总功能:瓶盖整列,其黑箱模型如下图所示。

②总功能分解:总功能与分功能之间的结构系统如下:

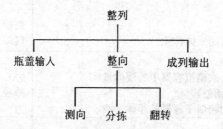

第三步:功能元求解。采用设计目录法对功能元求解,如表2.9所示。

第四步:功能元解的组合。组合各功能元的解,可得 $N = 8 \times 6 \times 6 \times 3 \times 7 = 6\ 048$ 个系统解。图2.20中只列举了四种系统解。

第五步:评价与决策。采用简单评价法。用"++"表示"很好","+"表示"好","-"表示"不好"。其评价结果,列于表2.10中。

表2.9 功能元求解目录表

目标特征 目标标记	局 部 解							
	1	2	3	4	5	6	7	8
A 输入	重 力			机 械 力				液、气力
B 测向	机械测量		气 压	磁通密度	光 测	气 流		
C 分拣	气 流	负 压	重 力	机 械 式				
D 翻转	重 力	气 流	导 向					
E 输出	重 力	机 械 力					液、气力	

功能元

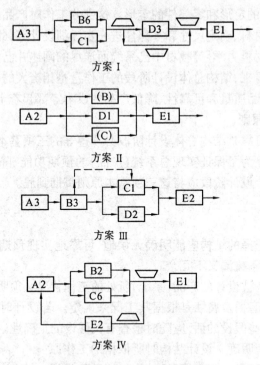

图 2.20　瓶盖整列装置的系统解

表 2.10　瓶盖整列装置评价表

方案 评价准则	Ⅰ	Ⅱ	Ⅲ	Ⅳ
整列速度高	+	+	+ +	−
整列误差小	−	+	−	+
成 本 低	−	+ +	−	+
便 于 加 工	−	+	+	−
结 构 简 单	−	+ +	+	−
操 作 方 便	−	+ +	−	+
总 计	4"−"	9"+"	1"+"	0

结果表明,方案Ⅱ为较理想的方案。

2.2　结构总体设计

一、结构总体设计的任务、原则

1. 结构总体设计的任务及重要性

结构总体设计的任务是将原理方案设计结构化,即把一维或二维的原理方案图转化为三维的可制造的形体过程,也可以说是从为了完成总系统功能而进行的初步总体布置开始到最佳装配图(结构设计)的最终完善及审核通过为止。

结构总体设计工作包括两个方面,即"质"的设计和"量"的设计。所谓"质"的设计是指"定形"设计,有系统的定形和零部件的定形。这部分工作对产品的质量有决定性意义。"量"的设计则指选择材料、确定尺寸和零部件进一步详细设计等,此部分设计所涉及到的知识在《机械设计》、《材料力学》等教材中已系统而详尽的阐述并已为设计者所熟知,故不在本书中赘述。由此看来,结构总体设计阶段的工作量是相当大的,同时它的工作质量对满足功能要求、保证产品质量和可靠性、降低产品的成本等都起着十分重要的作用。

2. 结构总体设计原则

明确、简单、安全可靠是结构总体设计阶段必须遵守的三项基本原则。由于这三项基本原则的共同目标都是为了保证实现总系统(产品)的预期功能、降低成本及保障人和环境安全的,所以,在整个设计阶段应将这三项基本原则贯彻到底。

(1)明确原则

这里主要包括:

①功能明确　所选择的结构应能明确无误地、可靠地实现预期的功能。对于可实现的功能来说,要做到既不疏漏又不冗余。

②工作情况明确　被设计的产品(系统)所处的工作状况必须明确。因为结构和零部件的材料、形状、尺寸、磨损及腐蚀是根据其工况来确定。若设计时缺少准确的使用工况说明,且不得不做出一些假设的话,应随时检查有关假设的正确性。

③结构的工作原理明确　设计结构时所依据的工作原理必须明确,从而才能可靠地实现能量流、物料流和信号流的转换或传导。

图 2.21 是轴的轴向定位三种方案。(a)为一端固定,一端游动方案。左端固定轴承承受全部轴向力,右端游动轴承可保证当轴热膨胀时的自由移动,此方案对于轴承负荷及轴的位置来说,在工作原理上是明确的。(b)为两端固定。由于轴承的轴向载荷同预紧及热膨胀附加载荷有关,如果两个轴承都存在间隙,那么,轴热膨胀时,可向两端延伸,但只能在轴承间隙允许的范围内有微小的伸长。(c)是弹性预紧方案,这时热膨胀附加力由预紧弹簧的载荷——变形量来确定。当所受轴向力 F_A 向右或向左但 $F_A < F_F$(弹簧力)时,轴的位置也是确定的。

(2)简单原则

简单原则是指要在满足总功能的前提下,尽量使整机、部件、零件的结构简单,且数目少;同时还要求操作与监控简便;制造与测量容易、快速、准确;安装与调试简易而快

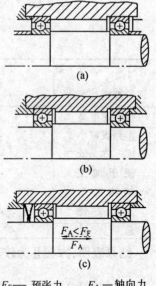

(a)

(b)

$$\frac{F_A < F_F}{F_A}$$

(c)

F_F— 预张力　　F_A—轴向力

图 2.21　轴向定位方案

捷。亦就是说这里所指的"简单",同时具有简化、简便、简明、简易、减少等多重含义。

(3)安全可靠原则

一个系统(产品)的安全可靠性主要指:

①构件的可靠性　在规定外载荷下,在规定的时间内,构件不发生断裂、过度变形、过度磨损且不丧失稳定性。

②功能的可靠性　主要指总系统的可靠性,即保证在规定条件下能实现总系统的总

功能。

③**工作安全性**　主要指对操作者的防护,保证人的安全。

④**环境安全性**　不造成不允许的环境污染,同时也要保证整个系统(产品)对环境的适应性。

为了保证上述各种安全可靠性,应在设计过程中充分给予重视并落实到具体设计中,除对重要的结构、零部件进行必要的各种计算外,还应设置防护系统和保护装置及在危险发生之前的报警系统。

二、结构总体设计步骤

图 2.22 是结构总体设计步骤的大致流程图。此流程图并非是标准模式,它的划分也只是从工作内容上进行区分的,一般分为三个阶段:初步设计、详细设计及完善和审核阶段。

1. 初步设计

(1)明确设计要求

在结构总体设计之前,应明确、分析及归纳设计要求。这里所要明确的设计要求一般包括:与确定配置有关的要求(物料流动方向、运动方向、位置关系……);与确定尺寸

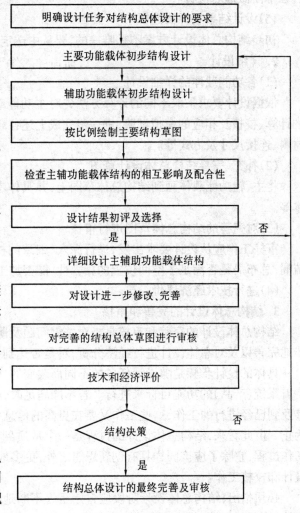

图 2.22　结构总体设计步骤流程图

有关的要求(功率、转矩、生产能力、空间限制……);与确定材料有关的要求(使用寿命、工作环境、零部件材料……);此外,还应充分考虑到制造、安装、运输、经济性等方面的要求。

(2)主功能载体的初步设计

主功能载体是指能完成主功能要求的构件。这步工作主要凭经验粗略设计出主功能由哪些主功能载体来实现及其大致形状和空间位置。也就是结构总体设计是从主功能载体的设计开始,因此,这是结构总体设计的核心。然后,根据主功能及主功能载体的类型和方位来定形——进行总体布置。

(3)按比例绘制主要结构草图

在草图中除了表示出主功能载体的基本形状和大致尺寸外,还应标出不同工况下的极限位置及辅助功能载体的初步形状与空间位置。

(4)检查主、辅功能载体结构

主、辅功能载体结构间形状、尺寸、空间位置是否相互干涉及其之间的相互影响和配

合性都需做最后检查。

(5)设计结果初评及选择

初步结构总体设计方案不是唯一的,要从中选定一个较理想的作为后续设计的基础。

2. 详细设计

(1)各功能载体的详细设计

依据设计要求采取不同的计算方法先对主功能载体,然后对辅助功能载体进行精确的计算、校核及相应的模拟试验,进一步完成上述各载体的详细设计——具体形状、尺寸、材料、连接尺寸及方式等。

(2)补充、完善结构总体设计草图

将主、辅功能载体画到结构总体草图上,并具体考虑加工方法、结构工艺性及计算成本等。

(3)对完善的结构总体草图进行审核

审核工作应从设计要求出发,进行深入、细致的检查,确认在完成功能要求方面有无疏漏,总布局是否满足了空间位置的相容性,能否加工、装拆,运输,维修、保养是否方便。

(4)进行技术经济评价

3. 结构总体设计的完善和审核

结构总体设计的完善和审核是指对关键问题及薄弱环节通过相应的优化设计来进一步地完善以及对总体设计进行经济分析,看是否达到了预期的目标成本。

具体的设计步骤是随设计任务的不同而改变的,中间的设计过程可繁可简,但必须围绕着系统(产品)的功能目标来进行。若不能满足时,应随时调整。在调整过程中,常常要涉及到已经进行的工作,这些工作又要在更高的信息水平上循环重复,直到达到功能要求为止。由此看来,结构总体设计的过程是一个从质到量、从抽象到具体、从粗略到详细的工作过程,它除了应该同样具有创新思想之外,更多地则涉及到复杂的、具体的综合分析、设计和校核工作。

必须指出,结构总体设计阶段应自始至终不断地进行功能要求、制造可行性、装拆可行性、使用可行性、制造成本等方面的审核。

结构总体设计总装配图是零、部件及一些工艺文件的依据,所以,必须严格按照一定比例去绘制,并且还要画出零部件的细部结构及标示出有关的尺寸。

三、总体布置设计

一个机械系统是由若干个子系统按照总功能的要求相互匹配而组成的。总体布置设计就是确定机械系统中各子系统之间的相对位置关系及相对运动关系,并使总系统具有一个协调完善的造型。前面阐述过一个功能目标可以由不同的功能原理来实现;不同的功能原理方案对应着不同的技术物理效应或物理学原理;不同的效应和原理决定着机械系统的总体布置、性能、产品质量、生产率和成本。同一效应或原理在采用不同的总体布置时,又会对机械系统本身的设计制造和使用产生很大的影响,因此,总体布置设计是结构设计阶段的重要环节。

机械系统的总体布置设计是带有全局性的一个重要问题,不但要考虑系统本身的设计内容,而且,还应考虑系统与外部各因素之间的关系,即人-机关系、系统对环境的适应性、系统对外界环境的影响(即环境系统和运行管理系统)等诸因素,如系统的性能、操作、观察、调整、控制、防护等都对总体布置产生一定的影响。

总体布置设计一般是先布置执行系统,即总系统的主功能载体系统,然后再布置传动系统、动力系统、操纵系统及支承形式等,从粗到细,从简到繁,反复多次,最终确定出较理想的方案。

1. 总体布置设计的基本要求

(1)功能合理

即总布置设计应适于功能表达,不论在整体上或局部上都不应采用不利于功能目标的布局方案。

(2)结构紧凑、层次清晰、比例协调

这一方面应尽可能使总系统简单并充分利用机械系统的内部空间,如把电动机、传动部件等安装在支承大件的内部;另一方面有利于良好的造型,美观大方。

(3)充分考虑产品的系列化及发展

总体布置时还应对系列设计、变型设计给予考虑;对于单机的布置还应考虑组成生产线和实现自动化的可能性。

2. 机械系统总体布置的基本类型

机械系统总体布置的基本类型:按主要工作机构的空间几何位置可分为平面式、空间式等;按主要工作机械的布置方向可分为水平式(卧式)、倾斜式、直立式和圆弧式等;按原动机与机架相对位置可分为前置式、中置式、后置式等;按工件或机械内部工作机构的运动方式可分为回转式、直线式、振动式等;按机架或机壳的形式可分为整体式、剖分式、组合式,龙门式和悬臂式等;按工件运动回路或机械系统功率传递路线的特点可为分开式、闭式等。

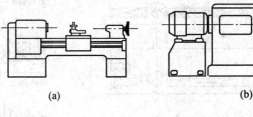

(a)　　　　　　　　(b)

3. 机械系统总体布置示例

【例2.7】 车床的总体布置

加工一般的轴类或盘类零件时,车床均采用卧式水平布置形式,如普通车床(图2.23a);用于加工大直径但重量相对较轻的盘形或环形工件,可用落地式布置形式(图2.23b);当用来加工短而粗且重量大的盘形零件时,则采用立式布置形式,工件直径较小,可采用单柱立式布置形式(图2.23

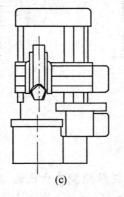

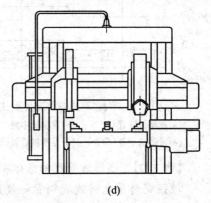

(c)　　　　　　　　(d)

图2.23　车床的总体布置型式

c);工件直径较大,可采用双柱立式布置形式(图2.23d)。

【例2.8】 汽车的总体布置。

汽车总体布置形式是指发动机、驱动轴和车身(或驾驶室)的相互位置关系及布置特点。

根据发动机与车身相对位置的不同,可分为发动机前置、中置和后置(横置、纵置)三种布置形式,见图2.24。

早期的大客车大多用货车的发动机和底盘改装。因而,多延用货车上常用的前置发动机——后轮驱动的布置形式。前置式的主要优点是:与货车通用的部件多,操纵机构简单,发动机冷却条件好,维修方便,但存在着车厢内噪声较大、有油烟味和热气、车厢内面积利用较差、地板较高等缺点。

现代的大客车多采用发动机中置和后置的布置形式。这两种布置形式的共同特点是:车内噪声小,车厢内的面积利用好,尤其后置式乘坐舒适性更好一些。对于来往于城市间的长途大客车和旅游用大客车,最主要的性能要求是舒适性、安全性、视野性。但中置式由于发动机维修、保温均较困难,所以适合于公路条件和气候条件较好的场合。

根据发动机与驾驶室相对位置的不同,还可分为长头式、短头式、平头式和偏置式四种布置形式,见图2.25,其中偏置式(将驾驶室偏置于发动机的一旁)是平头式和长头式的一种变型。现代大客车几乎全部采用平头式。

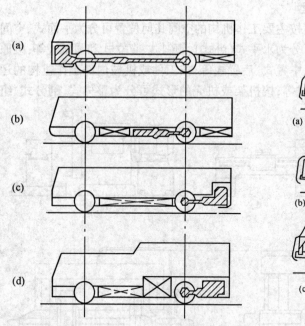

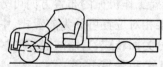
(a)长头式—将驾驶室布置在发动机之后;

(b)短头式—发动机的一小部分伸入到驾驶室内;

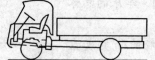
(c)平头式—将驾驶室布置在发动机之上;

图2.24 大客车的总体布置型式
(a)发动机前置 (b)发动机中置
(c)发动机后置(横置) (d)发动机后置(纵置)

图2.25 货车的总体布置型式

【例2.9】 连续缠管机的总体布置

增强塑料管也叫玻璃钢管一般是用连续缠绕法生产的,其工艺过程如图2.26所示。将浸有树脂的玻璃纤维品(无捻粗纱、无纬带、纤维毡等),按一定的成型规律缠绕在芯轴或其他模具上,经成型、固化、脱模、切割等工序制成玻璃钢管。连续缠管机一般包括传动系统、成型心轴、纤维(或其他增强材料)供给装置、树脂供给装置、固化炉、切割装置、翻管机构和控制台等部分。

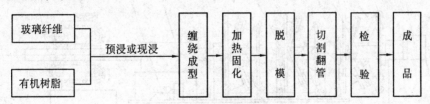

图2.26 连续缠管的工艺过程

连续缠管机有立式和卧式两种布置形式。图2.27所示为立式连续缠管机总体布置示意图。心轴1立式布置，工作时由牵引辊2驱动作垂直移动，六层工作台沿垂直方向布置，各层工作台的旋转方向如图所示。当心轴1经过第一层工作台3时，将浸渍树脂的玻璃纤维布带4螺旋缠绕在心轴上；当心轴1通过第二、三层工作台5和8时，玻璃纤维纱6在经过树脂浸渍槽7后缠绕在心轴上，工作台5和8的旋转方向相反；第四层工作台9包纵向纱；第五、六层工作台10和13分别以不同方向缠绕外层玻璃纤维布带11和玻璃纸带14，张力器12使玻璃纸带14以一定张力缠绕在心轴表面，起表面定型作用。缠满一根心轴后将玻璃钢管切断，经固化炉固化后，再将玻璃钢管从心轴上脱膜即可。

立式布置的优点是：

①在缠绕时心轴不会因自重而变形，也不会在玻璃钢管内产生附加应力。

②树脂不易滴到偏于管子的一侧，产生含树脂量不匀的现象。

③因缠绕工作台水平布置，纵向纱和横向纱都可在缠绕前通过树脂槽，实现湿法缠绕。

④占地面积小。但这种布置的自动化程度较低，且需另行设置固化及脱模等辅助设备。

图2.28所示为卧式连续缠管机总体布置示意图。心轴4水平布置，由于纤维浸渍树脂困难，不易实现湿法缠绕，所以采用预浸树脂的无纬带或玻璃纤维布带进行半干法缠绕。在心轴周围，有若干个纵向纤维带盘2固定在盘架上，纵向纤维经分配器均匀地分布在心轴的表面。若干个环向纤维带盘5径向分布在环向纤维带盘架上，带盘架绕心轴转动时将玻璃纤维带螺旋状缠绕在心轴上。为使缠绕的相邻各层反向重叠，各相邻带盘架作反向旋转。缠绕好的管子由履带牵引机9牵引前进，经固化炉7，而后进入切割区，将管子切成所要求的长度。

该设备使缠绕和脱模工序连续进行，心轴固定不动，结构简单，操作方便，但难以进行湿法缠绕，因用履带牵引机牵引脱模易使管子变形。

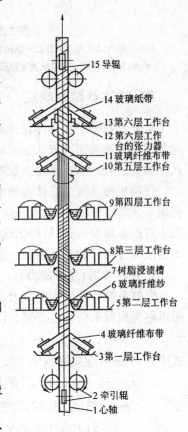

15 导辊
14 玻璃纸带
13 第六层工作台
12 第六层工作台的张力器
11 玻璃纤维布带
10 第五层工作台
9 第四层工作台
8 第三层工作台
7 树脂浸渍槽
6 玻璃纤维纱
5 第二层工作台
4 玻璃纤维布带
3 第一层工作台
2 牵引辊
1 心轴

图2.27 立式连续缠管机
总体布置示意图

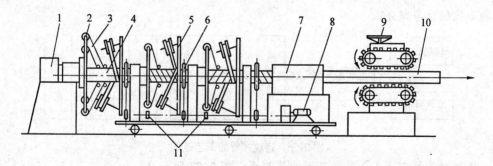

图 2.28　卧式连续缠管机总体布置示意图

1—心轴内加热控制装置；2—纵向纤维带盘；3—脱模带盘；4—心轴；5—环向纤维带盘；6—带盘的传动系统；7—固化炉；8—电机及减速器；9—牵引机；10—玻璃钢管；11—换向机构

四、总体参数的确定

总体参数是结构总体设计和零部件设计的依据。对于不同的机械系统，其总体参数包括的内容和确定的方法也不相同。但一般情况下主要有：性能参数（生产能力等）、结构尺寸参数、运动参数、动力参数等。

任何机械系统的总体参数中都有一个能代表其特性的参数——主参数，如 CA6140 型普通车床型号中的 40 代表该车床的最大加工直径为 400mm。在进行结构总体设计时，首先应初选总体参数，然后根据这些参数进行各子系统中零部件的结构设计，最后准确计算出总系统（产品）的总体参数。总体参数的确定和结构总体设计需要反复交叉进行。

1. 性能参数（生产能力）

机械系统的理论生产能力是指设计生产能力——在单位时间内完成的产品数量，亦可以称为机械系统的生产率。设加工一个工件或装备一个组件所需的循环时间为

$$T = t_g + t_f \tag{2.1}$$

式中　T—— 在机械系统上加工一个工件的循环时间或称工作周期时间；

　　　t_g—— 工作时间，即直接用在加工或装配一个工件的时间；

　　　t_f—— 辅助工作时间，在一个循环内除去 t_g 所消耗的时间，如上下料、夹紧、换刀、对刀等消耗的时间。

则机械系统的生产率 Q 为：

$$Q = \frac{1}{T} = \frac{1}{t_g + t_f} \tag{2.2}$$

生产率 Q 的单位由工件的计量和计时单位而定，常用的单位有：件／小时、米／分钟、米^2／分钟、米^3／小时、千克／分钟等。

2. 尺寸参数

尺寸参数主要是指影响机械性能和工作范围的主要结构尺寸和作业位置尺寸。主要结构尺寸是由整机外形尺寸和主要组成部分的外形尺寸综合而成。外形尺寸受安装、使用空间、包装、运输等要求的限制。作业位置尺寸是机械系统在作业过程中为了适应工作条件要求所需的尺寸，如机床的加工范围、中心高度、主要运动零部件的工作行程及主要零部件之间位置关系尺寸等。

　　尺寸参数一般依据设计任务书中的原始参数、方案设计时的总体布置草图和与同类机械的类比或通过分析计算确定。

　　机械系统千变万化,尺寸参数的具体内容也不尽相同,制定时应根据系统的实际工作情况而定。如机床的尺寸参数是根据被加工零件的尺寸确定的:卧式车床是床身上工件的最大回转直径;龙门刨床、龙门铣床、升降台铣床和矩形工作台平面磨床的尺寸参数是指工作台工作面宽度等。这些尺寸参数代表机床的加工范围,因此,称它们为这些机床的主参数。

　　【例 2.10】　确定颚式破碎机钳角 α。

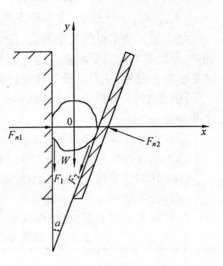

图 2.29　颚式破碎机的钳角

　　此钳角应通过力的分析计算来确定。当颚式破碎机工作时(见图 2.29),夹在颚腔内的物料将受到颚板给它的压力 F_{n1} 和 F_{n2} 的作用,其方向均与颚板垂直。设物料与颚板之间的摩擦系数为 μ,则物料与颚板接触处产生的摩擦力为 $F_1 = \mu F_{n1}$ 及 $F_2 = \mu F_{n2}$,由于物料的重力 W 相对 F_{n1} 和 F_{n2} 要小得多,故可忽略不计。

　　当物料被夹牢在颚腔内而不被推出腔外时,各力必须相互平衡,在 x、y 方向的分力之和应分别等于零,即

$$\sum x = 0 \quad F_{n1} - F_{n2}\cos\alpha - \mu F_{n2}\sin\alpha = 0$$

$$\sum y = 0 \quad -\mu F_{n1} - \mu F_{n2}\cos\alpha + F_{n2}\sin\alpha = 0$$

将两式合并化简后得

$$-2\mu\cos\alpha + (1 - \mu^2)\sin\alpha = 0$$

$$\tan\alpha = \frac{2\mu}{1 - \mu^2}$$

又 $\mu = \tan\varphi$,φ 为摩擦角,

则

$$\tan\alpha = \frac{2\tan\varphi}{1 - \tan^2\varphi} = \tan 2\varphi$$

为使破碎机工作可靠,必须使

$$\alpha \leq 2\varphi$$

　　一般摩擦系数 $\mu = 0.2 \sim 0.3$,故钳角的最大值为 $22° \sim 33°$。由于实际物料粒度可能差别很大,为防止产生楔塞,故在颚式破碎机设计中一般取钳角为 $18° \sim 22°$。

　　3. 运动参数

　　机械系统的运动参数一般是指机械执行件的运动速度等。如机床等加工机械的主轴转速、工作台、刀架的运动速度,移动机械的行驶速度等。

　　机械系统中执行件的速度一般是根据工作对象的工艺过程要求和生产率等因素确定。执行件的运动一般均比较复杂,特别是轻工机械、农业机械,尤其是金属切削机床。除少数专用机械只在某一特定速度下工作外,一般往往需多种工作速度,如各种通用机床的运动均为有级的多种运动速度;汽车、轮船等也都有不同的行驶速度……。运动速度除了要作理论计算外,有时还需通过实验才能最后确定。

　　(1)最高、最低转速的确定

　　当执行件的运动为回转且多种速度时,可通过两种方法来获得:一是采用无级变速传

动;二是有级变速传动。无论用哪种方式,首先都要全面调查所设计的机械产品可能出现的各种工况,然后计算出其最高转速 n_{max} 和最低转速 n_{min} 及变速范围 R_n,即 n_{max} 和 n_{min} 的比值:

$$R_n = \frac{n_{max}}{n_{min}} \tag{2.3}$$

式中: $n_{max} = \dfrac{1\,000 \times v_{max}}{\pi \times d_{min}} (r/min)$; $n_{min} = \dfrac{1\,000 \times v_{min}}{\pi \times d_{max}} (r/min)$

v_{min}、v_{max}——最低、最高切削速度(m/min);

d_{min}、d_{max}——最小、最大加工直径(mm)。

用上述方法求得的主轴最高、最低转速,有时由于典型工序选择不当,或原始数据有偏差,可能与实际需要相差较远。因此,还应到生产现场调查研究,统计与分析同类型机械系统有关资料,从而校验与修正计算结果。

【例 2.11】 访问若干台 φ400mm 卧式车床的用户,了解并统计这些机床上所采用的主轴转速如下:

①加工轴类零件常用 $n = 400 \sim 900 r/min$,个别高转速达 1 600r/min;

②加工盘形零件常用 $n = 150 \sim 300 r/min$;

③修理工作常用 $n = 80 \sim 150 r/min$,个别低转速达 7r/min;

④车大导程螺纹为 $n = 10 \sim 40 r/min$。

统计国内外同类型、同规格机床主轴最高、最低转速,见表 2.11。

表 2.11 现有 φ400mm 卧式车床主轴最高、最低转速

运动参数	机 床 型 号						
	CA6140	YN01	M200	1K62	MAZAK (φ460)	DLZ400	SL65
	中国	中国	美国	原苏联	日本	德国	瑞士
主轴最高转速(r/min)	1 400	1 500	2 260	2 000	1 500	1 400	1 430
主轴最低转速(r/min)	10	8.5	18	12.5	25	24	21

最后,综合计算和调查结果,并考虑技术发展的储备,确定本设计所采用的主轴最高转速为 1 600r/min,最低转速为 10r/min。

应当指出,通用机床的 d_{max}、d_{min}、并不是指机床上可能加工的最大、最小直径,而是指常用的经济加工的最大、最小直径。对于通用机床,一般取:

$$d_{max} = K \times D; \quad R_d = \frac{d_{min}}{d_{max}}$$

式中:D——床身上能加工的最大直径(即其主参数,单位为 mm);

K——系数,根据对现有同类机床使用情况的调查确定(摇臂钻床 $K = 1.0$;普通车床 $K = 0.5$);

R_d——计算直径范围($R_d = 0.20 \sim 0.25$)。

在确定了 n_{min} 和 n_{max} 后,如采用有级变速(大多数普通机床),则应进行转速分级;若采用变速电动机进行无级变速(大多数数控和重型机床),则有时也需用有级变速机构来扩大其调速范围(具体设计方法详见第四章第 4.2 节)。

(2)转速相对损失 A 与公比 φ、变速范围 R_n 与级数 Z

对于有级变速运动,当已知最高和最低转速后,中间各级转速通常按等比数列或等差数列排列。由于采用等比数列能使相邻各级转速的相对损失均匀,且使变速系统中每一个传动比都得到充分利用,使变速系统简化,所以在一般机械系统中大多按等比数列排列,很少采用等差数列排列。

设某机床的有级变速机构共有 Z 级,其中 $n_1 = n_{\min}$,$n_Z = n_{\max}$,Z 级转速分别为

$$n_1, n_2, n_3, \cdots\cdots, n_j, n_{j+1}, \cdots\cdots, n_Z$$

如果加工某一工件所需要的合理切削速度为 v,则相应的转速为 n。通常,有级变速机构不能恰好得到这个转速,而是 n 处于某两级转速 n_j 与 n_{j+1} 之间:

$$n_j < n < n_{j+1}$$

如果采用较高的转速 n_{j+1},则必将提高切削速度,刀具的耐用度将要降低。为了不降低刀具耐用度,以采用较低的转速 n_j 为宜。这时转速的损失为 $n - n_j$,相对转速损失率为:

$$A = \frac{n - n_j}{n}$$

最大相对转速损失率是当所需的转速 n 趋近于 n_{j+1} 而实际却选用了 n_j 时,也就是

$$A_{\max} = \lim_{n \to n_{j+1}} \frac{n - n_j}{n} = \frac{n_{j+1} - n_j}{n_{j+1}} = 1 - \frac{n_j}{n_{j+1}} \tag{2.4}$$

在其他条件(直径、进给、切深)不变的情况下,转速的损失就反映了生产率的损失。对于普通机床,如果认为每个转速的使用机会都相等,那么应使 $A_{\max}$ 为一定值,即

$$A_{\max} = 1 - \frac{n_j}{n_{j+1}} = \text{const} \ \text{或} \frac{n_j}{n_{j+1}} = \text{const} = \frac{1}{\varphi}$$

从这里可看出,任意两级转速之间的关系应为

$$n_{j+1} = n_j \varphi \tag{2.5}$$

即机床的转速应该按等比数列(几何级数)分级,其公比为 φ,各级转速应为

$$\left.\begin{array}{l} n_1 = n_{\min} \\ n_2 = n_1 \varphi \\ n_3 = n_2 \varphi = n_1 \varphi^2 \\ \vdots \\ n_Z = n_{Z-1} \varphi = n_1 \varphi^{Z-1} = n_{\max} \end{array}\right\} \tag{2.6}$$

最大相对转速损失率为

$$A_{\max} = (1 - \frac{1}{\varphi}) \times 100\% \tag{2.7}$$

变速范围为

$$R_n = \frac{n_{\max}}{n_{\min}} = \frac{n_1 \varphi^{Z-1}}{n_1} = \varphi^{z-1} \tag{2.8}$$

$$\text{或} \qquad\qquad \varphi = \sqrt[z-1]{R_n} \tag{2.9}$$

两边取对数,可写成　　　　　　　　　$\lg R_n = (Z - 1)\lg\varphi$

即
$$Z = \frac{\lg R_n}{\lg \varphi} + 1 \qquad (2.10)$$

式(2.8)、(2.9)、(2.10)是 R_n、φ、Z 三者的关系式。当三个参数中已知任意两个时，即可用上式算出其余的一个参数。但应注意：算出的 φ 应圆整为标准值，算出的 Z 应圆整为整数。并按圆整后的 φ 或 Z 修改 R_n。对于不同的机械系统所选用的公比 φ 可能不同，我国机床专业标准 GC58-60 规定了 φ 的七个标准公比：1.06、1.12、1.26、1.41、1.58、1.78、和2。

【例2.12】 有一台车床，主轴转速共 12 级，分别为 31.5、45、63、90、125、180、250、355、500、710、1000、1400，公比为 $\varphi = 1.41$，则最大相对转速损失率为：

$$A_{\max} = \frac{1.41 - 1}{1.41} \times 100\% = 29\%$$

变速范围：
$$R_n = 1.41^{12-1} = 1.41^{11} \approx 45$$

在设计其他机械时也常常采用这个标准。有些机械，如机床、汽车、拖拉机等，由于变速级数较多，且各级的使用率相差较大，这时各级转速之间往往采用两个以上公比(混合公比排列)来排列。具体设计详见第四章4.2节。

(3)制定公比 φ 的原则

①机床主轴转速是由小到大递增的，所以 φ 应大于1，并规定最大相对转速损失率不超过 50%，则相应公比 φ 不应大于2，故 $1 < \varphi \leqslant 2$。

②公比 φ 为2的某次方根，使转速 n 每隔几级就出现一个转速 $2n$，这样，不仅记忆方便，而且便于使用双速或多速电动机，以简化变速机构。双速或多速电动机的同步转速的比值通常为2(例如 3 000/1 500、1 500/750、3 000/1 500/750 等)。这 7 个标准公比中，$1.06 = \sqrt[12]{2}$，$1.12 = \sqrt[6]{2}$，$1.26 = \sqrt[3]{2}$，$1.41 = \sqrt{2}$。例如，当 $\varphi = 1.41$，$n_1 = 10\text{r/min}$ 时，则可很方便地写出数列为 10,14,20,28,40,56,80,112,……。在数列中每隔一级就出现 2 倍关系。又如当 $\varphi = 1.26$，$n_1 = 20\text{r/min}$ 时，可写出 20,25,31.5,40,50,63,80……，每隔 2 级就出现 2 倍关系。

③公比 φ 为10的某次方根，使转速 n 每隔几级后的转速为前面的 10 倍，而且还可使转速整齐好记。如 $\varphi = 1.58$，$n_1 = 10\text{r/min}$ 时，则可方便地写出：10,16,25,40,63,100,160,250,400……。因为 $1.58 = \sqrt[5]{10}$，在数列中每隔 4 级就出现 10 倍关系。

我国机床专业规定的这 7 个标准公比中，只有三个标准公比符合上述三条原则，即 $\varphi = \sqrt[40]{10} = \sqrt[12]{2} = 1.06$，$\varphi = \sqrt[20]{10} = \sqrt[6]{2} = 1.12$，$\varphi = \sqrt[10]{10} = \sqrt[3]{2} = 1.26$，其余四个标准公比符合上述三条原则当中的两条，即 $\varphi = \sqrt[5]{10} = 1.58$，$\varphi = \sqrt[4]{10} = 1.78$，$\varphi = \sqrt{2} = 1.41$，$\varphi = 2$。这 7 个标准公比中，后 6 个都与 1.06 有方次关系，即 $1.12 = 1.06^2$，$1.26 = 1.06^4$，$1.41 = 1.06^6$，$1.58 = 1.06^8$，$1.78 = 1.06^{10}$，$2 = 1.06^{12}$。因此，当采用标准公比后，就可以从 1.06 的标准数列表中直接查出主轴标准转速，见表2.12。表中给出了以 1.06 为公比的 1~10 000 的数值。例如，欲设计一台卧式车床，$n_{\min} = 12.5\text{r/min}$，$n_{\max} = 2\,000\text{r/min}$，$\varphi = 1.26$。查表2.12，首先找到 12.5，然后，每隔 3 个数($1.26 = 1.06^4$)取一个值，可得如下数列：12.5,16,20,25,31.5,40,50,63,80,100,125,160,200,250,315,400,500,630,700,1000,1250,1600,2000 等23级。

表 2.12　标 准 数 列 表

1.00	2.36	5.6	13.2	31.5	75	180	425	1000	2360	5600
1.06	2.5	6.0	14	33.5	80	190	450	1060	2500	6000
1.12	2.65	6.3	15	35.5	85	200	475	1120	2650	6300
1.18	2.8	6.7	16	37.5	90	212	500	1180	2800	6700
1.25	3.0	7.1	17	40	95	224	530	1250	3000	7100
1.32	3.15	7.5	18	42.5	100	236	560	1320	2150	7500
1.4	3.35	8.0	19	45	106	250	600	1400	3350	8000
1.5	3.55	8.5	20	47.5	112	265	630	1500	3550	8500
1.6	3.75	9.0	21.2	50	118	280	670	1600	3750	9000
1.7	4.0	9.5	22.4	53	125	300	710	1700	4000	9500
1.8	4.25	10	23.6	56	132	315	750	1800	4250	10000
1.9	4.5	10.6	25	60	140	335	800	1900	4500	
2.0	4.75	11.2	26.5	63	150	355	850	2000	4750	
2.12	5.0	11.8	28	67	160	375	900	2120	5000	
2.24	5.3	12.5	30	71	170	400	950	2240	5300	

此表不仅可用于转速、双行程数和进给量数列,而且也可用于机床尺寸和功率参数等数列。表中的数列应优先选用。

从使用性能方面考虑,公比 φ 最好选得小一些,以便减少相对转速损失。但公比越小,级数就越多,系统的结构就越复杂。对于一般生产率要求较高的普通设备,减少相对转速损失率是主要的,所以公比 φ 取得较小,如 $\varphi = 1.26$ 或 $\varphi = 1.41$ 等。有些小型机械系统希望简化机构,此时公比 φ 可取得大些,如 $\varphi = 1.58$ 或 $\varphi = 2$ 等。对于自动机床,减少相对转速损失率的要求更高,常取 $\varphi = 1.12$ 或 $\varphi = 1.26$。由于自动机床都是用于成批或大量生产,变速时间分摊到每一工件,与加工时间相比是很小的,因此采用交换齿轮变速,既满足了相对转速损失小的要求又简化了结构。对要求调速范围很宽的生产机械,最好将机械变速和电气调速二者结合起来考虑,易于收到技术和经济指标较好的效果。

除上述一些有规律可寻的运动参数设计外,还有些执行系统的速度,应根据实际工作对象的工艺过程要求和生产率等因素,确定相应的计算公式进行理论计算,必要时还应通过实验才能最后确定。现以型孔轮式排种器为例加以介绍,见图 2.30。

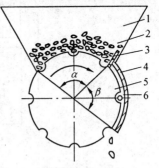

图 2.30　型孔轮式排种器
1—种子箱;2—种子;3—刮种板;
4—护种器;5—型孔轮;6—型孔

当型孔轮的型孔带着种子一起转动到下方时,将种子抛入土中,达到播种的目的。显然,型孔轮式排种器的排种能力与型孔轮的直径、轮宽、型孔数以及型孔轮的转速有关。当其他参数确定后,则排种能力将取决于型孔轮的转速。

由于种子是在自重作用下落入型孔中的,故可从运动学角度来考察种子的充填条件,即种子必须在限定时间内充填到型孔中去。图 2.31 所示是使种子(如玉米)落入型孔的充填条件示意图,在时间 t 内允许型孔通过的距离为

$$vt = d - \frac{2}{3}l$$

而种子必须下落到型孔内的距离为

$$\frac{b_{max}}{2} = \frac{gt^2}{2}$$

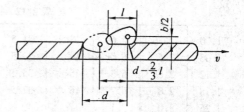

式中：v——型孔线速度(m/s)；

　　　d——型孔直径或槽的长度(m)；

　　　b_{max}——种子的最大宽度(m)；

　　　l——种子长度(m)；

图 2.31　种子落入型孔的充填条件示意图

　　　g——重力加速度，$g = 9.81$(m/s²)。

由上两式消去 t，得

$$v = \left(d - \frac{2}{3}l\right)\sqrt{\frac{g}{b_{max}}}$$

　　上式表明了型孔线速度的极限值。若型孔轮直径已取定，则型孔轮的极限转速也随之确定。

4．动力参数

　　动力参数是指电动机的额定功率、液压缸的牵引力、液压马达、气动马达、伺服电动机或步进电动机的额定转矩等。由于执行系统及传动系统中的所有零、部件的参数(各个轴或丝杆的直径、齿轮与蜗轮的模数等)都是根据动力参数来计算获得的，因此，动力机的动力参数选取是致关重要的。

　　按能量转换性质的不同，动力机可分为一次动力机和二次动力机。一次动力机是把自然界的能源(即一次能源：风能、水能、太阳能、核能、石油、煤等)转变为机械能或二次能源的机械(如各种内燃机、汽轮机、水轮机等)。二次动力机是把二次能源(电能、液能、气能等)转变为机械能的机械(如电动机、液压马达、气动马达等)。它们之间的关系大致如2.32 图所示。

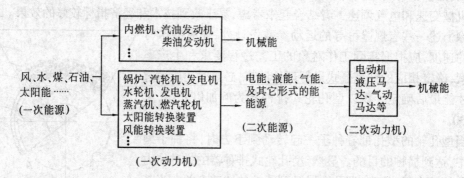

图 2.32　一次能源与二次能源之关系示意图

　　从上图可知，一、二次动力机都可以为机械系统提供机械能，选取的一般原则是：凡工作过程中需改变工作地点的机械装备如飞机、轮船、火车、汽车、拖拉机等，常选用内燃机、蒸汽机、燃汽轮机等来获取机械能；而工作地点固定不动的如机床、各类测量仪器等则选电动机、液压马达、气压马达等。值得注意的是，不论是一次还是二次动力机，在确定动力参数时都应根据被带动的工作机械的负荷特性要求及动力机本身的机械特性和经济性等条件来决定。但每一种动力机动力参数所包括的内容及计算方法均各不相同。

在众多的动力机中,由于电动机应用的较多,故本书以电动机选择为例介绍一下大致的方法、步骤。至于步进电机、伺服电机等特种电机的选择,这里不作介绍。

各种机械设备对电动机的基本要求是在可靠、经济的基础上保证其生产效率的,电动机的选定主要是指容量即功率的选择。因为当电动机容量选小时,会不可避免地产生电动机过热,同时还可能出现启动困难、经不起冲击负荷等故障甚至损坏电动机,或者在保持电动机不过热的情况下,降低了机械系统的生产效率;若电动机的容量选大了,则不仅设备投资费用增加,而且由于电动机经常处于轻载下运行,使运行效率和功率因数(对异步电动机而言)都会下降。

由于机械系统的性能和工作状态是多种多样的,故电动机额定功率的计算也越来越复杂。但一般情况下,电动机容量均由额定功率和瞬时过载能力两部分组成,即

$$T = T_{dyn} + T_L \tag{2.11}$$

其中,$T_L = \varphi(t)$ 是总机械系统的工作转矩,亦称电动机的静负载转矩;

$T_{dyn} = g(t)$ 是电动机的动态转矩。所谓动态转矩是指当整个工作系统受到外部或内部干扰时所引起的如电流、电压突变时而产生的转矩。总机械系统的工作转矩(T_L)可根据其工作情况比较容易地获得,而电动机的动态转矩(T_{dyn})则必须在知道整个拖动系统的转动惯量,其中也包括起决定性作用的电动机本身的转动惯量之后才能准确地计算出来。但是在没确定具体的电动机之前其转动惯量是不知道的。因此,电动机的选择应分为两大步,一是预选,二是校验(选择)。预选主要是根据总机械系统的加工工艺要求绘出其负载图,以便大致估计一下所需转矩或功率,从而预选一个电动机;校验是在综合已知机械参数和预选电动机的自身参数,并计算出电动机的过渡过程及绘制出电力拖动系统负载图的基础上,去校验预选电动机是否能满足总机械系统的要求。

(1)电动机的预选

1)工作机的负载图及电动机功率的预选

电动机功率的预选要针对工作机械即总机械系统的负载及效率计算,这是选择电动机额定功率的依据。按照工作机械的负载特性绘制的图型称为工作机械负载图。而工作机械负载特性是指工作机械在运行过程中的运动参数(位移、速度等)和力能参数(转矩、功率等)的变化规律,即转矩 T_L、功率 P_L 和转速 n 之间的关系:$T_L = f(n)$,$P_L = f(n)$。所选的动力机应与这些特性相适应。若工作机构在执行端的转矩和功率为 T'_Z 和 P'_Z,中间传动系统的传动比为 i,机械系统的总效率为 η,那么 T_Z 和 P_Z 就为

$$T_Z = \frac{T_Z'}{i\eta} \tag{2.12}$$

$$P_Z = \frac{P_Z'}{\eta} \tag{2.13}$$

其中 T_Z、P_Z 和 n 之间符合 $P = \frac{T \cdot n}{9550}$ 或 $T = 9550\frac{P}{n}$ 所示的相应关系。

根据统计,大多数工作机械的负载特性可以归纳为以下几种类型。

恒转矩负载特性 恒转矩负载特性是指负载转矩 T_Z 与其转速无关的特性,即当转速变化时,负载转矩保持常数。恒转矩负载特性又分为反抗性恒转矩负载特性和位能性

恒转矩负载特性两种。反抗性恒转矩负载的作用方向是随转动方向的改变而改变的。例如,摩擦负载转矩就具有这样的特性,负载转矩的方向总是与运动方向相反。属于这一类负载特性的工作机械有物料移送机、皮带运输机、轧钢机等。位能性恒转矩负载的作用方向不随转动方向而变。属于这一类负载特性的工作机械有起重机的提升机构、高炉料车卷扬机构、矿井提升机构等。这两种负载特性曲线如图2.33(a)、(b)所示。

　　恒功率负载特性　负载功率 P_Z 基本保持不变的特性称为恒功率负载特性,如图2.33(c)所示。许多加工机床在计算转速至最高转速之间均属于这种负载特性,粗加工时切削量较大,采用低速运行,而在精加工时,切削量较小,采用高速运行。一些工程机械也是属恒功率负载特性,工作负载大时转速低,工作负载小时转速相应增高,负载转矩 T_Z 与转速 n 成反比。

　　负载转矩是转速函数的负载特性　有些工作机械的负载转矩 T_Z 与转速 n 之间存在一定的函数关系,即呈 $T_Z = f(n)$ 特性。例如离心式鼓风机、水泵等按离心力原理工作的机械,其负载转矩随转速的增大而增大。图2.33(d)中曲线1为负载转矩与转速呈二次方关系,曲线2为线性关系。

　　负载转矩是行程或转角函数的负载特性　某些工作机械的负载转矩 T_Z 与行程 s 或转角 φ 之间存在一定的函数关系,即呈 $T_Z = f(s)$ 或 $T_Z = f(\varphi)$ 特性。带有连杆机构的工作机械大多具有这种特性,例如,轧钢厂的剪切机、升降摆动台、翻钢机以及常见的活塞式空气压缩机、曲柄压力机等,它们的负载转矩都是随转角 φ 的变化而变化,如图2.33(e)所示。

　　实际上工作机械的负载特性可能是上述几种情况的不同组合。

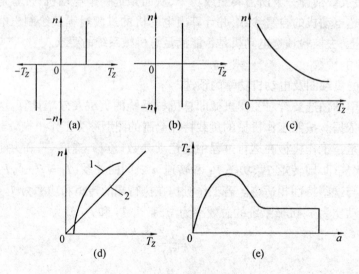

图2.33　工作机械的负载特性

　　当获得了工作机械的负载图后,就可根据经验公式初步预选电动机的容量了,常用的转矩公式如下:

$$T_N = (1.1 \sim 1.6) T_{Lav} \tag{2.14}$$

$$T_N = \frac{T_{Lav} + T_{Lrms}}{2} \tag{2.15}$$

$$T_N = \sqrt{T_{Lav}^2 \times T_{Lrms}} \tag{2.16}$$

式中, $T_{Lav} = \dfrac{\sum\limits_{i=1}^{n} T_{Li} \times t_i}{t_t}$ 为静负载(工作机械)平均转矩;

$T_{Lrms} = \sqrt{\dfrac{\sum\limits_{i=1}^{n} T_{Li}^2 \times t_i}{t_t}}$ 为静负载转矩的均方根值;

T_{Li} 为一周期内第 i 段的静负载转矩; t_i 为一周期内第 i 段的时间, t_t 为一个周期的时间; T_N 为电动机的额定转矩。

当用式 2.14 计算时,其系数选取应根据电动机起动、制动的频繁程度和负载波动以及系统转动惯量大小来决定。若采用式 2.15 和式 2.16,则计算结果会更准确些。

如直接通过静负载平均转矩预选电动机额定功率时,采用下式计算

$$P_N = (1.1 \sim 1.6)\frac{n_N}{9550 t_t}\sum_{i=1}^{n} T_{Li} \times t_i \tag{2.17}$$

式中, n_N 是负载所要求的,即电动机的额定转速。

若已计算出静负载(电动机所驱动的负载)一周期内的平均功率时,则预选电动机的额定功率为

$$P_N = (1.1 \sim 1.6)\frac{1}{t_t}\sum_{i=1}^{n} P_{Li} \times t_i \tag{2.18}$$

式中, P_{Li} 为一周期内第 i 段的功率。

2)电动机机种的选择

电动机主要种类有直流电动机和交流电动机两大种,见表 2.13。表 2.14 粗略列出了各种电动机最重要的性能特点。在选择电动机时,要掌握两方面的内容:一是工作机械的工艺特点;二是各种电动机自身所具有的特点,包括性能方面、额定功率、瞬时过载能力、类型、所需电源、价格、维修等。具体应考虑的主要内容大致有:

表 2.13　电动机主要类型

直流电动机	他励直流电动机　并励直流电动机　串励直流电动机　复励直流电动机		
交流电动机	异步电动机	三相异步电动机	鼠笼式
			普通鼠笼式
			高起动转矩式(包括高转差率式、深槽式、双鼠笼式)
			多速电动机
			绕线式
		单相异步电动机	
	同步电动机三相、单相	凸极式	
		隐极式	

电动机的机械特性　工作机械有不同的转矩转速关系,要求电动机的机械特性与之相适应。所谓电动机的机械特性是指电动机产生的转矩(电磁转矩) T 与其转速 n 之间的关系 $n = f(T)$。

电动机的调速性能　电动机的调速性能包括调速范围、调速的平滑性、调速系统的经

济性(设备成本、运行效率等)诸方面,都应该满足生产机械的要求。此外,还应考虑电动机的起动性能等因素。

表 2.14　电动机最主要的性能特点

电机种类		最　主　要　的　性　能　特　点
直流电动机	他励、并励	机械特性硬,起动转矩大,调速性能好
	串　　励	机械特性软,起动转矩大,调速方便
	复　　励	机械特性软硬适中,起动转矩大,调速方便
三相异步电动机	普通鼠笼	机械特性硬,起动转矩不太大,可以调速
	高起动转矩	起动转矩大
	多　　速	多速(2~4速)
	绕　线　式	机械特性硬,起动转矩大,调速方法多,调速性能好
三相同步电动机		转速不随负载变化,功率因数可调
单相异步电动机		功率小,机械特性硬
单相同步电动机		功率小,转速恒定

　　最后应着重强调的是综合的观点,所谓综合是指:以上各方面内容在选择电动机时必须都考虑到,都得到满足后才能选定;能同时满足以上条件的电动机可能不是一种,还应综合其他情况,如节能、货源等,然后加以确定。

　　典型工作机械选用电动机的实例,可参见表 2.15。

表 2.15　典型生产机械选择电动机实例

电动机种类		机械特性	优　　点	缺　　点	典型机械的例子
交流电动机	鼠笼式异步	硬	结构简单、体积小、价廉、运行可靠、维护使用方便。	调速装置较复杂、较贵。	泵、通风机、运输机、机床的辅助运动机构、小型机床的主传动等。
	线绕式异步	硬(转子串电阻后变软)	启动性能好、可在小范围内调速。	结构较复杂、较贵。	起重机、电梯、大中型卷扬机、锻压机等。
	同　步	绝对硬	恒速、能改善电网功率因数。	结构复杂、价贵,调速较复杂,操作较烦。	大中型鼓风机、泵、压缩机、连续式轧钢机、球磨机等。
直流电动机	他励并励	硬(电枢串电阻后变软)	调速平滑、范围宽、启动转矩大。	需要直流电源,结构复杂、价贵,可靠性较差。	大型机床(如车、铣、刨、磨、镗)可逆轧钢机、造纸机、印刷机等。
	串励复励	软较软	启动转矩大、负载变化时能自动调节转速。	同上	电车、电动机车、起重机、卷扬机、剪床、冲床等。

　　3)电动机其他方面的选择

电动机其他方面的选择主要指:结构型式的选择、额定电压和额定转速的选择及工作方式选择等。

(2)电动机的校验

电动机校验的主要内容是发热温升、过载能力,必要时校核起动能力。若都通过了,则预选电动机便选定了。是否对上述三个方面都进行校验,应视生产机械的工作情况及电动机的工作方式来决定。

1)温升校验

电动机的发热计算是针对变负载情况的,因为电动机的温升取决于它发出的热量,而其发出的热量是由损耗产生的。损耗有两部分:一是不随负载变化的不变损耗 ΔP(包括铁耗与机械损耗);二是与负载电流的平方成正比的可变损耗 $I^2 \times R$(铜耗)。当负载变化时电动机的温升就随之波动。在电动机中耐热最差的是绕组的绝缘材料,它的最高允许温度限制了电动机带动负载的能力。

校验电动机发热的最常用方法是等效法,又称均方根法,此方法根据不同的负载状态计算出等效电流 I_{dx}、等效转矩 T_{dx} 或等效功率 P_{dx},只要它们小于相应的电动机额定值 I_N、T_N 和 P_N,发热就认为是允许的。对于不同负载状态下的各等效值可按以下公式计算。

周期性变化负载长期运行情况

等效电流
$$I_{dx} = \sqrt{\frac{I_1^2 t_1 + I_2^2 t_2 + \cdots + I_n^2 t_n}{t_1 + t_2 + \cdots + t_n}} \qquad (2.19)$$

等效转矩
$$T_{dx} = \sqrt{\frac{T_1^2 t_1 + T_2^2 t_2 + \cdots + T_n^2 t_n}{t_1 + t_2 + \cdots + t_n}} \qquad (2.20)$$

等效功率
$$P_{dx} = \sqrt{\frac{P_1^2 t_1 + P_2^2 t_2 + \cdots + P_n^2 t_n}{t_1 + t_2 + \cdots + t_n}} \qquad (2.21)$$

式中:$I_1, I_2, \cdots\cdots I_n$——电动机一个周期负载电流曲线近似直线段的各个分段电流值;

$\qquad T_1, T_2, \cdots\cdots T_n$——各分段转矩值;

$\qquad P_1, P_2, \cdots\cdots P_n$——各分段功率值;

$\qquad t_1, t_2, \cdots\cdots t_n$——各分段持续时间。

等效电流法适用于各种类型电动机的发热校验;等效转矩法适用于转矩与电流成比例的场合,弱磁情况时需要修正,串励电动机不能应用这种方法;等效功率法适合于额定电压和额定转速下,功率与电流成比例时可应用。

由于机械系统的转矩较容易获得,因此,一般情况下均用等效转矩法去校验。

2)过载能力校核

过载能力指电动机负载运行时,可以在短时间内出现的电流或转矩过载的允许倍数。对不同类型的电动机不完全一样。

对直流电动机而言,限制其过载能力是换向问题,因此它的过载能力就是电枢允许电流的倍数 λ。λI_N 为允许电流,应比可能出现的最大电流大。

异步电动机和同步电动机的过载能力即最大转矩倍数 λ,校核过载能力时要考虑到交流电网电压可能向下波动 10% ~ 15%,因此最大转矩按 $(0.81 \sim 0.72)\lambda T_N$ 来校核,它应比负载可能出现的最大转矩大。

若预选的电动机过载能力通不过,则要重选电动机及其额定功率,直到通过。

3)起动能力校核

若电动机为鼠笼式三相异步电动机,还要校核起动能力是否通过。

若发热、过载能力及起动能力都通过了,则电动机额定功率就确定了。

4)温度修正

以上关于额定功率选择都是在国家标准环境温度为 40℃前提下进行的。若环境温度长年都比较低或比较高,为了充分利用电动机的容量,应对电动机的额定功率进行修正。例如常年温度偏低,电动机实际额定功率应比标准规定的 P_N 高;相反,常年温度偏高的,应降低额定功率使用。电机允许输出功率为

$$P \approx P_N \sqrt{1 + \frac{40 - \theta}{\tau_{max}}(\alpha + 1)} \qquad (2.22)$$

式中　τ_{max}——为电动机环境温度为 40℃时的允许温升;

　　　θ——实际工作情况下的环境温度;

　　　α——系数,是电动机中不变损耗(空载损耗)与额定负载运行时可变损耗(定转子绕组铜损耗)之比。其数值因电动机而异。

下面简要归纳一下电动机额定功率选择的步骤:

第一步:计算机械系统功率 P_L。

第二步:根据 P_L 预选电动机额定功率及其他。

第三步:利用预选电动机的参数和机械参数绘制电动机的负载图,必要时计算过渡过程(本书对此部分内容的介绍从略)。

第四步:校验预选电动机。一般情况下先用等效法校验发热温升,再校核过载能力,必要时核验起动能力,都通过了,则预选电动机便确定了;通不过,从第二步开始重新进行,直到通过为止。

五、结构总体设计的基本原理

机械结构形式千变万化,但也有一些规律和原理可循。只有在设计过程中始终遵循这些原理,才有可能设计出较理想的结构方案来。

1. 任务分配原理

功能原理设计是为机械系统的功能、分功能寻找理想的技术物理效应,而结构设计是为实现这些功能、分功能选择具体的零部件。一个功能是由几个零部件(载体)共同承担还是由一个载体单独完成,将这种确定功能与载体之间的关系称之为任务分配。分配不外乎有三种情况:一个载体完成一个功能;一个载体承担多个功能;多个载体共同承担一个功能。对于第一种情况在设计时便于做到"明确"、"可靠",且易实现结构优化和准确计算;第二种情况则使这一载体的结构过于复杂,难于加工、装配,且易产生过载损伤,在优化设计时会受到某个重要边界条件的约束;当多个载体共同承担一个功能时,虽然每个零件的负载减轻了,但要特别注意每个零件(载体)必须均匀地分担任务。如果分配不均匀,不仅会使某个载体超载,而且还可能在两个功能载体之间出现功率循环现象,产生寄生功率,增大损耗。严格控制各载体之间的制造误差是保证功能分配均匀的重要条件,如:用

多根三角带传动时,不但要挑选控制各胶带长度之间的误差,而且还要控制带轮上各轮槽间的误差。

2. 稳定性原理

系统结构的稳定性是指当出现干扰使系统状态发生改变的同时,会产生一种与干扰作用相反,并使系统恢复稳定的效应。如图 2.34(a),当活塞倾斜时,气缸压力和作用在活塞杆上的工作拉力使活塞加剧倾斜,此时为不稳定状态;当活塞在气缸压力作用下,又恢复到垂直位置状态时为稳定状态,见(b)图。图 2.35 是几种能使活塞保持稳定的结构。

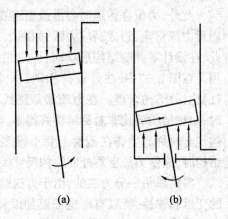

(a)   (b)

图 2.34 活塞导向的稳定性

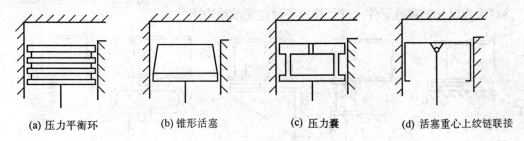

(a) 压力平衡环   (b) 锥形活塞   (c) 压力囊   (d) 活塞重心上绞链联接

图 2.35 使活塞保持稳定的结构

3. 合理力流原理

机械结构设计要完成能量流、物料流和信号流的转换,而力是能量流的基本形式之一。力在结构中传递时形成所谓的力线,这些力线汇成力流。力流在零部件中不会中断,任一条力线都不会消失,必然是从一处传入,从另一处传出。在一个由若干个零部件组成的系统中,力流可以穿行,也可以形成封闭状态,见图 2.36。

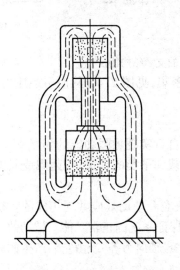

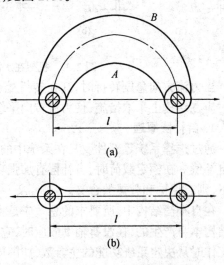

图 2.36 力流封闭轨迹示意图   图 2.37 不同形状的杆件

　　此外,力流在传递时会沿最短路线行进,在同一截面上各处力流密度不同,在最短处附近力流密集,形成高应力区,如图 2.37(a)中,靠近 A 边的力流比靠近 B 边的密集。因此,在设计零件的结构形状时,应尽量遵守力流直接、最短原理,使材料得到最有效的利用。在图 2.37 中,在外载荷相同、杆件厚度相同的条件下,(b)比(a)结构合理。在力流最短路线相近且承受载荷相同时,对称结构要比非对称结构好得多,如图 2.38 中对称起重钩比非对称起重钩在截面上要小得多。在必须使用非对称结构时,应使力流密集处的结构尺寸大于疏处。

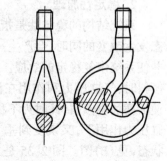

图 2.38　不同的结构形式

　　事物总是一分为二的,由于力流路线延长时可增大构件的变形和弹性,所以有时也需要加以利用。如图 2.39(a)的力流路线最短,则属刚性支承结构;(b)和(c)由于力流路线延长了,属变形较大的刚性支承结构;(d)和(e)采用了力流路线大为延长的弹性元件,此时,构成了弹性支承结构。

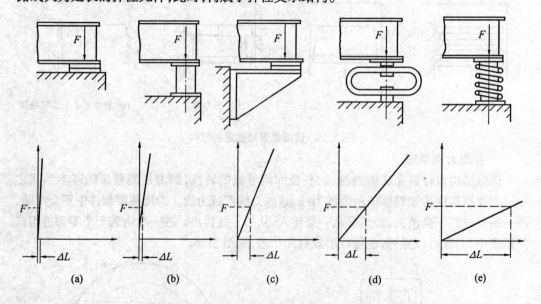

图 2.39　机架在水泥基础上的支承结构特性

　　当力流方向急剧转折时,其在转折处会过于密集,见图 2.40,从而引起应力集中,设计时应在结构上采取措施,使力流转向平缓。

4. 自补偿原理

　　通过选择系统零部件及其在系统中的配置来自行实现加强功能的相互支承作用,称为自补偿。在额定载荷时,自补偿有加强功能、减载和平衡的含义;在超载或其他紧急状态下,则有保护和救援的含义。

　　在自补偿结构中,所要求的总效应是由初始效应和辅助效应共同构成的。初始效应是结构本身产生的,在没有辅助效应时,它必须能保证系统的正常功能。辅助效应则是系统工作时从决定系统功能的主参数(如圆周力、转矩、轴向力等)或由它们产生的辅助参数(离心力、热膨胀力、斜齿轮产生的轴向力等)得到的。

　　常见的自补偿原理应用形式有自增强、自平衡和自保护三种。

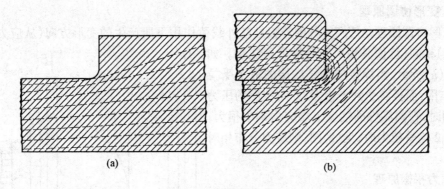

图 2.40　力流方向的变化

（1）自增强

当辅助效应与初始效应的作用方向相同时，使总效应得到加强。如图 2.41 所示的密封装置中，当被密封的室内气压 P 增高，且泄漏危险增大的同时，密封部位的接触压力也在气压 P 的作用下相应增高，从而增强了密封的效果。

（2）自平衡

在正常载荷下，使辅助效应同初始效应相反并达到平衡状态，从而取得令人满意的总效应。

图 2.42 是离心式调整器。当竖轴 1 的转速升高且超过要求转速时，重锤 2 会自动抬起，带动滑套 3 和杠杆 4 使阀门 5 转动，以减少蒸汽通过量，进而降低蒸汽机的转速以恢复到正常值。

（3）自保护

超载时，特别是超载有可能反复出现时，应有自动防止零部件被损坏的措施。如摩擦式离合器在传动过程中出现过载现象时，其各摩擦片之间自动打滑，从而起到了自动保护的作用。

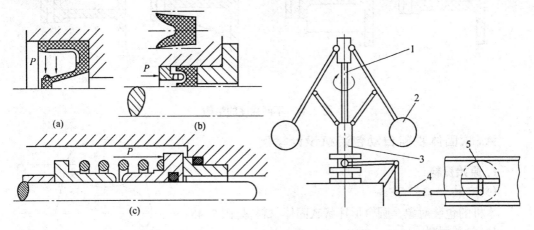

图 2.41　自增强的密封装置

图 2.42　离心式调整器
1—竖轴；2—重锤；3—滑套；4—杠杆；5—阀门

5. 变形协调原理

变形协调原理是使两零件的连接处在外载荷作用下所产生的变形方向(从应力分布图来看)相同,且使其相对变形量尽可能小。如图2.43(a)所示,当焊接或粘结搭接的板1受拉力 F 作用,而板2受大小相等、方向相反的压力 F' 作用时,在两零件的接缝上端应力集中很大;当板1、2均受拉力时,见(b)图,则应力分布相对均匀些。

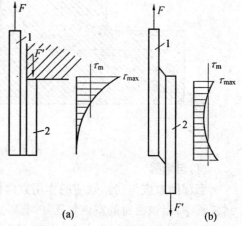

图 2.43　不同搭接形式的受力情况

6. 力平衡原理

在机械系统工作时,常产生一些无用的力,如离心力、变速惯性力等。这些力不但增加了轴、轴承等零件的负载,降低它们的精度和寿命,同时也降低了系统的传动效率。

力平衡的目的就是通过相应的结构措施,使这些无用的力在其产生处立即被部分或全部平衡掉,以减轻或消除不良的影响。这些结构措施主要采用平衡元件或质量对称分布等方法。

7. 等强度原理

对于同一个零件来说,各处应力相等,各处寿命相同,称为等强度原理。按等强度原理设计的结构,材料可以得到充分利用,从而减轻了重量,降低了成本。如图 2.44 所示为不同强度的结构。图 2.44(a)所示结构强度不等,且强度差;图 2.44(b)所示结构强度不等;图 2.44(c)所示为适用于铸铁的等强度结构;图 2.44(d)所示为适用于钢的等强度结构。

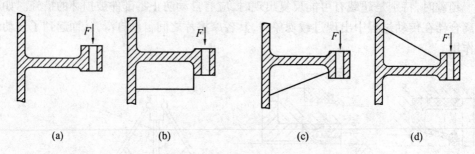

图 2.44　不同强度的结构

六、软固体物料自动包装机设计举例

1. 原始资料

(1)产品
本机的包装对象是圆台形柱状软固体物料,见图 2.45。

(2)包装材料
采用厚度为 0.008mm 的金色铝箔卷筒纸。

(3)关于自动机包装能力的要求
根据给定生产定额每班产 570kg,折算后自动包装机正常

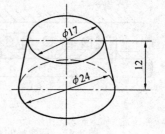

图 2.45　产品形状

生产率为 120 块/分钟。采用无级调速自动包装机的生产率可调范围是 70~130 块/分钟。

2. 包装工艺的确定

对人工包装动作顺序进行加工提高,使能适合机械动作要求。软固体物料不能采用料斗式上料机构,要求解决自动上料问题。第一次工艺试验,采用刚性整体锥形模腔,迫使铝箔纸紧贴软固体物料的圆锥面上。结果发现软固体物料粘模、破纸等问题;第二次工艺试验时,将刚性的锥形模腔改成具有一定弹性的钳物料机械手夹子。组成了比较完善的工艺方案。

3. 包装机总体设计

(1)机型选择

从产品的数量看属于大批量生产。因此,选择全自动机型。

从产品工艺过程看,选择回转式工艺路线多工位自动机型。

根据工艺路线分析,实际需要两个工位,一个是进料、成型、折边工位,另一个是出料工位。自动机采用六槽槽轮机构作工件步进传送。

(2)自动机的执行机构

根据物料的包装工艺,可确定自动包装机执行机构为送料机构、供纸机构、接料和顶料机构、抄纸机构、拨料机构、钳料机械手的开合机构、转盘步进传动机构等七种。

机械手及进、出料机构 如图 2.46 所示,送料盘 7 从输料带 10 上取得软固体物料,并与钳料机械手反向同步旋转至进料工位Ⅰ,经顶料、折边后,产品被机械手送至出料工位Ⅱ后落下或由拨料杆推下。

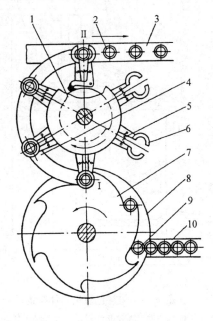

图 2.46 机械手及进出物料机构
1—机械手开合凸轮;2—成品;3—输送带;4—托板;5—弹簧;6—钳料机械手;7—送料盘;8—托盘;9—软固体物料;10—输料带
Ⅰ—进料工位;Ⅱ—出料工位

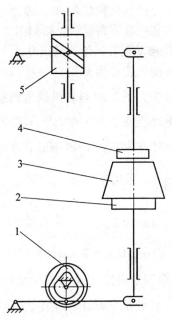

图 2.47 顶料、接料机构
1—平面槽凸轮机构;2—顶料杆;3—软固体物料;4—接料杆;5—圆柱凸轮机构

机械手开闭由机械手开合凸轮 1 控制,该凸轮的轮廓线是由两个半径不同的圆弧组成,机械手的夹紧主要靠弹簧力。

顶料和接料机构　如图 2.47 所示,接料杆的运动,不仅具有时间上的顺序关系,而且具有空间上的相互干涉关系。因此它们的运动循环设计必须遵循空间同步化的设计原则,在结构设计时应予以充分重视。此外,当接料杆与顶料杆同步上升时应使软固体物料上夹紧力不能太大,以免损伤它,同时,应使夹紧力保持稳定。因此在接物料杆的头部采用橡胶类弹性元件制成。

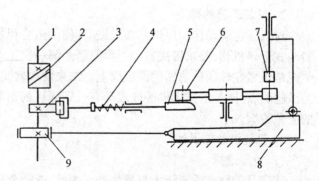

图 2.48　抄纸和拨料机构

1—分配轴;2—接料杆圆柱凸轮;3—抄纸板凸轮;4—弹簧;5—抄纸板;
6—钳料机械手;7—拨料杆;8—板凸轮;9—偏心轮

抄纸和拨料机构　抄纸和拨料机构如图 2.48 所示。

工位间步进传送机构　工件在工位间的步进传送,即钳料机械手的间歇转位,由六槽槽轮机构带动两组螺旋齿轮副分别传动机械手的转盘和送料盘,见图 5.49。

(3)软固体物料包装机的总体布置

将上述各机构组装在一起,形成软固体物料包装机总体布置示意图如图 2.49 所示。

4. 自动包装机传动系统设计

自动包装机为专用自动机,宜采用机械传动方式。图 2.50 是该机的传动系统图。

电动机转速为 1 440r/min,功率 0.4kW。分配轴转速为 70～130r/min,总降速比 $i_总=$ $\dfrac{1}{11～20.6}$。采用带、链轮两级降速,其中 $i_带=$ $\dfrac{1}{4.4～8}$, $i_链=\dfrac{1}{2.67}$。无级变速的锥轮直径 $D_{min}=40mm$, $D_{max}=70mm$(由于"传动系统设计"在第四章讲授,故此处只给出计算结果)。

5. 包装机中设计各种轮、槽及调整挡块位置的工作循环图(数据)

自动包装机的工作循环图如图 2.51 所示。

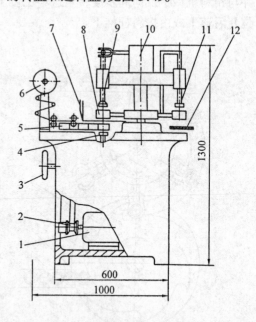

图 2.49　物料包装机总体布置

1—电动机;2—带式无级变速器;3—分配轴手轮;4—顶料机构;5—送料盘部件;6—供纸部件;7—剪纸刀;8—机械手转盘;9—接料机构;10—凸轮箱;11—拨料机构;12—输送带

随后的结构设计包括总装配图、部件装配图和零件工作图的设计等,此处从略。

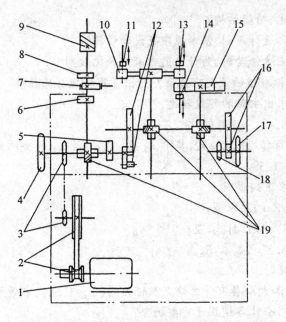

图 2.50 包装机的传动系统

1—电动机;2—带式无级变速机构;3—链轮副;4—分配
轴手轮;5—顶料杆凸轮;6—剪纸凸轮;7—拨料杆凸轮;
8—抄纸板凸板;9—接料杆凸轮;10—钳料机械手;11—
拨料杆;12—槽轮机构;13—接料杆;14—顶料杆;15—送
料盘;16—齿轮副;17—供纸部件链轮;18—输送带链
轮;19—螺旋齿轮副

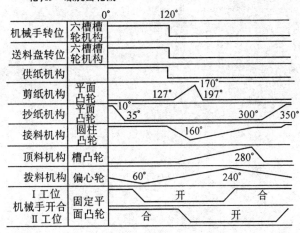

图 2.51 包装机工作循环图

习题与思考

一、产品的功能是如何划分的? 在设计产品时,如何合理确定产品的各种功能?

二、为什么在产品功能原理方案设计阶段常采用"黑箱法"? "黑箱法"的设计思路及
特点是怎样的?

三、简述功能原理方案设计的步骤。

四、什么是功能元、功能结构?

五、简述结构总体设计原则、基本原理及设计步骤?

六、当采用有级变速传动时,为什么通常采用等比数列?

七、制定公比 φ 标准值的原则有几条? 列出常用标准公比值。

八、试用查表法求出主轴的各级转速:

1. 已知: $\varphi = 1.58$, $n_{max} = 190$ 转/分, $Z = 6$;

2. 已知: $n_{min} = 100$ 转/分, $Z = 12$, 其中 n_1 至 n_3、n_{10} 至 n_{12} 的公比为 $\varphi_1 = 1.26$, 其余各级转速的公比为 $\varphi_2 = 1.58$。

九、试用计算法求下列参数:

1. 已知: $R_n = 10$, $Z = 11$, 求 φ;

2. 已知: $R_n = 355$, $\varphi = 1.41$, 求 Z;

3. 已知: $\varphi = 1.06$, $Z = 24$, 求 R_n。

十、拟定变速系统时:

1. 公比取得太大和太小各有什么缺点? 较大的($\varphi \geq 1.58$)、中等的($\varphi = 1.26, 1.41$)、较小的($\varphi \leq 1.12$)标准公比各适用于哪些场合?

2. 若采用三速电动机,可以取哪些标准公比?

十一、简述选择电动机的大致过程。

第三章 执行系统设计

3.1 执行系统的组成、功能及分类

一、执行系统的组成

设计的目的是要使所设计的对象——系统具有一定的预期功能,那么,在系统中能直接完成预期工作任务的那部分子系统就是执行系统。由于机械的类别很多,如工业机械、纺织机械、化工机械、矿山机械、农业机械、林业机械、食品机械……所以,导致它们执行系统的组成及完成工作任务的形式也是多种多样的。但不论怎样不同,归纳起来执行系统都是由执行末端件和与之相连的执行机构组成。

执行末端件是直接与工作对象接触并完成一定工作(夹持、移动、转动等)或在工作对象上完成一定动作(切削、锻压、清洗等)的零部件。

执行机构的主要作用是给执行末端件提供力和带动它实现运动,即把传动系统传递过来的运动和动力进行必要的交换,以满足执行末端件的要求。如图 3.1 中卧式车床的主轴通过顶尖或夹盘(图中未画出)带动被加工的工件旋转时,顶尖或夹盘就是末端执行件,而主轴组件则为执行机构。在图 3.2 所示的手爪平行开闭式机械手中,11 为执行末端件,1、8、9、10 则是执行机构。

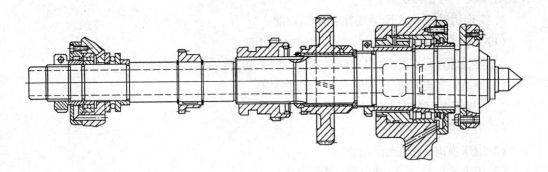

图 3.1 卧式车床主轴组件

以上两例中的执行系统都是由纯机械结构组成的。随着科学技术的发展,执行系统的组成也在不断地发生变化,一方面由于机械的含义在不断地扩展,如电子、电器、光学、液体、气体等也可以直接与纯机械结构结合,组成较先进的机电、机光、机液等执行机构;另一方面又由于传动系统变得越来越简单,有时一个机构可以既是传动系统又是执行系统,如连杆机构的应用,所以,执行系统可以由一个简单的结构来组成,也可以由一些基本结构组合成的复杂机构来组成。这主要视系统的功能来决定。一般说来,能完成同一功

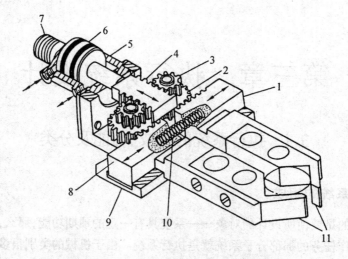

图 3.2　手爪平行开闭式机械手结构示意图

1、8—滑动齿条;2、3—小齿轮;4—双面齿条;5—气缸
6—活塞;7—螺杆;9—滑动齿条导轨;10—压缩弹簧;11—可换夹爪

能的执行系统可以有不同的方案,但通过评审应从中选出既能满足功能要求,又简单、可靠的一个来。

二、执行系统的功能

由于机械产品的功能各不相同,所以执行系统也就举不胜举。但若从执行机构所变换的运动形式来看,不外乎是将转动变换成移动或摆动,或反之。若就变换的节拍来分,则主要是将连续运动变换为不同形式的连续运动或间歇运动。归纳起来,执行系统一般大致可实现下列各种功能。

1. 实现运动形式或运动规律变换的功能

(1)实现预期固定轨迹或简单可调的轨迹功能;

(2)匀速运动(平动、转动)与非匀速运动(平动、转动或摆动)的变换;

(3)连续运动与间歇式的转动或摆动的变换。

2. 实现开关、联锁和检测等的功能

(1)用来实现运动的离合或开停;

(2)用来换向、超越或反向止动;

(3)用来实现联锁、过载保护、安全制动;

(4)实现锁止、定位、夹压等;

(5)实现测量、放大、比较、显示、记录、运算等。

3. 实现程序控制的功能

4. 实现施力功能

有些机械系统要求其执行系统对工作对象施加力或力矩以达到完成生产任务的目的,如压力机、矿石粉碎机等。

下面分别举几个例子加以说明。

【例3.1】　图3.3是利用联动凸轮机构使末端执行件——滑块实现任意预定的运动轨迹。利用凸轮 A 和 B 的协调配合,控制 x 及 y 方向的运动就可以使滑块上 E 点准确地实现预定的运动轨迹 $y = y(x)$。比如要求 E 点的运动轨迹为一个"8",首先按运动规律拟定出描绘"8" 的路线,再按拟定的路线确定凸轮单位转角的大小和矢径,作出位移-转角路线图 $x = x(\varphi_A)$ 和 $y = y(\varphi_B)$,再按凸轮设计方法设计出凸轮,即可实现预期的运动轨迹了。

【例3.2】　图3.4中的牛头刨床有二个执行末端件——刨刀、工件台。带动刨刀走直线往复运动的执行机

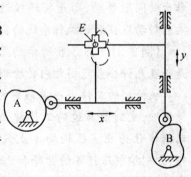

图3.3　联动凸轮机构

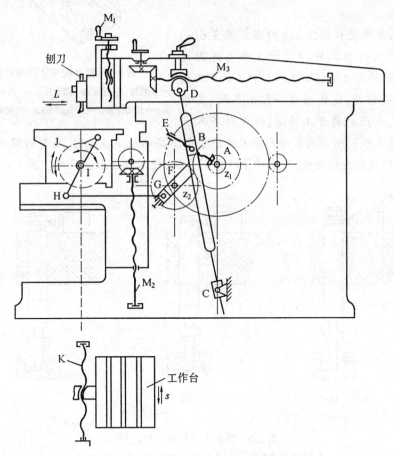

图3.4　牛头刨床执行系统组成示意图

构是曲柄导杆机构 ABCD。刨刀在前行时是近似等速运动,而回程时则为快速返回。工作台的进给运动(s),则由执行机构中的齿轮 Z_1、Z_2,曲柄摇杆机构 FGHI,棘轮机构 J 和螺杆 K 带动。图中 M_1,M_3,调节曲柄 A、B 距离的螺杆 E 是用来调整刀具上下及行程 L 的。通过 M_2 及对曲柄 FG 的调整可对工作台的上下及其行程进行调整。

　　这里刨刀的往复直线运动是一典型的将匀速运动转换成非匀速运动的执行系统;工

作台的间歇移动,则是将连续运动变换成间歇式的转动或摆动的执行系统的实例。

【例3.3】　图3.5所示的是确定垫圈内径是否在允许公差范围之内的检测装置。

被检测的工件沿一条倾斜的进给滑道5连续送进,直到最前边的工件被止动臂8上的止动销挡住为止。凸轮轴1上装有两只盘形凸轮,分别控制压杆4的升降和止动臂8的摆动。当检测探头6进入工件7的内孔时,止动臂8连同止动销在凸轮推动下离开进给滑道,以便让工件7浮动。

检测的工作过程如图3.6所示。图3.6(a)所示为被测工件7的内径尺寸在公差范围之内,这时微动开关3的触头进入压杆4的环形槽中,微动开关断开,发出信号给控制系统(图中未表示出),在压杆离开工件后,把工件送入合格品槽。图3.6(b)所示为工件内径尺寸小于合格品的最小直径时,压杆的探头进入内径深度不够,微动开关仍闭合,发出信号给控制系统,使工件进入废品槽。图3.6(c)所示为

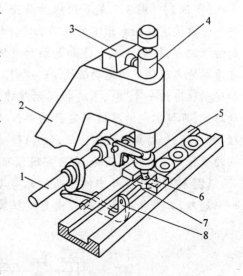

图3.5　自动检测垫圈内径装置
1—凸轮轴;2—支架;3—微动开关;4—压杆;5—进给滑道;6—检测探头;7—工件(垫圈);8—止动臂

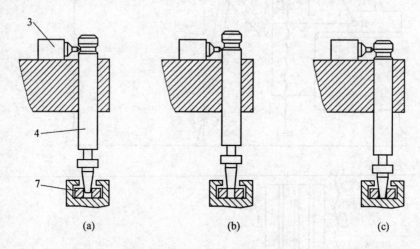

(a)　　　　　　　(b)　　　　　　　(c)

图3.6　垫圈内径检测工作过程
(a)内径尺寸合格　(b)内径尺寸太小　(c)内径尺寸太大
1—工件;2—带探头的压杆;3—微动开关

工件内径尺寸大于允许的最大直径时的情况,这时微动开关也闭合,控制系统把工件送入另一废品槽。

此例中包括检测、开关、程序控制(轴1上的两个凸轮盘)和联锁功能(工件合格,则打开通入合格品槽的通路,反之,则开启废品通道)。

【例3.4】　图3.7是一种利用电磁阀控制液压缸进行工作的顺序操作过程。图中以

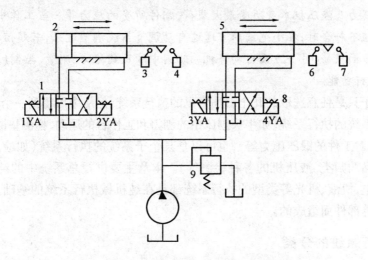

图3.7　利用动作序列进行控制的液压系统

液压缸2和5的行程位置为依据来实现相应的顺序动作,工作中当按下启动电钮时,电磁阀1YA吸合,液压缸2的活塞杆向右移动,液压缸5因相应的控制电磁阀断开不进油而维持不动,当液压缸2的活塞杆挡块压下行程开关4时,电磁阀3YA吸合,液压缸2停止运动,缸5的活塞杆开始前进,当缸5的活塞杆挡块压下行程开关7时,电磁阀2YA吸合,缸5停止运动,缸2开始返回,当缸2的挡块压下行程开关3时,电磁阀4YA吸合,缸2的返回运动停止,缸5开始返回,当缸5的挡块压下行程开关6时,缸5的返回运动也停止。完成一个工作循环,利用这种顺序动作进行控制对需要变更液压缸的动作行程和动作顺序来说比较方便,因此在机床液压系统中得到了广泛应用,特别适合于顺序动作的位置、动作循环经常要求改变的场合。

【例3.5】　图3.8是可对工件进行锻压的液压机示意图。工件放在下砧上,工作液压缸中的高压液体推动柱塞、活动横梁及上砧向下运动,使工件在上、下砧之间产生塑性变形。

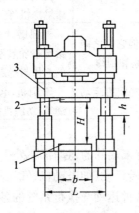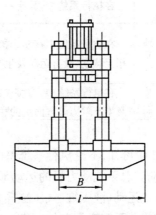

图3.8　液压机外形示意图

1—下砧;2—上砧;3—活动横梁

在工作过程中,应对液压机的一些工作参数进行必要的测量及控制,如上砧的速度,模具所受的压力及液压机本身所受最大载荷、零件所受的应力等。当工作中的实际参数与所设置数值不符合时，在小范围内可通过自动调节系统调节过来，若超值很大时，则整台液压机一方面报警，另一方面自动停机。此例中涉及到施力、测量、控制（过载保护、安全制动）等执行功能。

以上例子只是任意选取的几个普通常见的执行系统，但从中可得到一个结论：执行系统可以是总系统的执行系统（如牛头刨床中的刨刀和工作台的运动、检测垫圈内径的检测功能、液压机对工件的锻压施力等），也可以是某个子系统的执行系统（如检测内径时，合格产品与废品的归类、液压机的各种检测等）。本章主要讲授总系统中的纯机械执行系统。因为机电、机液、机光等类型的执行系统都是在纯机械执行系统的基础上，加上相应的电、液、光等部件而组成的。

三、执行系统的分类

尽管执行系统种类繁多，但仍可按不同方法对它们进行分类。

按执行系统对运动和动力的不同要求可分为：动作型、动力型、动作-动力型。

按执行系统所完成的任务分：单一型、相互独立型及相互联系型。

表 3.1 列出了各类执行机构的特点。

表 3.1　各类执行系统的特点

类　　别		特　　点	应用举例
按执行系统对运动和动力的要求	动作型	要求执行系统实现预期精度的动作（位移、速度、加速度等），而对执行系统中各构件的强度、刚度无特殊要求	缝纫机、包糖机、印刷机等
	动力型	要求执行系统能克服较大的生产阻力，做一定的功，因此对执行系统中各构件的强度、刚度有严格要求，但对运动精度无特殊要求	曲柄压力机、推土机、挖掘机、碎石机等
	动作-动力型	要求执行系统既能实现预期精度的动作，又要克服较大的生产阻力，做一定的功	滚齿机、插齿机等
按执行系统中执行机构的相互联系情况	单一型	在执行系统中，只有一个执行机构工作	搅拌机、碎石机、皮带输送机等
	相互独立型	在执行系统中有多个执行机构进行工作，但它们之间相互独立、没有运动及生产阻力等方面的联系和制约	外圆磨床的磨削进给与砂轮转动，起重机的起吊与行走动作等
	相互联系型	在执行系统中，有多个执行机构，且它们之间有运动及生产阻力等方面上的联系和制约	印刷机、包装机、缝纫机、纺织机等

从表 3.1 中可知，不论执行系统怎样分类，最终执行末端件的运动都不外乎是直线移动或回转运动。总系统动力机的运动形式，一般也为回转运动（如电动机、气压马达、液压马达等）和直线运动（液压缸、气压缸等）。把动力机的各种运动与执行系统的各种运动联系起来，是靠传动系统来完成的。表 3.2 列出了执行末端件常见的运动形式及其主要运动参数。表 3.3 列出了常用机构的性能特点。至于这些机构的具体设计请查找机械原理、机械设计（机械零件）、机构（连杆）的运动学及动力学等相关资料、书籍。

表3.2　执行件常见运动形式及主要运动参数

运　动　形　式			主　要　运　动　参　数
平面运动	旋转运动	连续转动	角速度 ω 或转速 n
		间歇转动	运动时间 t,停顿时间 t_0,运动周期 $T = t + t_0$,运动系数 $\tau = t/T$,转角 φ,角加速度 a
		往复摆动	摆角 φ,角加速度 a,行程速比系数 K
	移动	连续移动	速度 v
		间歇移动	运动时间 t,停顿时间 t_0,运动周期 $T = t + t_0$,运动系数 $\tau = t/T$,位移 s,加速度 a
		往复移动	位移 s,加速度 a,行程速比系数 K
空间运动	一般空间运动		绕三条相互垂直轴线的转角 φ_x、φ_y、φ_z,角速度 ω_x、ω_y、ω_z,角加速度 a_x、a_y、a_z 沿三条相互垂直轴线的位移 s_x、s_y、s_z,速度 v_x、v_y、v_z,加速度 a_x、a_y、a_z

表3.3　常用机构的主要性能特点

机构类型	主　要　性　能　特　点	能实现的运动变换
平面连杆机构	结构简单,制造方便,运动副为低副,能承受较大载荷,适合各种速度工作,但在实现从动杆多种运动规律的灵活性方面,不及凸轮机构	转动⇄转动 转动⇄摆动 转动⇄移动 转动→平面运动
凸轮机构	结构简单,可实现从动杆各种形式运动规律,凸轮与从动杆间接触应力大,不宜承受大的载荷,常在自动机或控制系统中应用	转动⇄移动 转动→摆动
齿轮机构 轮系	承载能力和速度范围大,传动比恒定,运动精度高,效率高,但运动形式变换不多,非圆齿轮机构能实现变传动比传动,不完全齿轮机构能传递间歇运动 轮系能获得大的传动比或多级传动比,差动轮系可将运动合成与分解	转动⇄转动 转动⇄移动
螺旋机构	结构简单,工作平稳,可产生较大轴向力,反行程有自锁性能,可用于微调和微位移,但效率低,螺纹易磨损。如采用滚珠螺旋可提高效率和灵活性	转动⇄移动
槽轮机构	常用于分度转位机构,用锁紧盘定位,但定位精度不高,分度转角取决于槽轮的槽数,槽数通常为 4~12,槽数少时,角加速度变化较大,冲击现象较严重	转动→间歇转动
棘轮机构	结构简单,可用作单向或双向传动,分度转角可以调节,常用于分度转位装置及防止逆转装置中,但要附加定位装置	摆动→间歇转动
组合机构	可由凸轮、连杆、齿轮等机构组合而成,能实现多种形式的运动规律,且具有各机构的综合优点,但结构较复杂,设计较困难,常在要求实现复杂动作的场合应用	灵活性较大

3.2　执行系统的设计

由于执行系统是总系统中的一个子系统,且此系统的一端与被执行(加工)对象接触,另一端与传动系统连接,因此,在设计执行系统时,不但要明确本系统中各零、部件的相互作用及设计要求,同时,还要了解与其他系统的联系、协调和分工,进而使总系统处在最佳状态下工作。因此,执行系统设计应满足以下基本要求。

保证设计时提出的功能目标　执行系统是直接完成功能要求的子系统,若其保证不了功能目标,则所设计的产品就没达到预期目标。因此,执行系统首先必须实现设计提出的功能目标;其次,在此基础上应确保所完成功能的精度。如运动精度、动作准确性及施力大小等要求。一般情况下,各种精度要求在设计初期和功能要求一起给定,若达不到要求,则应重新设计。但同时也不应追求过高的精度指标,因为精度的提高意味着设计、制造、成本等都要提高,且安装、调试,难度也随之增大。

足够的使用寿命和强度、刚度要求　执行系统的使用寿命与组成此系统的零、部件的寿命有关,因此,系统中的每一个零、部件都应有足够的强度和刚度,尤其对动力型执行系统更是不能忽视。强度不够会导致零、部件损坏,造成工作中断,甚至人身事故;刚度不够所产生的过大弹性变形也会使总系统不能正常工作。

各执行机构应结构合理、配合协调　不但各执行机构自身的结构设计要合理,而且还要确保各执行机构间的运动协调,以防止由于运动不协调而造成的机构间相互碰撞、干涉或工序倒置等事故。

通过分析执行系统的各种运动及动作情况可知,执行末端件的运动无外乎是回转运动、直线运动或这两种运动的组合。其中,回转运动主要是由执行轴机构来实现;而直线移动则主要由各种形式的导轨来完成。下面分别对这两个执行机构的组成特点及设计过程进行介绍。

一、执行轴机构的设计

(一)执行轴机构的组成及基本要求

1. 执行轴机构的组成

利用轴的回转运动来完成执行任务的情形很多很多,如机床中执行轴带动工件或刀具,可完成工件表面的成形加工运动;轧钢机中通过轧辊(相当于机床中的执行轴)对钢材的轧制,以获得不同形状、尺寸的型钢及一些自动装配线上使用的各种不等速或间歇回转机构的轴等。这些执行轴由于功用不同,故各自的具体结构及执行轴机构的组成及布置也不一样。但归结起来执行轴机构一般主要由执行轴、安装在其上的传动件(齿轮、皮带轮等)、密封件、轴承、轴承间隙调整及固定元件(螺母)等组成,因此,设计执行轴机构时主要是各组成元件的布置及设计轴本身。为此,下面以机床执行轴机构——主轴组件为例进行介绍。

【例3.6】　图3.1是CA6140型普通车床的执行轴机构——主轴组件,其主轴是一个空心的阶梯轴,内孔可用来通过棒料、拆卸顶尖,也可用于通过气动或液压夹紧装置等辅具。主轴前端的锥孔为莫氏6号锥度,用来安装前顶尖或心轴,后端的锥孔是工艺孔。此外,主轴的前端采用短圆锥法兰式结构,用来安装卡盘或拨盘,如图3.9所示。

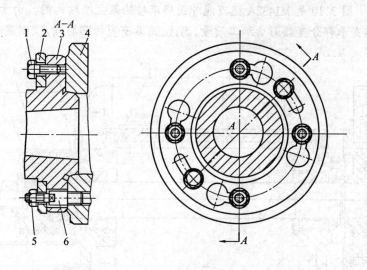

图3.9　主轴前端结构

1—螺钉;2—环形锁紧盘;3—主轴的前端;4—拨盘或卡盘;5. 螺母;6. 双头螺栓

主轴采用两支承结构,这种结构不仅可以满足刚度和精度方面的要求,而且使结构简化,成本降低。主轴的前支承是P5(旧标准D)级精度的 NN3021K(旧标准3182121)型双列短圆柱滚子轴承,用于承受径向力。这种轴承具有刚性好、精度高、承载能力大等优点。轴承的内环很薄,而且与主轴的配合面有1:12的锥度,因此当内环与主轴有相对位移时,内环产生径向弹性膨胀,从而调整了轴承径向间隙达到了预紧的目的。调整妥当后用螺母锁紧。为了减小振动,提高加工精度,在主轴前支承内安装了阻尼套筒。套筒由内、外套组成,内套与主轴一起转动,外套固定在主轴箱前支承座上,内、外套之间有 0.2mm 的径向间隙,并充满润滑油。

主轴的后支承是由一个 P5(旧标准 D)级精度的向心推力球轴承和一个 P5(旧标准 D)级精度的推力球轴承组成,分别承受径向力和两个方向的轴向力。后支承的两个轴承也需要调整间隙和预紧力:推力球轴承需调整轴向间隙,向心推力球轴承需调整径向间隙。两个轴承的调整均由后部的螺母来完成。

主轴前后支承的润滑都是由油泵供油,润滑油通过进油孔对轴承进行充分的润滑,并带走主轴旋转所产生的热量。主轴前后两端采用了油沟式密封,油沟为轴套(螺母)外表面上锯齿形截面的环形槽。主轴旋转时,由于离心力使油液沿着斜面被甩回,经回油孔流回箱底,最后流回到床腿内的油池中。

主轴上的传动齿轮共三个,其中右端的斜齿圆柱齿轮空套在主轴上。采用斜齿轮传动可以使主轴的运动比较平稳,而且由于在传动时该齿轮作用在主轴上的轴向分力与切削力的轴向分力方向相反,还可以减少后支承推力轴承所受的轴向载荷。主轴上中间的齿轮可以在主轴的花键上滑移,共有三个位置。当该齿轮在中间位置时,主轴空挡,此时可以用手转动主轴来测量主轴的旋转精度及装夹找正工件;当该齿轮在右边位置时,通过内齿离合器与斜齿轮连在一起,使主轴得到 18 种中、低档转速;当该齿轮处于左位时,运动由第三轴(图中未画出)直接传给主轴,使主轴得到 6 种高转速。主轴左端的齿轮固定在主轴上,将运动和动力传给进给传动链。

　　【例3.7】　图 3.10 是 M1432A 型万能外圆磨床砂轮架主轴结构图。由于砂轮架中的砂轮主轴及其支承部分直接影响加工质量,因此,应具有高的回转精度、刚度、抗振性及耐磨性。

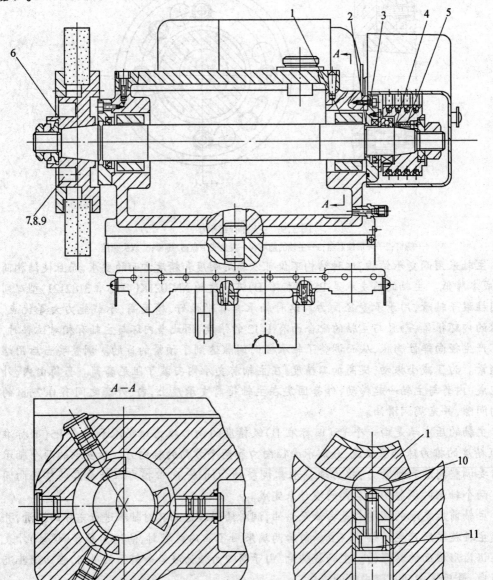

图 3.10　M1432A 型万能外圆磨床砂轮架主轴结构图

　　砂轮架主轴的径向支承是"短三瓦"式的滑动轴承。每一个滑动轴承由三块扇形轴瓦组成。每块轴瓦1都支承在球面支承螺钉的球面上。调节球面支承螺钉10的位置,即可调整轴承的间隙(通常,间隙为0.015~0.025mm)。螺钉11是锁紧螺钉。短三瓦轴承是液体动压滑动轴承。

　　当砂轮主轴旋转后,三块轴瓦各在其球面螺钉的球头上,摆动到平衡位置,形成三个楔形缝隙,于是便形成三个压力油楔。由于砂轮主轴的转速较高,所以油楔的作用力很大,将主轴浮起在三块轴瓦之间。当砂轮主轴受外界载荷而产生径向偏移时,在偏移方向处油楔缝隙变小,油膜压力升高,而在相反方向的油楔缝隙增大,油膜压力减小,于是,便产生了一个使砂轮主轴恢复到原中心位置的趋势。因此,这种短三瓦型多油楔滑动轴承的回转精度和刚度,比普通的单油楔滑动轴承高。

　　砂轮主轴的右向定位是以右端的轴肩2靠在止推轴承环3上来实现。在另一方向,6根弹簧5,推着6根小圆柱4顶紧止推轴承,实现了主轴的右向定位。当止推轴承环3磨损后,由于弹簧5的弹力,便能自动消除间隙。

　　润滑油装在砂轮架壳体内,在砂轮主轴轴承的两端用橡胶油封实现密封。

　　为了保证砂轮主轴运转平稳,装在主轴上的零件都经仔细平衡,为了平衡砂轮,用于夹持砂轮的法兰6的槽中安装三个平衡块7。砂轮装到机床上之前,将夹紧在法兰上的砂轮放在平衡架上,周向调整平衡块7的位置,使砂轮及法兰处于静平衡状态。然后再将它们装到主轴上。每个平衡块7分别用螺钉9及钢球8固定到所需的位置上。(7、8、9图中未画出)

　　虽然执行轴各种各样,但在设计时,都必须围绕着总系统对轴的要求去进行。

2.执行轴机构设计的基本要求

　(1)旋转精度

　　主轴的旋转精度是指装配后,在无载荷、低速转动的条件下,主轴安装工件或刀具部位相对于理想旋转中心线的空间瞬时旋转误差:径向跳动、轴向串动和角度摆动,见图3.11。

　　旋转精度取决于各主要件如主轴、轴承、壳体孔等的制造、装配和调整精度。据资料介绍,这里20%的精度由轴承的精度来保证,而80%则取决于有关的其他零件的精度。当主轴达到一定速度时,由于润滑油膜的产生和不平衡力的扰动,其旋转精度将有所变化。这个差异对于精密或高精度机械系统来说是不可忽略的。

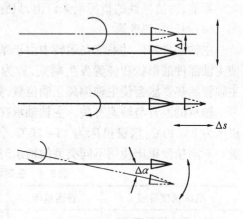

图3.11　主轴的旋转误差

　(2)静刚度

　　静刚度简称刚度,是指机械系统或零、部件抵抗静态外载荷引起变形的能力。

　　主轴组件的弯曲刚度 $K(\text{N}/\mu\text{m})$,定义为使主轴前端产生单位位移时,在位移方向测量处所需施加的力,如图3.12所示,即

$$K = F/\delta$$

影响主轴组件弯曲刚度的因素很多,如主轴的尺寸和形状,轴承的型号、数量、预紧和

配置形式、前后支承的距离和主轴前端悬伸
量,传动件的布置方式,主轴组件的制造和
装配质量等。通常主轴本身的弯曲变形约
占(50% ~ 70%),轴承及其他变形约占
(30% ~ 50%)。目前,对各类机床主轴组件
的刚度尚无统一的标准。

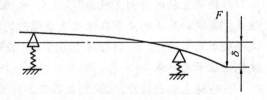

图 3.12　主轴组件的刚度

如果作用在主轴组件工件端的是静扭
矩 T,Q 为该扭矩作用下主轴组件工作端的扭转角,L 为扭矩 T 的作用距离,则主轴组件
的扭转刚度为

$$K_T = \frac{T \times L}{Q}(\text{N·m}^2)/\text{rad}$$

一般情况下,如果保证了主轴组件的弯曲刚度,则其扭转刚度基本上也能得到保证。
但对于以承担扭矩为主的主轴如立钻、摇臂钻的主轴等,则应对扭转刚度进行计算。

(3)抗振性

抗振性是指主轴受到交变载荷时,能够平稳地运转而不发生振动的能力。主轴部件
工作时发生的振动有受迫振动和自激振动两种。当其抵抗振动能力差时,会影响被加工
工件的表面质量、刀具的耐用度和主轴轴承的寿命,还会产生噪声,影响工作环境。如果
产生了切削自激振动,则将严重影响到加工的质量,甚至使切削无法进行下去。

影响振动性的主要因素是主轴部件的静刚度、质量分布和阻尼(特别是主轴前轴承的
阻尼)。主轴的固有频率应远大于激振力的频率,使它不易发生共振。

目前,对抗振性的指标尚未订出,只有一些试验数据可供设计时参考。

(4)温升和热变形

主轴部件和传动系统在运转中由于摩擦和搅油等耗损而产生热量,出现温升。温升
使主轴部件的形状和位置发生畸变,称为热变形。此时,主轴伸长,轴承间隙产生变化。
主轴箱的热膨胀会使主轴偏离正确位置,如果前后轴承温升不同时,还将使主轴倾斜。

轴承的温升与转速有关。主轴轴承在高速空转、连续运转下的允许温升不同,高精度
机床为 8 ~ 10℃,精密机床为 15 ~ 20℃,普通机床为 30 ~ 40℃。数控机床归入精密机床
类。不同精度机床使用不同类型的轴承时,所允许的温度参考表 3.4。

表 3.4　主轴滚动轴承的允许温度

机床精度等级	普通机床	精密机床	高精度机床	特高精度机床
轴承外圈允许温度/℃	< 50 ~ 55	< 40 ~ 45	< 35 ~ 40	< 28 ~ 30

此外,轴承类型和布置方式、轴承预紧力的大小、润滑方式和散热条件等也是影响主
轴部件温升和热变形的主要因素。

高精度机床要进一步提高加工精度,往往最后受到热变形的制约。研究如何减少主
轴部件的发热、控温是高精度机床主轴部件研究的重要课题之一。

(5)耐磨性

主轴组件的耐磨性是指其长期保持原始精度的能力,即精度的保持性。磨损后对精
度有影响的零件首先是轴承。其次是安装夹具、刀具或工件的定位面和锥孔。如果主轴

装有滚动轴承,则支承处的耐磨性决定于滚动轴承,而与轴颈无关。如果是滑动轴承,则轴颈的耐磨性对精度保持性影响很大。

(二)执行轴(主轴)

1. 执行轴(主轴)的尺寸及结构设计

主轴的尺寸确定如前所述,应按材料力学的理论进行,至于用传统的静态计算方法还是用现代的动态计算方法进行设计,则由设计人员决定。

一般情况下,主轴的结构设计需要考虑受力、调整及装配等工序要求。主轴通常是设计成阶梯形状,一种是中间粗两边细,另一种是由主轴前端向后端逐步递减的阶梯状。这不仅提高了主轴刚度,而且便于装配。主轴的前支承支反力的作用点到主轴前端受力作用点之间的距离——悬伸量应尽可能地小些。由于夹具和刀具已标准化,因此,通用机床主轴端部的形状和尺寸也已标准化了。见表3.5。

表3.5 通用机床主轴端部结构形状

序号	简 图	结 构 特 点	应用范围
1	7°7′30″	前端短锥面定位,定心精度高; 法兰上的螺孔用于紧固卡盘,并有一沉孔,以安装端面键传递转矩。内孔为莫氏内锥孔,用以安装顶尖、心轴等; 头部悬伸较短,刚性好; 装卸卡盘方便	大多数车床、六角车床、多刀车床的主轴。
2	b a	a、b 为定位面,与卡盘配合有间隙,定位面易磨损,定心精度低; 螺纹用于锁紧卡盘,内锥孔用于安装顶尖、心轴和弹簧夹头等; 轴端悬伸长,刚性差; 装拆卡盘较方便	车床、仪表机床(在新设计的车床上已逐渐淘汰)
3	锥度1:4	长锥为定位面,定心精度高; 与卡盘连接时用套在主轴上的螺母拉紧,长锥上的键用以传递扭矩; 轴端悬伸较长,刚性较差; 装卸卡盘较方便	车床
4	锥度7:24	7:24锥孔作定位面,供安装铣刀或铣刀心轴的尾锥,再用拉杆从主轴后端拉紧,四个螺孔供安装端铣刀用,两个长槽供安装端面键以传递转矩	铣床
5	莫氏锥孔	莫氏锥孔作定位面并传递一定的转矩; 锥孔中部的退锥槽,借助楔铁使刀具安装可靠,尾部的退锥槽便于拆卸刀具,并与刀具扁尾一起传递转矩	钻床、镗床

续表 3.5

序号	简　图	结　构　特　点	应用范围
6		圆柱孔作为定位面,带锥孔的接套利用右端的螺母可在主轴孔内轴向移动,以调整刀具的轴向位置	多轴钻床、组合机床
7	锥度1:5	1:5 的锥体用于安装砂轮夹紧盘,定位可靠,定心精度高; 月牙键传递转矩	外圆磨床砂轮主轴
8	莫氏锥孔	莫氏锥孔用于砂轮连接杆定位,定心精度高,不易产生振动; 锥孔底部螺孔用于拉紧砂轮连接杆	内圆磨床砂轮主轴

　　有些机床的主轴是空心的,如 3.1 图。设计成空心轴的目的是为了通过棒料、拉杆或通过气动、电气或液压等辅具;一般希望内孔直径大些。但当内孔直径超过某一数值时,则会降低主轴的刚度。因为空心轴的惯性矩取决于 $1 - (d/D)^4$(d、D 分别为内孔和主轴直径尺寸)。当 $d/D = 0.7$ 时,惯性矩约下降24%,若大于 0.7 时,则急聚下降,见图 3.13,所以,为了不致使主轴的刚度(抗弯、抗扭刚度)受到太大的影响,内孔直径不宜超过主轴直径的 70%。对于加大孔径的车床主轴则应同时加大到外径 D。

2. 材料和热处理

　　对主轴而言,强度和刚度一般不是其选材的依据,因为与其他重型机械相比,机床主轴的载荷相对来说不大,引起的应力通常远小于钢的强度极限;而当几何形状和尺寸确定后,主轴的刚度则主要取决于材料的弹性模量。由于钢的弹性模量 E 较大,而各种钢材的弹性模量几乎没有什么差别。所以,主轴的材料主要应根据耐磨性、热处理方法和热处理后的变形要求选择。普通机床的主轴可用 45 号或 60 号优质中碳钢,调质到 220 ~ 250HBS 左右。主轴头部的锥孔、定心轴颈或定心锥面等部位,高频淬硬至 50 ~ 55HRC。如支承为滑动轴承,

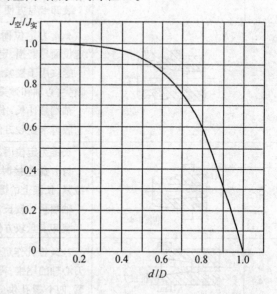

图 3.13　主轴内孔直径对其刚度的影响

则轴颈也需淬硬,硬度同上。若支承采用滚动轴承,则轴颈可不淬硬,但不少主轴为了防止磕碰损伤轴颈的配合表面,轴颈处仍然进行淬硬。精密机床的主轴希望淬火变形和淬火应力小,可用 40Cr 或低碳合金钢 20Cr、16MnCr5、12CrNi2A 等,渗碳淬硬至 HRC≥60。支承为滑动轴承的高精度机床主轴,由于要求有很高的耐磨性,则可采用渗氮钢(如 38CrMoAlA)进行渗氮处理,表面硬度可达1 100 ~ 1 200HV(相当于 69 ~ 72HRC)。各类机床

主轴常用的材料和热处理要求列于表3.6。

3. 主轴的技术要求

主轴支承轴颈、安装各种传动件(如齿轮)的定心轴颈、轴承等的定位面、压紧轴承和传动件的螺纹、安装刀具或卡盘等的轴端定心直径与锥孔等部位的制造精度(尺寸精度、形状精度及位置精度)、粗糙度和硬度等,对主轴组件的工作质量都有直接影响,设计时应参照机床精度标准,并结合所设计机床的具体情况对主轴提出详细的技术要求。

表3.7列出了主轴和壳体的直径公差和形状公差(主轴的技术要求制定原则见例3.9)。

表 3.6 主轴的材料和热处理

类别	工作条件	使用机床	材料牌号		热处理	硬度
			常用	代用		
滚动轴承	轻中负荷	车、钻、铣、磨床主轴	45	50	调质	HB220～250
	轻中负荷	镗床主轴套、镗杆	50Mn₂	60Mn 45Mn₂	正常化或调质	HB255～302
	轻中负荷局部要求高硬度	磨床的砂轮轴	45	50	高频淬火	HRC52～58
	中重载荷,局部要求高硬度	磨床的砂轮轴	40Cr	30Cr 45Cr 35SiMn 45MnB 35CrMnSiA	淬火回火 高频淬火	HRC45～50 HRC50～55
	中负荷,耐疲劳强度	车、钻、铣、磨床的主轴	40Cr	45Cr	调质	HB220～250
	重负荷,局部要求高硬度	车、钻、铣床的主轴	20Cr	40Cr	渗碳淬火回火	HRC56～62 HRC45～50
	轻中负荷	车、钻、铣、磨床的主轴	45	50	淬火回火 高频淬火	HRC42～50 HRC52～58
滑动轴承	轻、中重负荷	镗床的主轴套、镗杆	65Mn	50Mn₂		HRC55～60
	重负荷,局部要求高硬度	车、钻、铣、磨床的主轴	20Cr 40Cr	20CrMn 45Cr	渗碳淬火回火,高频淬火	HRC56～68 HRC50～56
	轻、中重负荷,局部要求高硬度	磨床的砂轮轴	20Cr 40Cr	20CrMn 45Cr	渗碳淬火回火,高频淬火	HRC56～62 HRC52～58
	中重负荷,耐磨好,强度高,变形小	车、铣床的主轴,镗床的镗杆,磨床的砂轮轴	38CrMoAlA	38CrAlA 38CrWVAlA	氮化	HV 1 100～1 200

表 3.7 主轴颈与外壳孔技术要求

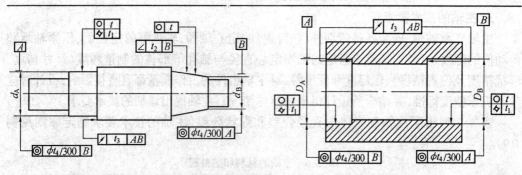

轴承精度	轴			壳	体		
项目	P5	P4(SP)	P2(UP)	P5	P4(SP)	P2(UP)	
直径公差	js5 或 K5	js4	js3	Js5	Js5	Js4	轴向固定端
				H5	H5	H4	轴向自由端
圆度 t 和圆柱度 t_1	IT3/2	IT2/2	IT1/2	IT3/2	IT2/2	IT1/2	
倾斜度 t_2	—	IT3/2	IT2/2	—	—	—	
跳动 t_3	IT1	IT1	IT0	IT1	IT1	IT0	
同轴度 t_4	IT5	IT4	IT3	IT5	IT4	IT3	
表面粗糙度 $R_a/\mu m$ $d,D \leqslant 80$	0.2	0.2	0.1	0.4	0.4	0.2	
$d,D \leqslant 250$	0.4	0.4	0.2	0.8	0.8	0.4	

(三)执行轴组件(主轴组件)

1. 主轴组件的布局

主轴组件的布局主要包括两方面:一是主轴支承的配置形式;二是主轴传动件的布置。做好这些工作,是使主轴获得良好工作性能的重要保证之一。

(1)主轴支承的配置形式

主轴轴承的配置形式设计主要指主轴轴承的类型、组合及布置。主轴的支承形式有二支承主轴组件(即前、后两个轴承支承)和三支承主轴组件——前、中、后三个轴承支承的形式。目前,以前者居多,只有在二支承不能满足其工作性能时,才采用三支承的布置形式。

下面以常见的主轴滚动轴承的配置形式(见表 3.8)为例,介绍确定两支承主轴轴承配置形式的一般原则。

1)适应刚度和承载能力的要求

所谓承载能力是指主轴在保证正常工作并在额定寿命时间内,所能承受的最大负荷。

在径向承载能力和刚度方面,线接触的圆柱或圆锥滚子轴承要比点接触的轴承好;在轴向承载能力和刚度方面,以推力球轴承为最好,其次是圆锥滚子轴承和向心推力球轴承。向心推力球轴承虽可以承受一些轴向力,但轴向刚度较差。此外,前支承所受的载荷一般情况下大于后支承,且前支承变形对主轴轴端的位移影响也较大,因此,通常要求前支承的承载能力和刚度应比后支承的大。

表3.8 几种常见主轴滚动轴承配置形式及其工作性能

序号	轴承配置形式	前支承		后支承		前支承承载能力		刚度		振摆		温升		极限转速	热变形前端位移
		径向	轴向	径向	轴向	径向	轴向	径向	轴向	径向	轴向	总的	前支承		
1		3182100(NN3000K)	2268000	3182100(NN3000K)	—	1.0	1.0	1.0	1.0	1.0	1.0	1.0	1.0	1.0	1.0
2		3182100(NN3000K)	8000(150000)(二个)	3182100(NN3000K)	—	1.0	1.0	0.9	3.0	1.0	1.0	1.15	1.2	0.65	1.0
3		3182100(NN3000K)		46000(7000AC)(二个)	—	1.0	0.6	0.8	0.7	1.0	1.0	0.6	0.5	1.0	3.0
4		7000(30000)	—	7000(30000)	—	0.8	1.0	0.7	1.0	1.0	1.0	0.8	0.75	0.6	0.8
5		2697000	—	7000(30000)	—	1.5	1.0	1.13	1.0	1.0	1.4	1.4	0.6	0.8	0.8
6		46000(7000AC)(二个)	—	46000(7000AC)(二个)	—	0.7	0.7	0.45	1.0	1.0	1.0	0.7	0.5	1.2	0.8
7		46000(7000AC)(二个)	—	46000(7000AC)(二个)	—	0.7	1.0	0.35	2.0	1.0	1.0	0.7	0.5	1.2	0.8
8		46000(7000AC)(二个)	8000(50000)	0000(60000)	8000	0.7	1.0	0.35	1.5	1.0	1.0	0.85	0.7	0.75	0.8
9		84000(RNAV0000)	8000(50000)	84000(RNAV0000)	8000	0.6	1.0	1.0	1.5	1.0	1.0	1.1	1.0	0.5	0.9

注:1. 工作性能指标用相对值表示(第一种为1.0)。这些主轴组件结构尺寸大致相同。

2. 括号内为轴承的新型号(其中有两个轴承的新型号尚未查到)

2)适应转速的要求

合适的工作转速可以限制轴承的发热,保持轴承的精度和提高轴承的工作寿命。但由于结构和制造等方面的原因,各类轴承所允许的最高转速是不同的。同一类型轴承的直径越小,精度等级越高,所允许的最高转速也越高;同样尺寸的轴承,点接触的球轴承比线接触的滚子轴承允许的极限转速高。

从上述论述可知,轴承的刚度和承载能力的大小与其转速高低正好相反,即刚度和承载能力大的转速低,或反之。因此,在选用轴承时应综合考虑这两方面的要求。对机床而言,其轴承应选用轻型或特轻型的。

3)适应精度的要求

主轴的轴向位置精度是由承受轴向力的推力轴承的配置方式来决定的。常用的三种配置方式见表3.9。前端定位时,轴向刚度较高且主轴受热变形主要是向后延伸,对加工精度没影响,但结构复杂,前支承发热量大。后端定位的特点与上述相反。两端定位时,结构较简单,轴承间隙只需在后端调整。当主轴受热伸长时,会改变轴承的轴向间隙,且有使主轴弯曲的可能,因此,一般用于较短的或用弹簧预紧的主轴组件上。

表 3.9　推力轴承配置形式的比较

形式	示　意　图	承载支承	变　形　情　况		间隙调整	主轴前端悬伸量	支承结构		应用范围
			发热变形	承载变形			前支承	后支承	
前端定位		前支承	前支承发热大、温升高,但主轴受热膨胀后向后伸长,不影响轴向精度	主轴受轴向载荷部分较短,变形小,精度高	由于前支承结构限制,间隙调整较为不便	推力轴承在前支承两侧的较长,均在同一侧的可短	复杂	简单	对轴向精度和刚度要求较高的精密机床,如精密车床、铣床、坐标镗床及落地镗床等,但对前支承结构要求散热性能良好
后端定位		后支承	前支承发热小、温升低,但主轴受热后向前端伸长,影响轴向精度	主轴受压段较长,对细长主轴易引起纵向弯曲变形,精度较差	在后支承处调整间隙较方便	较短	复杂	简单	用于普通精度机床
两端定位		前后支承	在支承跨距较大时,主轴受热膨胀后有纵向弯曲,影响轴向间隙和精度	受轴向载荷较均匀,与热变形方向相反时较好,在间隙变化时,承载能力降低	可在后端一起调整整个间隙,尚方便	推力轴承在前支承外侧时较长	较简单 单	较简单 单	用于较短主轴、轴向间隙变化不影响正常工作的机床(如钻床等);有自动补偿轴向间隙装置的机床

当由于结构原因导致主轴较长,使得主轴两个支承之间的支承跨距 L 远大于合理跨距 $L_合$ 时,就应考虑增设中间支承来提高主轴组件的刚度和抗振性。图 3.14 所示是 $P = 10\ 000N$ 时,主轴前端变形值与主轴支承跨距 L 的比较。在其他条件不变的情况下,三支承主轴组件的刚度显然高于二支承主轴组件。

由于制造工艺上的限制,要使箱体中三个主轴支承座孔中心完全同轴是不可能的,为了保证主轴组件的刚度和旋转精度,通常只有两个支承(其中一个为前支承)起主要作用,而另一个支承(中间支承或后支承)起辅助作用。

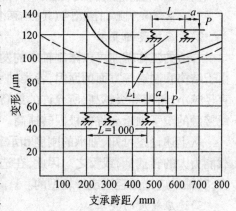

图 3.14　三支承与两支承的比较

辅助支承常采用刚度和承载能力较小的轴承,其外圈与支承座孔的配合比主要支承松 1~2 级,保证有一定的间隙,以解决三孔不同轴的问题。

统计结果表明:采用三支承结构的主轴,以前、中支承为主要支承的约占 80%;以前、后支承为主要支承的约占 20%。

三支承主轴轴承配置形式与两支承主轴相类似,其两个主要支承的配置基本上与表 3.8 所述的情况相同。辅助支承通常选用向心球轴承或向心圆柱滚子轴承。

三支承主轴组件虽然可以提高其刚度,但增加了零件,并使箱体支承座孔加工困难,故应尽量少用。

(2)传动件的布置

1)传动方式

主轴上使用的传动件主要有齿轮和带二种。其中,齿轮能传递较大的转矩,但线速度不很高,一般在 $v \leqslant 12 \sim 15 \mathrm{m/s}$ 范围内,且传动也不够平稳。为克服此项不足可采用斜齿轮,但螺旋倾角一般不宜超过 $15° \sim 20°$,以免引起太大的轴向分力。此外,当线速度较低时,齿轮的精度应选 6 级(指影响传动平稳性的第Ⅱ公差组),线速较高时取 5 级。齿轮的材料、硬度及最终加工方式均有相应的要求,使用时查找有关资料。当主轴转速较高,且要求传动平稳时,可采用带传动。线速度不等时,所用带的形状及材质均不相同。由于各种传动带均易拉长和磨损,设计时必须考虑能调节中心距,磨损后易于更换及有可靠的防护设备以防止与油接触受侵蚀。

一般情况下主轴上不要安装各种活装的零件(如滑移齿轮、离合器等),以避免因轴颈与活装零件孔间有间隙而引起的振动。固装零件,如齿轮与主轴的配合,最好采用圆锥配合。

当不需要传动件时,还可使用内装式电动机——转子轴就是主轴。此时,主轴不受弯矩。转速不同时,电动机的电源频率不等。目前,已有既可调频又能变级的内装电机或主轴单元,且具有较大的恒功率变速范围,主要用于加工中心。

2)主轴传动件的布置

传动件是齿轮时,可将其安装在前、后轴承之间或后轴承之后的主轴后悬伸处。当在前、后轴承之间时,应将几个齿轮中较大的一个(一个时亦如此)靠近前轴承。这样不仅可减少主轴的弯曲变形,因与切削力的位置比较靠近,又使主轴的扭转变形较小。

传动件是皮带时,一般情况下都装在后支承后部主轴的悬伸处。这样一方面便于防护,以免油类侵蚀皮带,另一方面是更换皮带容易。从图 3.15 可以看到,切削力 F 和传

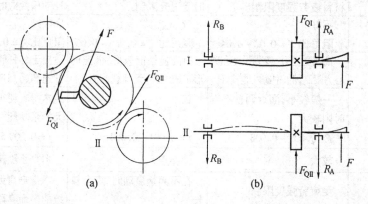

图 3.15 传动力方向对主轴变形及支承受力的影响

动力 F_{QI} 的作用位置和方向对主轴前端位移和轴承受力的影响很大，Ⅰ图中传动件位于前、后支承之间，且 F、F_{QI} 两力方向相反时，主轴前端弯曲变形增大，但前支承受力减小。这种方案运用于加工精度要求不高、主轴刚度较大且为了提高轴承寿命的普通机床。当 F_{QII} 与 F 方向相同时（Ⅱ图），它们使主轴前端位移相互抵消一部分，但此时前支承轴承受力较大。此方案适合于精度较高或前支承刚度较大的机床。实际设计时，传动件的空间位置及受力方向往往受到许多结构条件的限制，所以必须全面考虑。

2. 主轴轴承和主轴滚动轴承的选择

(1)轴承的选择

由于主轴的旋转精度在很大程度上是由其轴承决定，而轴承的变形约占主轴组件总变形量的 30%～50%，轴承发热量占的比重也较大，因此，在选择轴承类型时一定要慎重。主轴用的轴承有滚动和滑动两大类。这两类轴承都能满足旋转精度的要求。一般情况下用滚动轴承多一些，特别是大多数立式主轴(润滑为脂，可避免漏油)。只有加工表面粗糙度数值要求较小，且主轴是水平的机床，才用滑动轴承；或为了提高主轴组件的抗振性，在主轴前支承处用滑动轴承，后支承和推力轴承用滚动轴承。

滚动轴承用处如此广泛，是因为它比滑动轴承的优点多一些，如它可在转速和载荷变化幅度很大的条件下稳定地工作；可在无间隙或一定过盈量的条件下工作；容易润滑，既可用脂也可用油。但它也存在一些缺点：滚动轴承由于滚动体的数量有限，所以在主轴旋转时其径向刚度是变化的，进而引起主轴组件的振动；其阻尼较低；径向尺寸比滑动轴承大。

表 3.10 列出了二大类轴承各种基本要求的比较。

表 3.10　滚动轴承和滑动轴承的比较

基本要求	滚动轴承	滑　动　轴　承	
		动压轴承	静压轴承
旋转精度	精度一般，可在无隙或预加载荷下工作，高速时精度保持性差	单油楔轴承一般，多油楔轴承较高，精度保持性好	可以很高，精度保持性好
刚　　度	仅与轴承型号有关，与转速、载荷无关，预紧后可提高	随转速和载荷升高而增大	与节流形式有关，与载荷、转速无关
承载能力	一般为恒定值，高速时受材料疲劳强度限制	随转速增加而增加，高速时受温升限制	与油腔相对压差有关，不计动压效应时与速度无关
抗振性能	不好 阻尼比 $\zeta = 0.02 \sim 0.04$	较好 阻尼比 $\zeta = 0.035 \sim 0.06$	很好 阻尼比 $\zeta = 0.045 \sim 0.065$
速度性能	高速受温升、疲劳强度和离心力限制，低、中速性能较好	中高速性能较好，低速时形不成油膜，无承载能力	适应于各种转速，尤其适用低速和超高速
摩擦功耗	一般较小，润滑调整不当时则较大 $f = 0.002 \sim 0.008$	较小 $f = 0.001 \sim 0.008$	本身功耗很小，但有相当大的泵功耗 $f = 0.000\,5 \sim 0.001$
噪　　声	较大	无噪声	本身无噪声，泵有噪声
寿　　命	受疲劳强度限制	在不频繁启动时，寿命较长	本身寿命无限，但供油系统的寿命有限

(2)主轴滚动轴承的选型

将主轴轴承的直径尺寸与其承担的负载相比,可以说是直径较大,负载较轻。因此,一般情况下,承载能力和疲劳寿命不是选择主轴轴承的主要指标。

主轴轴承应该根据精度、刚度和转速来选择。为了提高精度和刚度,主轴轴承的间隙应该是可调的,这是主轴轴承的主要特点。

机床主轴滚动轴承的受力情况有径向和推力(轴向)支承二类。常用的有双列圆柱滚子轴承(见图 3.16(a)、(b))、双向推力角接触球轴承((c)、(d))、角接触球轴承((e))等。

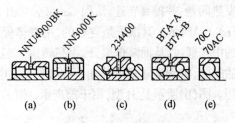

图 3.16 常用主轴轴承结构示意图

当主轴组件要求径向刚度较高时,可采用双列圆柱滚子轴承,内孔为锥面。此种轴承只能承受径向载荷,见图 3.16(a)(b)。而轴向载荷由双向推力角接触轴承(接触角 $\alpha = 60°$ 或 $\alpha = 40°$、$\alpha = 30°$)来承受,如 3.16(c)(d)所示。由于 $\alpha = 60°$ 的双向推力角接触轴承接触角较大,故轴向刚度较高,但允许的转速较低。当主轴组件要求转速较高时,则采用接触角 $\alpha = 40°$、$\alpha = 30°$ 的推力角接触球轴承。以上几种推力角接触球轴承不承受径向力,这是由于它们的外径公差都在零线下方,外圈在座孔内有间隙的原因所致。

角接触球轴承为点接触,刚度较低。为了提高刚度则常采用如图 3.17(a)、(b)、(c)所示的三种基本多联组配的方式:(a)为背靠背(DB);(b)为面对面(DF);(c)为同向组配(DT)。这三种方式中,除两个轴承都共同承担径向载荷外,(a)、(b)组配又都能承受双向轴向载荷,(c)则只能承受一个方向的轴向载荷,但其承载能力大,轴向刚度较高。

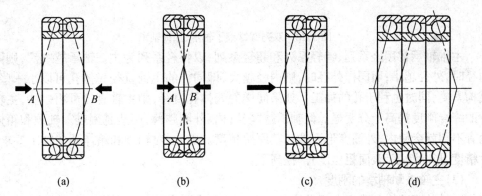

图 3.17 角接触球轴承的组配

图 3.17(d)是在上述三种组配的基础上派生出的三联组配,相当于一对同向与第三个背靠背(TBT)。此外,还可派生出四联、五联组配。

多联组配的额定动载荷,等于单个轴承的额定动载荷乘以系数:双联为 1.62,三联为 2.16,四联为 2.64,五联为 3.08。

在主轴受弯时,总希望轴承上产生一个尽量大的支反力矩以抵抗主轴的弯曲变形。这个力矩与倾角之比称为角刚度,单位是 N·m/rad。而支反力矩的力臂就是接触线与轴线交点间的距离 AB。由于图 3.17(a)中 AB 比(b)中 AB 长,因而能产生一个较大的抗弯力矩。运转时,由于轴承的外圈装在壳体内,散热条件比内圈好,所以,内圈的温度将高于外圈。径向膨胀的结果将使过盈增加。但是,背靠背组配时,轴向膨胀将使过盈减少。因此,过盈的增加比面对面少。基于上述两个理由,在主轴上,角接触球轴承应为背靠背组合。

图3.18(a)是外圈带凸肩的双列圆锥滚子轴承,由外圈2,两个内圈1和4及隔套3组成。由于其滚子大端面与内圈挡边之间为滑动摩擦,发热效多,故转速受到限制。为了解决发热问题,并提高转速,法国 Gamet 公司开发了空心滚子圆锥轴承——加梅(Gamet)轴承,如(b)、(c)所示。其滚子是空心的,用整体保持架把滚子之间的空隙占满,润滑油被迫从滚子的中孔通过,从而降低温升,提高转速。但此种轴承必须用油润滑,这就带来了回油和防漏的问题,特别是立式主轴和装在套筒内的主轴,这个问题就更难解决,因此,限制了它的使用。图(b)所示是 H 型,用于前支承,图(c)为 P 型,用于后支承,两者配套使用。

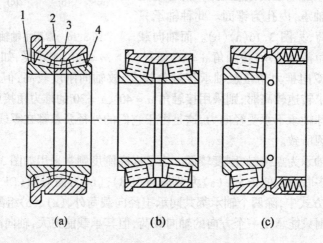

图3.18　双列圆锥滚子轴承、加梅轴承

主轴轴承常用轻系列、特轻系列和超轻系列,以特轻系列为主。轴承越"轻",则同样内径时,外径越小;而同样外径时,则内径越大,即同样的主轴直径壳体孔可以小一些,使结构紧凑,同时也利于孔的加工。如果同样的壳体孔直径,则主轴直径可粗一些,主轴组件的综合刚度提高十分明显。但轴承越"轻",内、外圈越薄,制造越困难。轴颈和箱体孔稍有不圆就会使内、外圈变形而破坏其原始精度。因此,对轴颈和箱体孔的加工要求(尺寸精度、形状精度、表面粗糙度)都提高了。

(3)主轴滚动轴承的刚度

轴承的滚动体与滚道之间是接触变形。其在零间隙且在外载荷作用下的变形和刚度可按下述公式计算:

1)点接触的球轴承

$$\delta_r = \frac{0.436}{\cos\alpha}\sqrt[3]{\frac{Q_r^2}{d_b}} \quad (\mu m) \tag{3.1}$$

$$\delta_a = \frac{0.436}{\sin\alpha}\sqrt[3]{\frac{Q_a^2}{d_b}} \quad (\mu m) \tag{3.2}$$

$$K_r = \frac{dF_r}{d\delta_r} = 1.18\sqrt[3]{F_r d_b (iz)^2 \cos^5\alpha} \quad (N/\mu m) \tag{3.3}$$

$$K_a = \frac{dF_a}{d\delta_a} = 3.44 \sqrt[3]{F_a d_b z^2 \sin^5 \alpha} \qquad (N/\mu m) \qquad (3.4)$$

2)线接触的滚子轴承

$$\delta_r = \frac{0.077 Q_r^{0.9}}{\cos\alpha l_a^{0.8}} \qquad (\mu m) \qquad (3.5)$$

$$\delta_a = \frac{0.077 Q_a^{0.9}}{\sin\alpha l_a^{0.8}} \qquad (\mu m) \qquad (3.6)$$

$$K_r = \frac{dF_r}{d\delta_r} = 3.39 F_r^{0.1} l_a^{0.8} (iz)^{0.9} \cos^{1.9} a \qquad (N/\mu m) \qquad (3.7)$$

$$K_a = \frac{dF_a}{d\delta_a} = 14.43 F_a^{0.1} l_a^{0.1} z^{0.9} \sin^{1.9} a \qquad (N/\mu m) \qquad (3.8)$$

式中　　δ_r, δ_a——径向和轴向变形(μm)；

　　　　K_r, K_a——径向和轴向刚度($N/\mu m$)；

　　　　α——接触角(°)；

　　　　d_b——球径(mm)；

　　　　l_a——滚子有效长度等于滚子长度扣除两端的倒角(mm)；

　　　　i, z——列数和每列的滚动体数；

　　　　Q_r, Q_a——一个滚动体的径向和轴向载荷(N)；

　　　　F_r, F_a——轴承所受的径向和轴向载荷(N)。

$$Q_r = \frac{5 F_r}{iz\cos\alpha} \qquad (3.9)$$

$$Q_a = \frac{F_a}{z\sin\alpha} \qquad (3.10)$$

零间隙时轴承的刚度

$$K = \frac{dF}{d\delta}$$

几种国产常用轴承的数据见表3.11。

表3.11　几种国内(机床主轴)常用轴承的数据

轴承内径(mm)		50	60	70	80	90	100	110	120	140	160
角接触球轴承	球数 z	18	18	19	20	20	20	20	20		
7000C 和 7000AC 系列	球径 d_b/mm	8.731	10.716	12.303	12.7	14.288	15.875	17.463	19.05		
双向推力角接触球轴承	球数 z				26	28	28	28	30	30	30
234400 系列	球径 d_b/mm				10	11	11.113	13.494	13	15.875	18
双列圆柱滚子轴承	iz				52	54	60	52	50	56	52
NN3000K 系列	滚子有效长 l_a/mm				9	10	10	12.8	13.8	14.8	16.6

从上述各公式中可以看出,滚动轴承的刚度不是一个定值,即载荷与变形之间是非线性的,不服从虎克定律。轴承的刚度是载荷的函数,载荷越大,刚度也越高。载荷对刚度的影响,对于点接触的球轴承和线接触的滚子轴承有所不同。球轴承的刚度与载荷的1/3次幂成正比,故载荷对刚度的影响较大,此时计算应将预紧力考虑进去。存在轴向预紧力F_{ao}时的轴向和径向载荷分别为

$$F_a = F_{ae} + F_{ao} \tag{3.11}$$

$$F_r = F_{re} + F_{ao} \times \cot\alpha \tag{3.12}$$

式中　F_{ae}、F_{re}——轴向、径向外载荷(N);

　　　F_{ao}——预紧力(N),见轴承厂样本;

　　　α——接触角(°)。

滚子轴承的刚度与载荷的0.1次幂成正比,因此,载荷对刚度的影响较小,计算时可以不考虑预紧力。

在实际工作中若外载荷无法确定时,轴承载荷常取其额定动载荷的1/10。这样计算的结果一般情况下可代表轴承的刚度。

【例3.8】 求NN3020K轴承的刚度。

解: NN3020K的内径为100mm。查表3.11,$iz = 60$,$l_a = 10$mm。查轴承样本,额定动载荷 $C = 122$kN。取 $F_r = C/10 = 12\ 200$N。代入式(3.7)得

$$K_r = 3.39 \times 12\ 200^{0.1} \times 10^{0.8} \times 60^{0.9} \times \cos^{1.9}0° = 2\ 184\text{N}/\mu\text{m}$$

(4)主轴滚动轴承的精度与配合

轴承的精度分为 P2、P4、P5、P6 和 P0 五级(旧标准为 B、C、D、E、G 级),相当于 ISO 标准的 2、4、5、6、0 级。此外,又规定了 SP 级和 UP 级作为补充。这两级的旋转精度分别相当于 P4 和 P2 级,内、外圈的尺寸精度则分别相当于 P5 级和 P4 级。在上述 5 级轴承中,2级最高,0级最低,为普通精度级。轴承精度越高,则各滚动体受力越均匀,越有利于提高刚度和抗振性,并减少磨损,提高寿命。主轴轴承常用 P4 级;而高精度主轴则采用 P2 级;要求较低的主轴或三支承主轴中的辅助轴承可用 P5 级轴承。

由于轴承的工作精度主要取决于旋转精度,且壳体孔和主轴颈是根据一定的间隙和过盈要求配作的,因此,轴承内、外径的公差即使略宽也不影响工作精度,但却可以降低成本。

向心轴承(指接触角 $\alpha < 45°$的轴承)如用于切削力方向固定的主轴(车、铣、磨床等的主轴),对轴承的径向旋转精度影响最大的是"成套轴承的内圈径向跳动"K_{ia}。如用于切削力方向随主轴旋转而旋转的主轴,如镗床和镗铣加工中心主轴,对轴承径向旋转精度影响最大的,是"成套轴承的外圈径向跳动"K_{ea}。推力轴承影响旋转精度(轴向跳动)的是"轴圈滚道对底面厚度的变动量"S_i。角接触球轴承和圆锥滚子轴承既能承受径向载荷,又能承受轴向载荷,故除 K_{ia} 和 K_{ea} 外,还有影响轴向精度的"成套轴承内圈端面对滚道的跳动"S_{ia}。轴承精度也就按此选择,见表 3.12 和 3.13。

表 3.12 主轴滚动轴承内圈的旋转精度 μm

轴承内径 d/mm		> 50 ~ 80			> 80 ~ 120			> 120 ~ 180		
精度等级		P2	P4	P5	P2	P4	P5	P2	P4	P5
向心轴承(圆锥滚子轴承除外)	K_{ia}	2.5	4	5	2.5	5	6	2.5	6	8
	S_{ia}	2.5	5	8	2.5	5	9	2.5	7	10
圆锥滚子轴承	K_{ia}	—	4	7	—	5	8	—	6	11
	S_{ia}	—	4		—	5		—	7	
推力球轴承	S_i	—	3	4	—	3	4		4	5

注:P2级轴承内径最大为150mm。

如内径 $d = 100$mm,外径 $D = 150$mm 的 P4 级特轻型轴承,其 $K_{ia} = 5\mu m$(表 3.12),$K_{ea} = 7\mu m$(表 3.13),说明同一轴承的 $K_{ea} > K_{ia}$。把此轴承放在镗床、加工中心等切削力方向随主轴旋转而旋转的机床上时,则应重新选一个同类型的 P2 级精度的轴承。因为,对此类机床的轴承径向旋转精度影响最大的是 K_{ea},从表 3.13 可看到 P2 级轴承的 $K_{ea} = 5\mu m$,达到了此类机床的要求。

表 3.13 主轴滚动轴承外圈的旋转精度 μm

轴承外径 D/mm	> 80 ~ 120			> 120 ~ 150			> 150 ~ 180			> 180 ~ 250		
精度等级	P2	P4	P5	P2	P4	P5	P2	P4	P5	P2	P4	P5
向心轴承(圆锥滚子轴承除外) K_{ea}	5	6	10	5	7	11	5	8	13	7	10	15
圆锥滚子轴承 K_{ea}	—	6	10	—	7	11	—	8	13	—	10	15

轴承的径向跳动直接影响到主轴的旋转精度,在提高主轴的旋转精度时,一方面采用高精度轴承,另一方面在装配时再采用"选配法"则效果更佳。

滚动轴承选配法,是先将一批轴承内圈和轴颈按实际测定的径向跳动量分成组,选取跳动量相近的进行装配,并使内圈和轴颈的径向跳动处于相反方向,使误差能部分地相互抵消,以提高主轴的旋转精度。如图 3.19 所示,O_1 为主轴轴颈的中心,O 为主轴前端锥

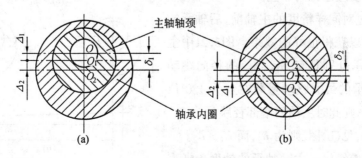

图 3.19 径向跳动量的合成

孔的中心,两者偏心距为 Δ_1。O_2 为轴承内圈滚道中心,它与轴承内圈的内孔中心亦即

O_1 的偏心距为 Δ_2(装配时,主轴轴颈装在轴承内圈的内孔中,因此,O_1 同时又是轴承内圈内孔的中心)。当轴颈偏心方向与轴承滚道偏心方向相同时,见图 3.19(a),误差叠加,主轴锥孔中心 O 的总跳动量为

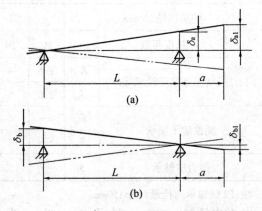

$$\delta_1 = \Delta_1 + \Delta_2$$

当偏心方向相反时,见图 3.19(b),误差部分相抵,主轴锥孔中心 O 的总跳动量为

$$\delta_2 = |\Delta_1 - \Delta_2|$$

由此可知,如果偏心距 Δ_1 与 Δ_2 越接近,利用选配法装配,其效果越好。因此,在不提高主轴和轴承制造精度的前提下,可以提高主轴的旋转精度。

图 3.20　前、后轴承轴心偏移对主轴端部的影响

应当指出,以上是从单个轴承和简单的几何关系分析得出的结论,实际情况要复杂得多。一根主轴上至少有两个轴承,如果能正确地选配各轴承之间的偏移量,也能互相抵消一部分误差。

前、后轴承的精度对主轴旋转精度的影响是不同的。图 3.20(a)表示前轴承轴心有偏移 δ_a(即表 3.12 或 3.13 中的 K_{ia} 或 K_{ea} 的一半),后轴承偏移为零的情况。这时反映到主轴端部轴心的偏移为

$$\delta_{a1} = \frac{L + a}{L} \delta_a$$

图 3.20(b)表示后轴承有偏移,前轴承偏移为零的情况。这时

$$\delta_{b1} = \frac{a}{L} \delta_b$$

这说明前轴承的精度对主轴组件的影响较大,故前轴承的精度应选得高一些。

此外,通过对同样精度的主轴前、后轴承的合理安装也可以获得很好的效果。图 3.21 中主轴的前、后轴承分别具有 $S_前$、$S_后$ 的径向跳动量,当将两轴承的最大跳动量装在互为 180° 位置时,见(a)图,则此时主轴的端部径跳量为 δ_1;若同向安装时,见(b)图,则为 δ_2,而 $\delta_1 > \delta_2$。

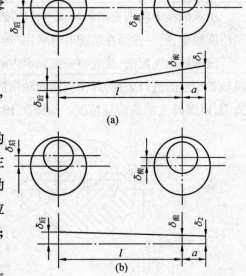

各种精度等级机床主轴轴承的精度参考表 3.14 选用。数控机床可按精密级或高精度级选

图 3.21　装配方法不同对主轴端径向跳动的影响

用。

表 3.14 主轴轴承精度

机床精度等级	前 轴 承	后 轴 承
普通精度级	P5 或 P4(SP)	P5 或 P4(SP)
精 密 级	P4(SP)或 P2(UP)	P4(SP)
高 精 度 级	P2(UP)	P2(UP)

对于切削力方向随主轴的旋转而旋转的主轴,如镗床是按 K_{ea} 选择轴承精度的。选用这类机床主轴轴承的精度时,应比表 3.14 中的高一级。

【例 3.9】 图 3.22(a)为简化后的主轴图,图(b)为计算简图。图中 A、B 处是装轴承的轴颈,直径分别为 105mm 和 75mm。1:12 锥面。轴承精度均为 P5 级。C 面和 D 面是装卡盘的定心短锥面和端面。主要技术要求见表 3.15

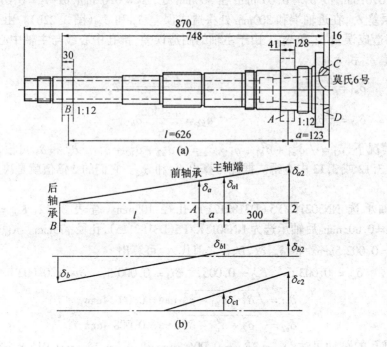

图 3.22 主轴技术要求计算图

表 3.15 例 3.9 中主轴主要技术要求   mm

项序号	项 目	技术要求
1	轴颈 A 和 B 的圆度	$A = 0.003, B = 0.0025$
2	莫氏锥孔和 A、B 面用涂色法检查接触率	≥70%
3	莫氏锥孔对轴颈 A、B 的径向圆跳动	近轴端 0.005 300mm 处 0.010
4	短锥 C 对轴颈 A、B 的径向圆跳动	0.005
5	端面 D 对轴颈 A、B 的端面圆跳动	0.010

在设计主轴时,其技术要求一部分按表 3.7 选取,其余的则应根据整个机械系统的精度标准来制定。现以此题为例,说明制定技术要求的原则。

1)轴颈 A 和 B 的圆度

主轴中心线指的是轴颈 A 和 B 的圆心连线。这条中心线是测量基准。因此,首先必须保证轴颈 A 和 B 的圆度。因为如果轴颈截面不圆,就不会有稳定的圆心,也就不会有固定的中心线。查表 3.7,公差为 IT3/2,查公差表,A 面为 $3\mu m(0.003mm)$,B 面为 $2.5\mu m$ $(0.0025mm)$。

2)莫氏锥孔和 A、B 面的锥度

用标准锥度规靠涂色法检查接触率来保证锥角的准确性。接触率 ≥70%。

3)莫氏锥孔对轴颈 A、B 的径向跳动

在机床上,是以锥孔的轴线来代表主轴中心线的。主轴组件装配后,在锥孔内插长度略大于 300mm 的检验棒。机床精度标准规定了检验棒的径向跳动。卧式车床为:在主轴端部,$\Delta_1 = 0.01mm$,故 $\delta_1 = 0.005mm$;在 300mm 处,$\Delta_2 = 0.02mm$,故 $\delta_2 = 0.010mm$。由于前轴承有误差 δ_a,在近轴端和 300mm 处将造成误差 δ_{a1} 和 δ_{a2}(图 3.22b)。由于后轴承有误差 δ_b,将造成误差 δ_{b1} 和 δ_{b2}。由于主轴的制造误差,锥孔中心线与主轴中心线不重合,将造成误差 δ_{c1} 和 δ_{c2}。

$$\delta_{a1} = \frac{L+a}{L}\delta_a \qquad \delta_{a2} = \frac{L+a+300}{L}\delta_a$$

$$\delta_{b1} = \frac{a}{L}\delta_b \qquad \delta_{b2} = \frac{a+300}{L}\delta_b$$

一般情况下,$\delta_1 = \sqrt{\delta_{a1}^2 + \delta_{b1}^2 + \delta_{c1}^2}$,$\delta_2 = \sqrt{\delta_{a2}^2 + \delta_{b2}^2 + \delta_{c2}^2}$。$\delta_a$ 和 δ_b 可根据所选轴承精度,从表 3.12 或 3.13 中查得。据此可算出 δ_{c1} 和 δ_{c2}。它们的 2 倍值就是决定本项公差的根据。

如前轴承选 NN3021K/P5(D3182121),孔径 105mm。查表 3.12,$K_{ia} = 0.006mm$。$\delta_a = K_{ia}/2 = 0.003mm$。后轴承选为 NN3015K/P5(D3182115),孔径 ϕ75mm。$K_{ia} = 0.005mm$。$\delta_b = K_{ia}/2 = 0.0025mm$。将 δ_a、δ_b、L、a 之值代入,可算出

$$\delta_{a1} = 0.0036, \quad \delta_{a2} = 0.005, \quad \delta_{b1} = 0.0005, \quad \delta_{b2} = 0.002$$

所以
$$\delta_{c1} = \sqrt{\delta_1^2 - \delta_{a1}^2 - \delta_{b1}^2}\,mm = 0.0034mm$$

$$\delta_{c2} = \sqrt{\delta_2^2 - \delta_{a2}^2 - \delta_{b2}^2}\,mm = 0.0084mm$$

主轴锥孔的跳动可达 $\Delta_{c1} = 2\delta_{c1} = 0.0068mm$ 和 $\Delta_{c2} = 2\delta_{c2} = 0.0168$。本项规定为 0.005 和 0.010,比计算的结果更严一些,具有一定的精度储备。如果计算出来的 δ_{c1} 和 δ_{c2} 太小,则说明轴承的精度选得太低了。应改用高一级精度的轴承。

4)短锥 C 对轴颈 A、B 的径向圆跳动

短锥 C 是卡盘的定心轴颈。精度检验标准规定公差也是 0.01mm,故这项精度公差也定为 0.005mm。

5)端面 D 对轴颈 A、B 的端面圆跳动

精度检验标准规定了主轴轴肩支承面的跳动为 0.02mm。这项公差包括了主轴的轴向窜动和端面 D 对轴颈 A、B 的端面圆跳动 ΔD。主轴的轴向窜动取决于推力轴承的 S_i 值。本例的推力轴承为 234421/P5(D2268121)型,孔径为 105mm。从表 3.12 可查出,$S_i = 0.004mm$,故端面 D 对 A、B 的轴向跳动应为

$$\Delta D = \sqrt{0.020^2 - 0.004^2} \, \text{mm} = 0.019 \, 6 \text{mm}$$

考虑到装配误差和精度储备,本项定为0.010mm。其余的技术要求,可根据表3.7制定。

安装齿轮等传动件的部位,与前、后轴承颈的同轴度公差,可取为略小于直径公差的一半。超过600r/min的主轴,无配合的自由表面的粗糙度不超过$R_a = 1.6\mu m$。空心的高速主轴必须规定中孔对前、后轴承颈的同轴度。当线速度超过3m/s时,主轴组件应在装配完毕状态下进行动平衡,平衡等级通常为G1级。

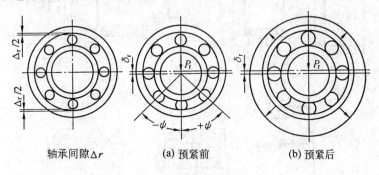

轴承间隙Δr   (a) 预紧前   (b) 预紧后

图3.23 轴承预紧前、后受力图

(5)主轴滚动轴承的预紧和调整方法

滚动轴承的内部间隙必须是可调整的。多数轴承还应在过盈状态下工作,即使滚动体与滚道之间有一定的预变形——轴承的预紧。

由于滚动体的直径不可能是绝对相等,滚道也不可能是绝对的正圆,因此,在预紧前只有部分滚动体与滚道接触,如图3.23(a)中所示。预紧后,滚动体和滚道都有了一定的变形,参加工作的滚动体将增多,各滚动体的受力将趋于均匀,见(b)图。这些都有利于提高轴承的精度、刚度和寿命及提高主轴的抗振性。但预紧后发热较多,温升较高。太大的预紧会降低轴承的寿命,因此,预紧要适量。

对双列圆柱滚子轴承进行径向调整。图3.24(a)中轴承内圈为1:12的锥孔,当其在锥形轴颈上移动时,会将内圈撑大。如果使滚动体的包络圆D_2大于外圈滚道的直径D_1,则轴承内部处于过盈状态,$D = D_2 - D_1$称为径向预紧量,或简称"预紧量",单位为μm。装配时,把外圈装入壳体孔内,测出D_1。先不装隔套1(图3.24(b)),把内圈装上主轴。拧动螺母2,用专门的包络圆测量仪测量滚动体的包络圆直径,直至使它比D_1大Δ。测出距离l,按此磨出隔套的厚度。装上隔套,拧紧螺母,就可得到预定的预紧量。

双列圆柱滚子轴承的过盈量将造成滚动体与滚道间具有一定的弹性力,其相当于3.7式中的F_r。由于K_r与$F_r^{0.1}$成正比,所以,对线接触的滚子轴承来说,预紧对提高轴承刚度的效果是不明显的。德国FAG公司的试验也证明了这一点。当$\phi 100$mm的NN3020K轴承的预紧量从0增至$5\mu m$时,刚度明显地提高。当超过$5\mu m$后,刚度趋于定值,提高很少。瑞典SKF和日本NSK公司也有相似的结论,不过认为这个值应为$2\mu m$。这是因为滚动体直径不可能绝对相同;滚道也不可能是理想的圆柱体。因此,在零预紧时,并不是各个滚子都接触,故刚度较低。当有了一定的预紧量后,滚动体和滚道有了一定的变形,轴承内部的接触状态接近于理想状态。因此,双列圆柱滚子轴承的最低预紧量应为2~5μm。

从提高抗振性角度出发,希望轴承在受载时,不受力一侧的滚动体与滚道不脱离接

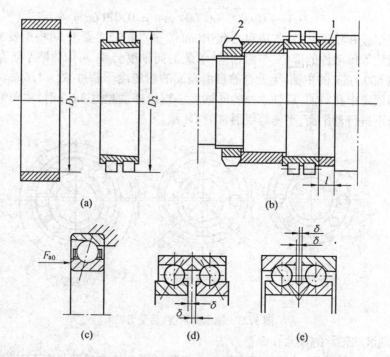

图 3.24　轴承的预紧

触。此时的载荷,应该是激振力的幅值。

为了安全起见,可取最大切削力作为激振力的幅值,在这个力作用下轴承的变形作为预紧量。在载荷 F_r 作用下的变形 δ_r 可用式(3.5)和(3.9)计算。图 3.25 是双列圆柱滚子轴承预紧量计算线图。

最后,还应通过温升试验。如果温升超过规定之值,则必须减小预紧量。带来的缺陷,可能是抗振性略差。

角接触球轴承(接触角 $\alpha > 0°$)的间隙调整,如图 3.24(c)所示,是在轴向力 F_{ao} 的作用下使轴承内、外圈产生错动实现预紧。衡量预紧的是轴向预紧力 F_{ao},或简称"预紧力",单位为 N。组配时在内圈(背靠背组配)或外圈(面对面组配)端面根据预紧力磨去 δ,见图 3.24(d)、(e)图,装配时挤紧即得到预定的预紧力。对向心推力球轴承可在两轴承内外圈间分别装入厚度差为 2δ 的两个短套来达到预紧目的,如图 3.26(a);或在两个轴承外圈之间装入一个适当厚度的短套,靠装配调整使内圈受压后移动一个 δ 量,见图 3.26(b)。

预紧力通常分为三级:轻预紧、中预紧和重预紧,代号为 A、B、C。轴承厂在样本中规定了各类轴承、各种尺寸、各级预紧的预紧力。要注意的是,同样的轴承,同样的预紧级别,不同的公司,规定的预紧力是不同的。例如轻、中、重预紧,预紧力的比例,瑞典 SKF 公司规定为 1:2:4;德国 FAG 公司规定为 1:3:6。又如 $\alpha = 25°$,$\phi 100mm$ 的特轻型角接触球轴承,SKF 公司(型号为 7020ACD)规定轻预紧力为 500N;FAG 公司(型号为 B7020E)规定轻预紧力为 820N。

各厂家所给的预紧力表中的预紧力,一般均为一对轴承背靠背(或面对面,下同)的预紧力。多联组配应乘以下列系数:三联为 1.35;四联,三个同向与第四个背靠背为 1.60;四联且两两同向、相互背靠背为 2.00。

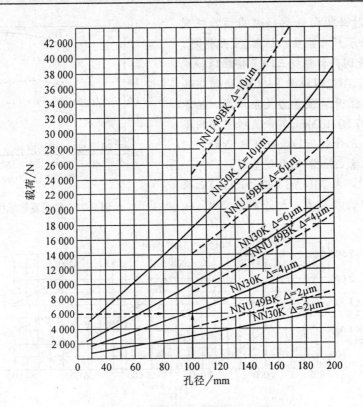

图 3.25 双列圆柱滚子轴承的预紧

以上数值是装配前的预紧力。装配后由于过盈,内圈将涨大,外圈将缩小,故预紧力将加大。对于一般情况,即轴公差为 js4,孔公差为 js5,钢制主轴,钢或铸铁壳体,具有足够的壁厚,装配后的预紧力可按下式计算:

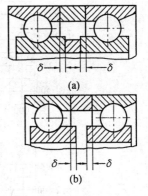

$$F_p = f f_1 f_2 F_0 \qquad (3.13)$$

式中　F_p 和 F_0——装配后与装配前的预紧力(N);

　　f——轴承系数,见图 3.27;

　　f_1——接触角系数。$\alpha = 25°$ 时,$f_1 = 1$;$\alpha = 15°$,特轻和轻型为 1.07,超轻型为 1.10;

　　f_2——预紧级别系数。轻预紧为 0.92,中预紧为 1,重预紧为 1.08。

图 3.26 用内、外隔套进行预紧

【例 3.10】 $\phi 100mm$,$\alpha = 25°$,特轻型三联角接触球轴承,轻预紧,型号为 7020AC TB-TA。一对轴承的预紧力为 500N。三联轴承装配前的预紧力为 $F_0 = 500 \times 1.35 = 675N$。查图 3.27,$f = 1.8$,$f_1 = 1$,$f_2 = 0.92$,故装配后的预紧力为 $F_p = 675 \times 1.8 \times 1 \times 0.92 = 1\ 117N \approx 1\ 100N$。

哈尔滨轴承厂规定预紧力分 6 级:轻预紧——1、2 级;中预紧——0 级;重预紧——3、4、5 级。1 级最轻。国外产品轻预紧中不分级。

由于角接触球轴承的刚度与载荷的 1/3 次幂成正比,所以,预紧对提高刚度有一定的效果。此类轴承应在温升允许的条件下,尽量用较高的预紧力。根据 $d_m n$ 值来进行预紧,一般情况下,高速轴承取轻预紧;普通机床的主轴即中低速主轴用中预紧;分度主轴用

重预紧;订货时必须向轴承厂说明预紧级别
或预紧力。轴承厂可按要求组配,成组供货。

图 3.28 是国产特轻型三联角接触球轴承
(编号:7000AC TBT,旧编号 946100)通过实验
获得的转速 - 温升 - 预紧力关系曲线。轴承
内径分别为 60、80、100mm,其余直径可用内插
法。试验是在无外载荷的条件下进行的。润
滑剂为精密机床主轴脂(白色锂基脂)。

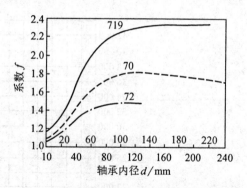

图 3.27　轴承系数线图

【例 3.11】　求 7014AC TBT(ϕ70mm)三联
角接触球轴承的预紧力。允许温升 20℃,转
速 5 000r/min。

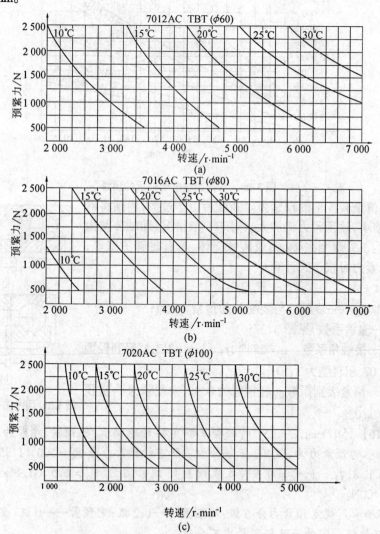

图 3.28　三联角接触球轴承预紧力的选择

〔解〕　查找图 3.28(a),7012AC TBT(ϕ60mm)在上述条件下的预紧力为 1 500N;查图

(b),7016AC TBT(ϕ80nn)为 600N,故 7014AC TBT 轴承可定为小于或等于(1 500 + 600)N/2 = 1 050N。

(6)主轴滚动轴承的转速

决定轴承速度性能的是速度因子——$d_m n$ 值(mm·r/min)。其中,d_m 是轴承的中径,等于内、外径的平均值(mm),n 是转速(r/min)。$d_m n$ 值反映了滚动体的公转线速度,且与其成正比。同样的 d 不同的直径系列(轻、特轻、超轻…)时,其外径是不同的。因此,$d_m n$ 值同时又反映了转速、内径、直径系列。

在轴承的样本上,分别列有脂润滑和油气润滑的"极限转速"。这是指单个轴承,在一定条件下的转速。对于主轴轴承,这些条件是:圆柱滚子轴承为零间隙,角接触球轴承为轻预紧;温升为 15 ~ 20℃;轻载或无外载。折合成 $d_m n$ 值的参考数据如表 3.16 所示。

表 3.16 几种主轴轴承的 $d_m n$ 值(× 10⁶)

轴承型号	双列圆柱滚子轴承 NN3000K NNU4900BK	$\alpha = 60°$推力 角接触球轴承 234400	$\alpha = 40°$推力 角接触球轴承 BTA – B	$\alpha = 15°$ 角接触球轴承 7000CD	$\alpha = 25°$ 角接触球轴承 7000ACD
脂润滑	0.65	0.5	0.58	1.05	0.95
油气润滑	0.75	0.6	0.7	1.7	1.5

表 3.16 中的角接触球轴承的速度因子是指单个轴承轻预紧时的值。如为多联组配和不同的预紧,则应乘以表 3.17 所示的系数。

表 3.17 速度系数

组配方式	双联,同 向组配	双联, 背靠背	三联	四联	五联
轻预紧	0.90	0.80	0.70	0.65	0.60
中预紧	0.80	0.70	0.55	0.45	0.40
重预紧	0.65	0.55	0.35	0.25	0.20

从表 3.16 可以看出,推力角接触球轴承,不论其接触角是 $\alpha = 60°$或 $\alpha = 40°$,速度因子 $d_m n$ 都低于双列圆柱滚子轴承,因此同时装这两种轴承的主轴组件,转速决定于推力轴承。此外,前支承内装有两个轴承,发热也将超过单个轴承,所以,前支承为 NN3000K + 234400 时,可定 $d_m n = 0.45 \times 10^6$mm·r/min;前轴承为 NN3000K,加 $\alpha = 40°$或 $\alpha = 30°$推力角接触球轴承时,可定 $d_m n = 0.55 \times 10^6$。前轴承为 $\alpha = 25°$的三联角接触球轴承,轻预紧时,可定 $d_m n = 0.60 \times 10^6$。从这里也可以看出,后轴承用 NN3000K 是可以的。以上数据,都适用于脂润滑。

(7)主轴滚动轴承的寿命

决定轴承寿命的是疲劳点蚀和磨损降低精度。对于重载或高速主轴,其失效的原因一般是表层疲劳。一般机床轴承的寿命是因磨损而降低精度的。如 P4 级轴承用过一段时间后其跳动精度降至 P5 级时,虽然还远没达到其疲劳寿命,但仍应更换了。这种"精度寿命"现在还难以估算。

3. 超高速轴承

随着机械制造业向高精度、高速度和机电一体化方向的发展,机械系统执行轴(主轴)的转速也越来越高了。如加工中心主轴的最高转速已从 20 世纪 80 年代的 5 000 ~ 6 000

r/min,提高到目前的 20 000 ~ 40 000r/min,甚至高达 150 000r/min。这样普通钢制轴承就不能满足要求,必须使用超高速轴承。此时对主轴轴承的要求是不但在高速旋转时有较高的刚度和承载能力,而且还要求有较高的使用寿命。因为,当 $d_m n$ 值过高时,由于很大的离心力作用,球与外圈滚道间的接触压力会很大,从而降低轴承的寿命。此外,转速过高将在球上作用一个很大的陀螺力矩,使发热增加、保持架产生额外的应力。如 $\alpha = 15°$ 的角接触轴承在轻预紧,脂润滑下,$d_m n = 1 \times 10^6$ mm·r/min;在用油-气润滑时,则为 1.4×10^6 mm·r/min,而喷油润滑则更高。但后两种方案均需要专门的润滑装置。

目前,在大功率的高速主轴组件中,多采用陶瓷球轴承,动、静压液体轴承和磁力悬浮轴承;小功率的高速主轴组件一般采用小球轴承,液体动、静压轴承及气浮动、静压轴承。

(1)陶瓷球轴承

陶瓷球轴承主要有两种类型:一种是滚珠为陶瓷材料,而内、外圈仍是轴承钢的称为混合式陶瓷球轴承;另一种是滚珠及内、外圈均为陶瓷材料——全陶瓷球轴承。不论哪种类型的陶瓷球轴承,其陶瓷球的材料均为白色的氮化硅(Si_3N_4),它的密度为 3.2×10^3 kg/m³,仅是钢(7.8×10^3)的40%。若采用小直径的陶瓷球时,则还可进一步减小球的质量,提高轴承的转速。陶瓷轴承的性能主要有:

1)高速旋转性能

由于陶瓷球(柱)的密度低,所以,其离心力小,与同规格的钢轴承相比其速度可提高60%。如 SKF 公司的代号为 CE/HC 陶瓷轴承,脂润滑时 $d_m n$ 值可达 1.7×10^6 mm·r/min;油-气润滑时可达 2.5×10^6 mm·r/min。

2)高温性能

温度的变化对轴承的滚动疲劳寿命将产生较大的影响。由于氮化硅具有很高的高温性能致使其在高温工况条件下,仍具有很高的滚动疲劳强度。如轴承钢丧失硬度强度时(其极限温度为 300 ~ 400℃),氮化硅的硬度和强度依然如故。它只是在 800 ~ 1 000℃时,硬度和强度才开始降低;此外,氮化硅与钢轴承相比,温升可降低 35% ~ 60%。

3)热稳定性能

对在较高温度条件下运转的钢制轴承来说,均应进行尺寸稳定处理,以保证其在高温条件下运转的稳定性。而陶瓷轴承由于氮化硅的热膨胀系数约为钢的 1/4,所以它在高温下运转时尺寸稳定,进而使它运转性能也相对稳定。同时,由于氮化硅的导热性能较大,因而轴承的温度梯度也不很大。

4)边界润滑性能

在边界润滑工况下,钢制轴承容易因润滑不良而使摩擦磨损加剧,甚至过早失效,而陶瓷材料本身具有一定的自润滑性能,可以工作在瞬间无润滑工况下,且对润滑剂污染敏感性小。陶瓷球工作时的自旋-滚动比值,即 $\tan\varepsilon = w_B / w_R$ 小(w_B——自旋转动量,w_R——滚动比,$\tan\varepsilon$——自旋-滚动比),仅为钢球的 50%。理论及实验研究均表明,比率越小,表示接触状态越好;自旋摩擦越小,温升越低。因此,在边界润滑工况下,陶瓷轴承具有更高的使用寿命。

5)高刚度性能

陶瓷(Si_3N_4)的弹性模量是钢的 1.5 倍。在相同工况下,陶瓷轴承的刚度将远远优于钢制轴承。因此,在精密机床等要求高支承刚度的场合下,陶瓷轴承具有钢制轴承无法比拟的优越性。

6)低温性能

由于普通轴承钢在低温下具有冷脆性,故承载能力明显下降,而陶瓷轴承则能在低温下仍保持高承载能力。因此,陶瓷轴承也适合于低温工况。

7)特殊性能

由于陶瓷材料具有抗腐蚀、耐真空、抗冷焊、不导磁、绝缘性好等特性,故在此类特殊工况下陶瓷轴承所发挥的独特作用越来越引起人们的重视。

8)抗冲击性能

由于 Si_3N_4 的本身分子结构决定,陶瓷轴承的抗冲击能力低于钢轴承,故不适于冲击较大的场合使用。

综上所述,陶瓷轴承常应用在高速、高温、冲击载荷较小及各种特殊介质,如水、酸、碱及化工、医药和印染设备上。

在使用此类轴承时,其预紧力分为:轻预紧和中预紧两类,SKF 代号分别为 A 和 B。

这类轴承往往是多联的,即几个轴承成组使用。这时,前述的 $d_m n$ 值应乘以表 3.18 中的修正系数。

表 3.18　陶瓷轴承不同组合时 $d_m n$ 的修正系数

轴 承 组 合		转速降低系数	
		轻预紧	中预紧
双联,同向组合	//	0.9	0.7
双联,背靠背组合	/\	0.75	0.6
三联组合	//\	0.65	0.4
四联组合	// \\	0.55	0.3

表 3.19　陶瓷轴承的使用特性和用途

耐蚀性	耐热性	高速性	重量轻	绝缘性	非磁性	耐真空
化工	钢铁业	机床	航空航天	电机	原子反应堆	真空机械
纤维制造	化工	汽车	汽车	机床	半导体装置	其他
钢铁业	汽车	航空航天	火车	运输机械	其他	
食品工业	真空机械	电机	其他	其他		
一般工业机械	一般工业机械	一般工业机械				
电机	电机	真空机械				
机床	其他	其他				
其他						

例如陶瓷球轴承,若其内径为 80mm,特轻系列,则外径为 125mm,中径为 102.5mm。油气润滑时,单个轴承的 $d_m n$ 值为 $2.5 \times 10^6 mm \cdot r/min$,则转速可达 $2.5 \times 10^6/102.5 = 24\,000 r/min$。如为四联组合,轻预紧,则转速可达 $24\,000 \times 0.55 = 12\,000 r/min$。可见,这类轴承能达到的转速是很高的。

超高速轴承由于滚动球较小,承载能力下降了,比一般轴承额定动负荷约下降 40%

左右。但是,考虑到机床主轴负荷不大,高速主轴负荷更轻,因此不致发生问题。球小了,球数却增加了。球轴承的刚度,与球径的 1/3 次幂,球数的 2/3 次幂成正比。因此,这种轴承的刚度还有待提高。特别是陶瓷球轴承,由于陶瓷的弹性模量约为 3.14×10^5 MPa,比钢(2.08×10^5)约高 50%,故刚度将更高一些。

　　(2)主轴的滑动轴承

　　主轴的滑动轴承按其产生油膜压强的方式,可以分为动压轴承和静压轴承两类。

　　动压轴承是靠轴的转动形成油膜而具有承载能力的。承载能力与转动速度成正比。低速时,承载能力很低。因此动压轴承用于高速和转速变化不大的设备,如磨床主轴。静压轴承的油膜压强是靠液压泵建立的,与主轴的转速关系不大,故常用于低速或转速变化较大的地方。静压轴承的油膜较厚,对轴颈和轴瓦孔的圆度误差能起均化作用(图 3.29),故静压轴承还用于精度要求较高的主轴。静压轴承需要一套供油设备(液压泵,电动机、油箱等),对油

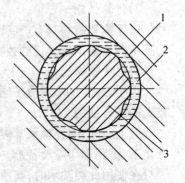

图 3.29　油膜对轴颈不圆的均化作用
1—轴瓦孔;2—油膜;3—轴颈

的洁净度要求也较高,所以能用动压轴承应尽量用动压轴承,只有动压轴承不能满足要求(如低速,转速变化大,高精度)时才用静压轴承。

　　1)液体动压轴承

　　由于主轴动压轴承对刚度和旋转精度的要求很高,所以,它具有二个特点:其一,轴颈与轴瓦之间的间隙(轴承间隙)应能调整,因为它对油膜刚度影响很大;其二,是轴承应是均布的,多油楔的,这样几个油楔可把主轴推向中央。当受外载后,某个油楔间隙减小,油压升高,其刚度也升高;而对面油楔间隙加大,油压降低,刚度也降低。这样有利于主轴回到理想旋转中心位置。

　　根据液体摩擦原理,动压轴承形成压力油膜的三个条件为:①轴颈与轴瓦之间要有楔形间隙,且进油处的间隙应大于出油处的;②主轴要有一定的转速,即轴颈与支架(轴瓦)之间要有一定的相对运动速度。转速越高,油液越易带入间隙,以形成压力油楔;③润滑油要有一定的粘度,其粘度越大,则越易被带入间隙,形成压力油膜。按上述三个条件来分析一下动压滑动轴承的工作原理。当主轴静止不动时,轴颈处于下方位置,轴颈与轴瓦表面之间形成一弯曲的楔形缝隙,见图 3.30(a)。当主轴开始转动且速度很低时,轴颈与轴瓦之间仍为点接触,但偏移到右侧,如(b)所示。随着转速增加,带入楔形缝隙的油量逐渐增多,轴颈与轴瓦之间的油膜面积也逐渐增大,当油膜的压力能支持外载荷 P 时,则轴颈便被抬起,轴承则按液体摩擦进行工作(图 c)。主轴转速进一步加快后,油膜压力也将继续增加,进而使轴颈中心接近于轴瓦孔的理想中心(图 d)。

　　多油楔动压滑动轴承的结构形式很多,它们之间的主要区别在于轴颈和轴瓦间楔形间隙的形成方法的不同,主要有:活动多油楔和固定多油楔两类。

　　如图 3.10 所示的 M1432A 型万能外圆磨床砂轮架主轴轴承,是一个由三块或五块瓦组成的活动多油楔轴承。

　　这种轴承的缺点是轴瓦靠螺钉的球形头支承,面积较小、刚度不高。综合刚度低于固定油楔轴承。且由于轴瓦背面的凹坑位置是不对称的,所以,主轴只能朝一个方向旋转,

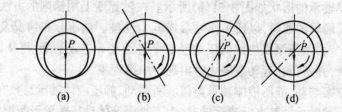

图 3.30　动压轴承的工作原理

否则不能形成压力油楔。此外,只有当轴颈的线速度达到一定值(>4m/s)时,才能形成油膜压力。它广泛地应用于各种外圆磨床、无心磨床和卧轴平面磨床。

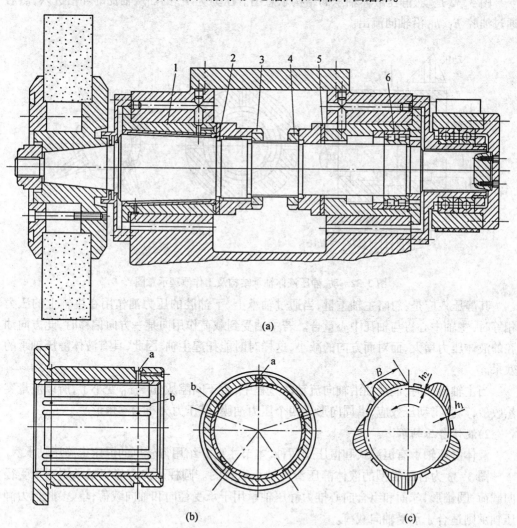

图 3.31　固定多油楔滑动轴承

图 3.31(a)是固定多油楔轴承,用于外圆磨床。轴瓦 1 为外柱(与箱体孔配合)内锥(1:20与主轴颈配合)。前后两个环 2 和 5 是滑动推力轴承。转动螺母 3 就可使主轴相对于轴瓦作轴向移动。通过锥面,调整轴承间隙。螺母 4 用以调整滑动推力轴承的轴向间隙。主轴的后支承是滚动轴承 6。

　　固定多油楔轴承的形状如图 3.31(b)所示。在轴瓦壁上用铲削的方法加工五个等分的阿基米德蜗线形状的油囊，以便工作时形成五个油楔。油压分布情况及主轴旋转方向见图 3.31(c)图。由液压泵供应的低压油经 5 个进油孔 a 进入油囊，再从回油槽 b 流出，以形成循环润滑，并避免在起动或停止时出现干摩擦现象。

　　这种设计方案与动、静压液体轴承类似。所谓动、静压液体轴承是兼有液体动压和静压轴承特点的一种轴承。其在低速运转时，为了克服液体动压轴承干摩擦的弱点，而以静压工作为主；在高速时以动压为主。这样，改善了轴承的性能，降低了供油系统的功率损失。

　　图 3.32 是动、静压液体轴承的结构示意图。压力为 P_s 的油从轴瓦的环槽进入，然后通过油腔 h_1、h_0 沿轴向流出。

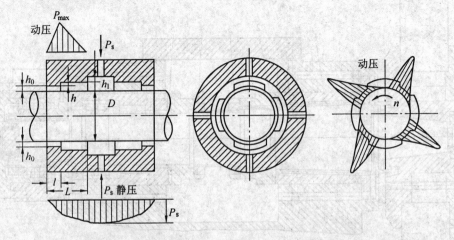

图 3.32　动、静压液体轴承结构及工作原理示意图

　　其静压效应是：忽略主轴重量，当通过轴承上、下油腔的压力油作用在主轴上的压力相等时，主轴中心将与轴瓦中心重合。若主轴受到载荷作用向某一方向偏移时，此方向油腔的液体压力增大，而对面方向的减小，这样时时能托起主轴，因此，具有液体静压轴承的效果。

　　当主轴转动时，润滑油沿轴向流动的过程中，由于间隙从 $h_1 \rightarrow h_0$ 变小了，所以流量突然收敛，产生了动压效应，沿周向形成四个压力油膜，其压力分布为三角形。

　　2)液体静压轴承

　　液体静压轴承有恒流式和恒压式两种，本节主要介绍用得较广的恒压式静压轴承。

　　图 3.33 为各种类型的液体静压滑动轴承示意图。圆柱形向心静压轴用于承受径向载荷；圆锥形、球面和组合向心推力静压轴承用于承受径向和轴向载荷；单、多腔推力静压轴承则适合于承受轴向载荷。

　　液体静压轴承的工作原理见图 3.34。它一般是由轴承、节油器和供油装置组成。图 3.35 是常用向心静压轴承轴瓦结构示意图，由油腔 1、轴向封油面 2、周向封油面 3 及回油槽 4 和进油孔 5 组成。油腔数目通常为四个，也有三个或六个的。从油泵输出的压力为 P_s 的油，经节流器 T 降压后进入各油腔，然后通过封油面后油压降低到零流回油箱。这样，由于压力油将轴颈推至中央，所以，不论其是否转动，在轴颈与轴承之间都充满润滑

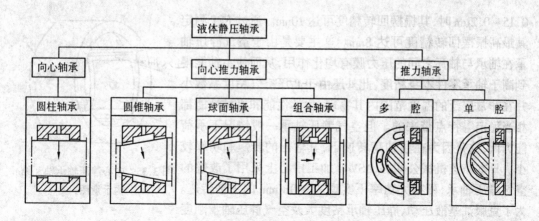

图 3.33　各种类型的静压滑动轴承示意图

油,使两摩擦面分离开,实现液体摩擦见 3.34(a)图。此时,各油腔的油封面与轴颈间的间隙均为 h_0,各油腔的油压相等并保持平衡,但必须忽略轴的自重,且轴上不受载荷作用。事实上不可能不计轴的自重,而且也时时受到外载荷作用。如轴上受一径向载荷 F 时,其将向下偏移一个 e 值,这时轴颈与轴承间的油腔 3 的周向封油面处的间隙将减小到 $h_0 - e$,油腔 1 处则增大到 $h_0 + e$。间隙小的地方阻力大,流量减少,从而使流经节流器 T_3 的压降减小。但供油压力是一定的,所以,油腔 3 内的油压 P_s 就升高。对于油腔 1,过程正好与上述相反,即油腔 1 的油压降低。这种压差的变化足可以平衡外载荷 F。设油腔内油的有效承载面积为 A,则

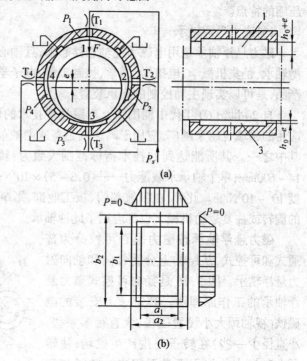

图 3.34　静压轴承原理

$$F = A(P_3 - P_1)$$

油腔内油压为均匀分布,封油面为三角形分布,每个油腔的油压分布见 3.34(b)图。有效承载面积按(b)图中点划线所包围的面积计算。

由于液体静压轴承的间隙只影响润滑油的流量,对承载能力影响较小,所以,可不必调整轴颈与轴瓦之间的间隙。

在高速及高精度领域内出现了以空气为润滑剂的空气静压轴承,其转速可达 15×10^4 r/min,振摆回转精度可达 $0.03 \sim 0.05 \mu$m,日本学者研究表明,当轴和轴套的圆度达到

0.15～0.2μm 时,其振摆回转精度可达 10nm。通过 FFT 测定
其最高振摆回转精度可达 8nm。这主要是由于空气静压轴
承在轴承与轴瓦之间的压力膜有均化作用,从而使主轴能得
到高于轴承零件本身精度,此外还由于高压空气粘度系数小
并在非常广泛的温度范围内其物理、化学性能和机械性能都
相当稳定等特点带来的。但空气静压轴承一般情况下承荷
能力低,这是因为在主轴高转速下,其输出的转矩和功率较
小。日本东芝机械公司在 ASV40 加工中心上采用了改进的
空气静压轴承,可在大功率下实现30 000r/min 的主轴转速。

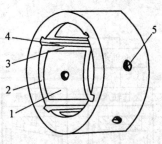

图 3.35　向心静压轴承轴瓦结
　　　　　构示意图

为了克服油基液压动、静压轴承粘度大及空气静压轴承刚度
和承载能力低的缺点,国外正在研究水基动、静压轴承。这主要是利用水的粘度小且不可
压缩的特点。

　　(3)磁力悬浮轴承

　　磁力悬浮轴承是用电磁力使轴悬浮起来,且轴心位置可以由控制系统控制的一种新
型轴承,是集机械学、电磁学、力学、控制工程、电子学及计算机科学于一体的机电一体化
产品,是可以实现主动控制的支承装置。

　　自 20 世纪 60 年代中期国际上对磁悬浮技术的研究进入一个全新时期开始,磁悬浮
应用的领域也越来越广,应用于高速或超高速主轴单元的磁悬浮轴承的研究和应用只是
其中之一。其所能达到的技术指标范围大致为:转速——(0～8)×10^5r/min;直径——
14～600mm;单个轴承承载能力——(0.3～5)×10^4N;使用温度范围—— －253～450℃;刚
度 10^5～10^8N/m。此外,在宇航部门、核工业部、军事部门及基础工业部门的数百种不同
的旋转或往复运动机械上也都应用了此种轴承。

　　磁力悬浮轴承按磁力是否可控分为普
通式和可控式,从结构上分为径向和轴向磁
力悬浮轴承。图 3.36 是径向可控式磁力悬
浮轴承的工作原理图。其定子上安装的电
磁铁(视轴颈大小设置磁极,大直径多一些,
小直径少一些)在转子周围产生磁场,使转
子在磁场力的作用下悬浮起来。转子与定
子之间无任何接触。由轴心位移传感器测
量轴颈的位移,其检测信号与决定转子规定
位置的参考信号相比较,得出的偏差信号则

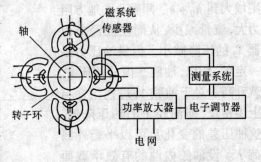

图 3.36　径向可控式磁力悬浮轴承工作原理图

正比于转子瞬时位置与其规定位置之差。偏差信号经放大和调节器处理后,再由功率放
大器控制电磁铁电流,从而达到控制磁场力和转子轴位置的目的。

　　从上图中看到,磁力悬浮轴承的间隙是可以实现主动控制的,因此,此类轴承具有传
统轴承所无法比拟的许多优越性能,主要表现在:

　　①高转速　由于它转子的周围速度只受到其材料强度的限制,所以可在每分钟数 10
万转的工况下运行。如在相同的轴颈时,它的转速比滚动轴承高约 5 倍,比滑动轴承高约
2.5 倍。

②动力学参数(刚度、阻尼等)可调 上述各类参数可通过调节控制器调节,因此,其回转精度可达到微米级或更高级,刚度也可以根据实际要求进行设计。

③功耗小 在转速为 10 000r/min 时,磁力悬浮轴承的功耗大约只有流体动压滑动轴承的 6%,滚动轴承的 17%。

④维护成本低、寿命长 由于磁力悬浮轴承是靠磁场力来悬浮轴颈的,因此相对运动表面之间没有接触,不存在摩擦、磨损和接触疲劳产生的寿命问题,其寿命和可靠性均远高于传统轴承,且不存在润滑问题。这样在应用真空技术、超净无菌室、腐蚀性或非常纯净的介质的场合下有无可比拟的优势。

目前,国外的磁力悬浮轴承已进入工业应用阶段。我国基本处于实验室研究阶段,研制的样机存在着各种各样的问题,还有待于提高。

(四)执行轴(主轴)组件的计算

从主轴承受切削载荷的角度分析,其承载能力和刚度是主轴工作性能的两项重要指标。与此有关联的结构参数有:主轴平均直径或前端轴颈直径、内孔直径、悬伸量及前后支承跨距。应合理地确定这些参数,以减小主轴前端部的位移,保证主轴组件的刚度。

主轴组件的设计和计算步骤大致如下:

第一步:根据已有的统计资料,初选主轴直径;

第二步:选择主轴的跨距;

第三步:参考所选的初步数据进行结构设计,然后,再根据构造上的要求,对上述数据进行修正;

第四步:验算刚度是否满足要求;

第五步:根据验算结果,进行必要的修改。

1. 主轴直径的初选

在设计初期,由于主轴的具体结构尚未确定,所以只能根据现有的资料初步确定主轴直径。一般情况下是按照传递功率来确定的,不同机械系统其主轴结构都有各自的特点,如机床系列中的车、铣、镗铣加工中心等机床由于装配的需要,主轴直径常是从前向后逐段减少的。车、铣主轴后轴颈的直径 $d_2 = (0.7 \sim 0.9)d_1$,d_1 为前轴颈尺寸,见表 3.20。磨床主轴常为前、后轴相等,中段较粗。

表 3.20 主轴前轴颈的直径   mm

主电动机功率(kW)	5.5	7.5	11	15
卧式车床	60 ~ 90	75 ~ 110	90 ~ 120	100 ~ 160
升降台铣床	60 ~ 90	75 ~ 100	90 ~ 110	100 ~ 120
外圆磨床	55 ~ 70	70 ~ 80	75 ~ 90	75 ~ 100

2. 主轴悬伸量的确定

主轴的悬伸量,见图 3.37(a),是指主轴前端面到前支承径向支反力作用点之间的距

离 a。缩短悬伸量对提高主轴组件的刚度和抗振性有明显的效果。有数据表明,当主轴前端受到 $P = 10\,000\text{N}$ 的外力时,其前端位移 $y = 20\mu\text{m}$;而当悬伸量减小一半,$P = 10\,000\text{N}$ 不变时,前端位移量则减至 $6.5\mu\text{m}$。它们的刚度分别为

$$K_1 = \frac{P}{y_1} = \frac{10\,000}{20} = 500(\text{N}/\mu\text{m})$$

$$K_2 = \frac{P}{y_2} = \frac{10\,000}{6.5} = 1\,540(\text{N}/\mu\text{m})$$

此例说明,主轴悬伸量减小一半,刚度则提高三倍。因此,在选择主轴端部结构以及考虑卡盘或刀具的安装、轴承的类型及密封结构时,均应尽可能减小主轴的悬伸量。

不同类型机床的悬伸量数值初选可参考表 3.21。

表 3.21　主轴悬伸量与前轴颈直径之比

机 床 和 主 轴 的 类 型	a/D_1
通用和精密车床,自动车床和短主轴端铣床,用滚动轴承支承,适用于高精度和普通精度要求	$0.6 \sim 1.5$
中等长度和较长主轴端的车床和铣床,悬伸不太长(不是细长)的精密镗床和内圆磨床,用滚动轴承和滑动轴承支承,适用于绝大部分普通生产的要求	$1.25 \sim 2.5$
孔加工机床,专用加工细长深孔的机床,由加工技术决定,需要有长的悬伸刀杆或主轴可移动,因切削较重而不适用于有高精度要求的机床	> 2.5

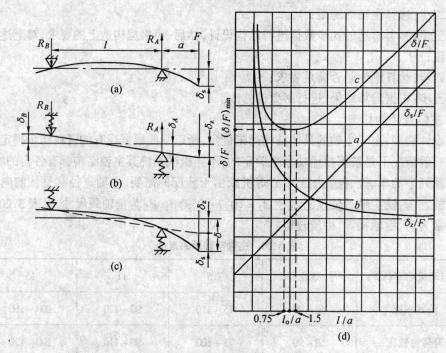

图 3.37　主轴最佳跨距计算简图

3.主轴最佳跨距的选择

主轴支承间跨距 l 对主轴组件的刚度有相当大的影响。对于两支承,l 是指主轴两个支承的支承反力作用点之间的距离;对于三支承,l 是指主轴两个主要支承反力作用点之间的距离。

当主轴前端受力后,主轴本身及其支承(轴承和轴承座)都要产生变形,因而引起主轴前端部产生位移,见图3.37(a)、(b)主轴计算简图。其总位移应由上述两部分组成,见图3.37(c),即

$$\delta = \delta_s + \delta_z \tag{3.14}$$

式中,δ_s是假设轴承为刚性支承,主轴为弹性体时,主轴在前端受F力后的位移,见图3.37(a);δ_z是假设主轴是刚体,支承为弹性体时,主轴在受F力后其前端产生的位移,见图3.37(b)。

根据材料力学中外伸梁的挠度公式,则

$$\delta_s = \frac{Fa^3}{3EI}\left(\frac{l}{a}+1\right) \qquad \frac{\delta_s}{F} = \frac{a^3}{3EI}\left(\frac{l}{a}+1\right)$$

式中　　E——主轴材料的弹性模量;

　　　　I——主轴截面的平均惯性矩(mm^4);空心轴$I=\frac{\pi}{64}(D^4-d^4)$,实心轴$I=\frac{\pi D^4}{64}$,$D$为主轴平均直径($mm$),$d$为主轴内孔直径($mm$);

　　　　F——主轴前端所受的力(N);

　　　　a——悬伸量(mm);

　　　　l——主轴两支承间跨距(mm)。

柔度δ_s/F对跨距与悬伸量之比l/a的图形见图3.37(d)中的a线。

如果前、后支承的支反力为R_A、R_B,刚度为K_A、K_B时,则前、后支承的变形分别为

$$\delta_A = \frac{R_A}{K_A} \qquad \delta_B = \frac{R_B}{K_B}$$

由几何关系可求出:$\delta_z = \delta_A\left(1+\frac{a}{l}\right)+\delta_B\frac{a}{l}$

又因为　　$R_A = F\left(1+\frac{a}{l}\right)$,　$R_B = F\frac{a}{l}$

所以　　$\delta_z = \frac{F}{K_A}\left[\left(1+\frac{K_A}{K_B}\right)\frac{a^2}{l^2}+\frac{2a}{l}+1\right]$

δ_z/F与l/a的关系如图3.37(d)中的曲线b。

主轴端部的总挠度为

$$\delta = \delta_s + \delta_z = \frac{Fa^3}{3EI}\left(\frac{l}{a}+1\right)+\frac{F}{K_A}\left[\left(1+\frac{K_A}{K_B}\right)\frac{a^2}{l^2}+\frac{2a}{l}+1\right]$$

δ/F与l/a的关系见图3.37(d)图中的c曲线,由于曲线是双曲线,因此,在柔度δ/F最小时即主轴组件的综合刚度最大处,存在一个最佳的l_0/a值。如果a已确定,则存在一个最佳跨距l_0。

l_0的获取有两种途径:其一是经验数据;其二是用计算方法获得,即令挠度最小时,求得l_0。

用经验数据时,一般取$l_0=(3\sim5)a$,对悬伸量较大的机床则取$l_0=(1\sim2)a$。根据计算所得的l_0值,常因结构上的原因不能实现,如果$l_实\neq l_0$,则主轴组件的综合刚度达不到最大值,两者之差称为刚度损失。从图3.37(d)上可看到,在l_0/a的最佳值附近,柔度变化不大,较平坦,当$0.75\leqslant l_实/l_0\leqslant1.5$时,主轴组件的刚度损失不超过5%～7%,在工

程上认为是合理的刚度损失,故在该范围内的跨距称为"合理跨距"$l_合$,即 $l_合 = (0.75 \sim 1.5)l_0$。设计时首先应争取符合最佳跨距,如果结构上不允许,且当 $l_实 > l_0$ 时,则应加强主轴刚度,反之,当 $l_实 < l_0$ 时,则应加强支承刚度,使其处在 $l_合$ 范围内。

计算方法,可根据最小挠度条件:$\dfrac{\mathrm{d}\delta}{\mathrm{d}l} = 0$ 时,l 为最佳跨距 l_0,得

$$\frac{Fa^3}{3EI} \cdot \frac{1}{a} + \frac{F}{K_A}\left[\left(1 + \frac{K_A}{K_B}\right)\left(-\frac{2a^2}{l_0^3}\right) - \frac{2a}{l_0^2}\right] = 0$$

整理后得

$$l_0^3 - \frac{6EI}{K_A a}l_0 - \frac{6EI}{K_A}\left(1 + \frac{K_A}{K_B}\right) = 0 \tag{3.15}$$

这是一个缺二次项的三次代数方程式,一般可利用卡丹公式(Cardano formula)求解。解得的解分为两种情况:其一是存在一个正实根和一对共轭复根;其二是存在一个正实根和二个负根。很显然,只存在唯一的正实根将是所求之解,这个唯一的正实根若用上述各符号表示,则最佳跨距 l_0 的表达式显得比较复杂,为此,可引入一个无量纲参数 η。

$$\eta = \frac{EI}{K_A a^3} \tag{3.16}$$

代入式 3.15,可解出

$$\eta = \left(\frac{l_0}{a}\right)^3 \frac{1}{6\left(\dfrac{l_0}{a} + \dfrac{K_A}{K_B} + 1\right)} \tag{3.17}$$

对式 3.17 的解法称为无量纲参数法,其解法又有两种:一是目前机床教材及手册中广泛采用的图解方法 —— 计算线图法;二是代数表达式方法。本节重点介绍计算线图法。

前面提到 η 是一个无量纲量,它表示抗弯刚度 EI 和主轴前支承刚度 K_A 及悬伸量 a 的三次方的比,是 l_0/a 和 K_A/K_B 的函数,故可用 K_A/K_B 为参变量,l_0/a 为变量,作出 η 的计算图,如 3.38 图所示。

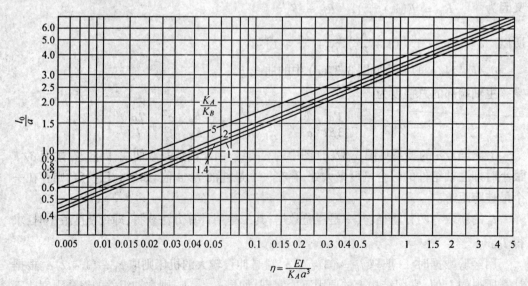

图 3.38　主轴合理跨距计算线图

此计算线图的使用方法是,先计算出变量 η,且在横坐标轴上找到 η 值的位置,然后

从这一点出发作一个与水平轴垂直的直线与相应的 K_A/K_B 斜线相交。再从交点作水平线与纵坐标轴相交得 l_0/a，由于 a 为已知，因此便可得到最佳跨距 l_0 了。

【例 3.12】　有一 $\phi400mm$ 车床，电动机功率为 7.5kW，主轴孔径为 48mm，前后轴承都选 NN3000K 系列双列圆柱滚子轴承。主轴计算转速为 50r/min，选择轴颈直径、轴承型号和最佳跨距。

〔解〕

第一步：根据表 3.20，前轴颈应为 75～110mm。初步选定 $d_1 = 100mm$。后轴颈 $d_2 = (0.7～0.9)d_1$，取 $d_2 = 80mm$。根据设计方案，选前轴承为 NN3020K 型，后轴承为 NN3016K 型。根据结构，定悬伸长度 $a = 120mm$。

第二步：求轴承刚度。主轴最大输出转矩（未考虑机械效率）

$$T = 9\,550\,\frac{P}{n} = 9\,550 \times \frac{7.5}{50} N \cdot m = 1\,432.5 N \cdot m$$

床身上最常用的最大加工直径即经济加工直径约为最大回转直径的 50%，这里取 60% 即 240mm，故半径为 0.12m。

切削力（沿 y 轴）　　　　　$F_c = \dfrac{1\,432.5}{0.12} N = 11\,938N$

背向力（沿 x 轴）　　　　　$F_p = 0.5F_c = 5\,939N$

故总作用力　　　　　$F = \sqrt{F_c^2 + F_p^2} = 13\,347N$。

此力作用于顶在顶尖间的工件上，主轴和尾架各承受一半，故主轴端受力为 $F/2 \approx 6\,670$ N。

在估算时，先假设初值 $l/a = 3$，$l = 3 \times 120mm = 360mm$。前后支承的支反力 R_A 和 R_B 分别为

$$R_A = \frac{F}{2} \cdot \frac{l + a}{l} = 6\,670 \times \frac{360 + 120}{360} N \approx 8\,890N$$

$$R_B = \frac{F}{2} \cdot \frac{a}{l} = 6\,670 \times \frac{120}{360} N \approx 2\,220N$$

根据式(3.7)可求出前、后轴承的刚度

$$K_A = 2\,116N/\mu m; \quad K_B = 1\,488N/\mu m$$

第三步：求最佳跨距

$$\frac{K_A}{K_B} = \frac{2\,116}{1\,488} = 1.42$$

初步计算时，可假定主轴的当量外径 d_e（与实际主轴具有相同抗弯刚度的等直径轴的直径）为前、后轴承颈的平均值，$d_e = (100 + 80)/2 = 90mm$，故惯性矩为

$$I = 0.05 \times (0.09^4 - 0.048^4) = 301.5 \times 10^{-8} m^4$$

$$\eta = \frac{EI}{K_A a^3} = \frac{2.1 \times 10^{11} \times 301.5 \times 10^{-8}}{2116 \times 0.12^3 \times 10^6} = 0.17$$

式中取　　　　　$E = 2.1 \times 10^{11} N/m^2$

查线图 $l_0/a \approx 1.8$。计算出的 l_0/a 与原假定不符。可根据 $l_0/a = 2$ 再计算支反力和支承刚度，再求最佳跨距。这时算出的 $K_A = 2140N/\mu m$，$K_B = 1550N/\mu m$，$K_A/K_B = 1.38$，$\eta \approx 0.17$，l_0/a 仍接近于 1.8。可以看出，这是一个迭代过程，l_0/a 很快收敛于正确值。最佳跨距 $l_0 \geqslant 120 \times 1.8mm = 216mm$。

前述计算主轴组件参数时未考虑传动力。这当然与实际使用情况有所出入。但是，

只要计算条件是统一的,都按轴端受一集中载荷计算,在同一条件下对比,则计算结果仍能用以评判主轴组件。

4. 执行轴(主轴)组件的验算

一般机床主轴的验算内容通常为刚度,因为只要能满足刚度要求,其强度也必然能满足。对粗加工重载荷的主轴应验算强度。此外,对某些高速主轴组件有时还需进行临界转速的验算,以防止发生共振。

对于弯曲变形为主的主轴,弯曲刚度验算的内容有两方面:一方面要验算主轴轴端的刚度,以确定是否满足加工精度要求;另一方面要验算前轴承处的倾角 θ_A,以确定是否能保证轴承正常工作。此外,对粗加工机床的主轴,还应验算传动齿轮处的倾角,以确定能否保证齿轮传动的正常工作。本节只着重讲解弯曲变形为主的主轴组件的刚度验算,对于其他各种验算公式,机床设计手册均有详细说明,这里不再介绍。

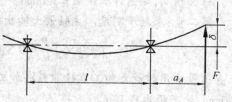

图 3.39 弯曲变形主轴刚度计算简图

图 3.39 是弯曲变形主轴的刚度计算简图。从图中看到当主轴前端作用一 F 外载荷后,则其挠度为

$$\delta = \frac{F \times a_A^2(l + a_A)}{3 \times E \times I}$$

式中　　I—— 主轴支承之间的当量惯性矩(mm^4),$I = 0.05(d_e^4 - d_i^4)$;

　　　　d_e、d_i—— 主轴支承之间的当量外径和孔径(mm),d_e 可近似地按下式估算:

$$d_e = \sqrt[4]{\sum_{i=1}^n \frac{d_{ei}^4 \times l_i}{l}} \tag{3.18}$$

　　　　d_{ei}、l_i——阶梯轴各段的外径和长度(mm);

　　　　E——弹性模量(N/mm^2),钢的 $E = 2 \times 10^5$;

　　　　F——外载荷(N);

　　　　a_A——前端悬伸量(mm),等于载荷作用点至前支承点间的距离。

　　　　l——跨距(mm),等于前、后支承的支反力作用点间的距离。

将 E、I 之值代入上式,则钢制主轴的弯曲刚度为

$$K_s = \frac{F}{\delta} = \frac{30 \times (d_e^4 - d_i^4)}{a_A^2 \times (l + a_A)}(\text{N}/\mu\text{m}) \tag{3.19}$$

如 $d_i \leqslant 0.5 d_e$,则

$$K_s \doteq \frac{30 \times d_e^4}{a_A^2(l + a_A)}(\text{N}/\mu\text{m}) \tag{3.20}$$

上式说明,主轴的刚度与其外径的四次方成正比,而与主轴前端的悬伸量的三次方成反比,故加大主轴直径,减小其悬伸量对提高主轴的刚度有明显的效果。

对于主轴前端悬伸量 a 的计算要根据所使用轴承的情况来定。一般情况下,把主轴看作简支梁对待。当轴承为深沟球轴承、单列或双列圆柱滚子轴承时,则可简化为支承点在

轴承中部,见图3.40(a)、(b);如轴承为圆锥滚子轴承或角接触轴承,则支点在接触线与轴心线的交点处如(c)、(d) 图所示。若支承为三联角接触球轴承,则支承点可简化为在第二

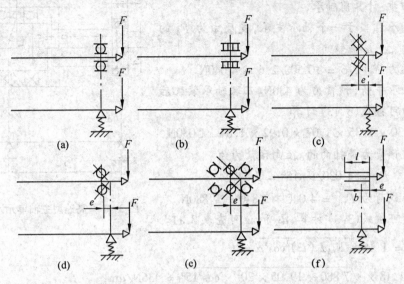

图 3.40 轴承的支承简化

个轴承的接触线与主轴轴线的交点处,见(e) 图,该处与第二个轴承的中部距离 $e = \dfrac{d_m}{2} \times \tan\alpha$(mm),其中 d_m 为中径,α 为接触角。相当于 2.6 个轴承支承主轴,即轴承刚度等于一个轴承的 2.6 倍,亦即计算轴承刚度时,可将支反力除以 2.6,作为单个轴承的载荷,并按单个轴承计算其变形或刚度。当轴承采用滑动轴承且轴承的长度 l 大于其孔径 d 时,则可将支承点看在 b 处,其离轴承端的距离为 e,$0.5d \geq e \geq (0.25 \sim 0.35)l$;若 $l/d < 1$,则 $e = l/2$。

【例3.13】 有一高速型主轴单元,简图如图3.41所示。前轴承为三联角接触球轴承,$\alpha = 15°$,轻预紧,型号为7024CTBTA。后轴承为 NN3020K,零间隙。主轴前端作用的载荷为 $F = 8\,700$N。求主轴单元的径向刚度。

解:

第一步:确定支点位置。前支点为第二个轴承的接触线与中心线的交点,故

$$a = 73 + 28 + 14 - \frac{120 + 180}{4}\tan 15° \approx 95\text{mm}$$

$$l = 460 + \frac{37}{2} - (28 + 14) + \frac{120 + 180}{2}\tan 15° \approx 456\text{mm}$$

第二步:计算支反力

$$F_A = F\frac{l + a}{l} = 8\,700 \times \frac{456 + 95}{456} \approx 10\,500\text{N}$$

$$F_B = F_A - F = 1\,800\text{N}$$

第三步:计算主轴挠度

$$d = \frac{120 + 100}{2} = 110\text{mm}$$

$$\delta_s = \frac{8\,700 \times 456 \times 95^2}{30 \times (110^4 - 72^4)} = 9.98\mu m$$

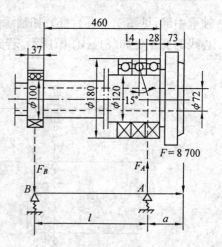

第四步:计算前轴承

前轴承相当于一个轴承支承,支反力为 F_A 的 $1/2.6$。

支反力 $F_A/2.6 = 10\,500/2.6 \approx 4\,040N$

查轴承手册,预紧力为430N。三联轴承装配后的预紧力可按式(3.13)计算

$$F_p = 430 \times 1.35 \times 1.07 \times 0.92 \times 1.8 \approx 1\,030N$$

上述预紧力是轴向的。径向预紧力为

$$F_{rp} = 1\,030/\tan 15° = 3\,840N$$

故轴承总载荷为 $F_{rA} = 4\,040 + 3\,840 = 7\,880N$。

图3.41　高速型主轴单元计算模型

刚度可按式(3.3)计算,d_b 和 iz 可查表3.11。

$$K_{rA} = 1.18\sqrt[3]{F_{rA}d_b(iz)^2\cos^5\alpha} =$$

$$1.18 \times \sqrt[3]{7\,880 \times 19.05 \times 20^2 \times \cos^5 15°} = 436N/\mu m$$

前轴承变形　$\delta_A = \dfrac{4\,040}{436} = 9.27\mu m$

折算到前端　$\delta_{A1} = 9.27 \times \dfrac{456 + 95}{456} = 11.2\mu m$

第五步:计算后轴承

后轴承的变形可按式(3.5)计算,并查表3.11。

后轴承变形 $\delta_B = \dfrac{0.077 \times \left(\dfrac{1\,800 \times 5}{2 \times 30}\right)^{0.9}}{10^{0.8}} = 1.1\mu m$

折算到前端　$\delta_{B1} = 1.1 \times \dfrac{95}{456} = 0.23\mu m$

第六步:计算主轴单元的径向刚度

$$K = \frac{F}{\delta_\Sigma} = \frac{F}{\delta_s + \delta_{A1} + \delta_{B1}} = \frac{8\,700}{9.98 + 11.2 + 0.23} = 406N/\mu m$$

实物测试的结果,$K = 528N/\mu m$。SKF公司的样本中,同类型同尺寸的主轴单元的 $K = 400N/\mu m$。

计算结果与国外数据相当接近,但低于测试结果。原因是计算时假设外力 F 作用于主轴端点,测试时,实际作用于主轴前法兰。这时,$a = 64mm$。其余数据不变。这样算出的径向刚度为591N/μm,与实测数据很接近。

【例3.14】　验算最大加工直径为$\phi200mm$的多刀半自动车床主轴的刚度。主轴见图3.42(a)(b),计算图见图3.42(c)。

解:

第一步:计算跨距,后支承是圆锥滚子轴承

$$l = 469 + e = (469 + 59\tan 13°)mm = 482.6mm \approx 0.483m$$

第二步:计算当量外径

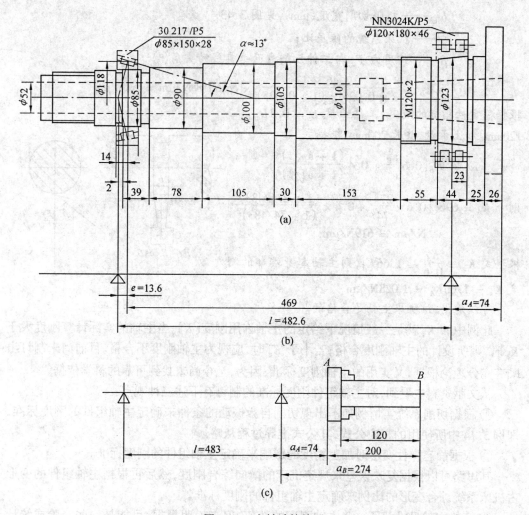

图 3.42　主轴计算简图

$$d_e = \left(\frac{85^4 \times 41 + 90^4 \times 78 + 100^4 \times 105 + 105^4 \times 30 + 110^4 \times 153 + 120^4 \times 55 + 123^4 \times 21}{483} \right)^{1/4} =$$

$106\text{mm} = 0.106\text{m}$

第三步：计算主轴刚度

由于 $d_i / d_e = 52/106 = 0.49 < 0.5$，故根据式（3.20）有

$$K_s = \frac{3 \times 10^4 \times 0.106^4}{0.074^2 \times (0.483 + 0.074)} \text{N}/\mu\text{m} \approx 1\,240\text{N}/\mu\text{m}$$

第四步：确定这种机床的刚度要求。由于这种机床属高效通用机床，主轴的刚度可根据自激振动稳定性决定。取阻尼比 $\xi = 0.025$；当 $v = 50\text{m/min}, s = 0.1\text{mm/r}$ 时，$K_{cb} = 2.46\text{N}/(\mu\text{m} \cdot \text{mm})$，$\beta = 68.8°$。这种机床要求切削稳定性良好，取

$$b_{\lim} = 0.02 d_{\max} = 0.02 \times 200\text{mm} = 4\text{mm}$$

代入式　　　　$K_x = \dfrac{K_{cb} \times b_{\lim}}{2\xi(1 + \xi)} \times \cos\beta$

式中　　K_{cb}——切削系数（N/(μm·mm)）；

$b_{\lim}$—— 极限切削宽度(mm),见图 3.43；

ξ—— 机床系统的阻尼比；

β—— 作用力 F_a 与工件切削表面垂直线的夹角($°$)。

有　　　$K_B = \dfrac{2.46 \times 4}{2 \times 0.025 \times (1 + 0.025)} \times \cos 68.8° \text{N}/\mu\text{m} = 69\text{N}/\mu\text{m}$

根据稳定性指标的规定,工件长度 $L = 0.3D_{\max} =$
120mm。加上卡盘,共长 200mm。根据式

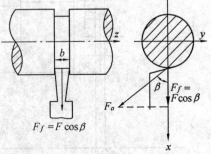

$$K_A = K_B\left[0.6\,\frac{a_B^2}{a_A^2} + 0.4\,\frac{(1 + a_B/l)^2}{(1 + a_A/l)^2}\right]$$

则　　$K_A = 69 \times \left[0.6 \times \dfrac{274^2}{74^2} + 0.4 \times \dfrac{(1 + 274/483)^2}{(1 + 74/483)^2}\right]$
　　　　　　$\text{N}/\mu\text{m} = 619\text{N}/\mu\text{m}$

根据式 $K_s = \dfrac{K_A}{0.6} \approx 1.66K_A$,则主轴本身端部的刚
度 $K_s = 1.66K_A = 1\,028\text{N}/\mu\text{m}$

图 3.43

可以看出,该机床主轴是合格的。

此例中的 K_s 就是一般情况下给定的主轴许用刚度〔K〕。当主轴的实际计算刚度大于
K_s 时,则所设计的主轴刚度合格;若小于 K_s 时,应视为主轴刚度不合格。目前尚未制订出
既有充分理论根据,又实用的主轴刚度标准,因为,至今尚未找到可靠的科学依据。

从文献资料中看到,对主轴组件刚度标准的制订有下述三种观点:

① 根据切削系统实情例如不出现切削自激振动的条件来确定主轴组件的刚度标准,
即例 3.14 中所使用的相应公式,其公式推导过程从略。

② 根据静态弹性变形对加工精度的影响来确定主轴组件的刚度标准。

其思路可以根据复映误差来规定机床的横向综合刚度,然后再根据主轴组件的变形
占机床系统综合变形的比例来确定主轴组件的刚度标准。

③ 有的文献只推荐了一些主轴刚度的数值,但未说明根据,可能是一些经验或统计
数据。

以上三种制定刚度标准的方法中,对第一种的认可多一些,理论性强一些。但研究和
制订主轴组件刚度标准的课题,仍是重大的科学研究项目。

二、导轨设计

(一) 导轨的功用、分类及设计要求

1. 导轨的功用

导轨的功用是导向和承载,即保证运动部件在外力作用下,能沿着规定的运动轨迹运
动。如作直线运动的执行件(工作台或刀架等)由直线导轨来承载和导向;作圆运动的执
行件(立式车床的工作台)由圆导轨来承载和导向。在导轨副中,运动的导轨称作动导轨,
不动的则称为支承导轨。

2. 导轨的分类

导轨可按不同情况分类:按导轨的运动轨迹分有直线运动导轨和圆周运动导轨;按导

轨工作时的摩擦性质可分为滑动导轨和滚动导轨;滑动导轨中又有普通滑动导轨、液体动压导轨、液体静压导轨和卸荷导轨等;滚动导轨按滚动体的不同又分为滚珠导轨、滚柱导轨和滚针导轨等;按导轨的受力情况可分为开式导轨和闭式导轨。图3.44(a)为开式导轨,其特点是导轨在部件自重和外载作用下,导轨面 c 和 d 在导轨全长上始终贴合着;(b)图为闭式导轨。当动导轨受到较大的倾覆力矩 M 时,其自重不能使导轨面 e 和 f 始终贴合,所以,必须增加压板1和2,以形成辅助导轨面 g 和 h。

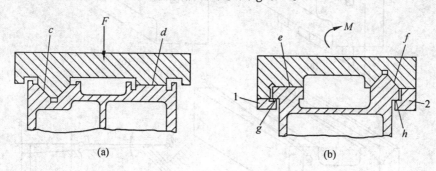

图3.44 开式、闭式导轨

3. 导轨的基本要求

(1) 导向精度及精度保持性

导向精度是指动导轨沿支承导轨运动的准确度,即直线运动导轨的直线性、圆周运动导轨的真圆性和导轨与其他运动件之间相互位置的准确性。导轨应具有足够高的导向精度,且需要在长期工作后仍保持原有的很高的导向精度 —— 精度保持性。

影响导轨导向精度的主要因素是导轨的几何精度和接触精度。

对直线运动导轨而言,其几何精度一般有导轨在垂直平面内的直线度,简称 A 项精度,如图3.45(a)所示;导轨在水平平面内的直线度,简称 B 项精度,见(b)图;两导轨面间的平行度 —— 扭曲,简称 C 项精度,如(c)图。对于 A、B 两项精度,机床精度检验标准中均规定了在每米长度上的直线度和导轨全长上的直线度误差允许值。对于 C 项精度也规定了导轨在每米长度上和导轨全长上,两导轨面间在横向每米长度上的扭曲值 δ。

圆周运动导轨的几何精度检验内容与主轴回转精度检验内容类似,用动导轨回转时的径向跳动和端面跳动来表示。

接触精度通常可用着色法进行检查。按 JB2278 规定的用接触面所占的百分比或 $25 \times 25 mm^2$ 面积内的接触点数衡量。

此外,影响导向精度的因素还有其结构型式、导轨及其支承件的刚度和热变形等;动、静压导轨还包括油膜的刚度等。

动导轨的长期运行会引起导轨副不均匀的磨损,从而影响其精度保持性,破坏导轨的导向精度。常见的磨损形式主要是:磨料的硬粒磨损、粘着磨损或咬焊磨损和接触疲劳。

影响导轨精度保持性的因素一般是:导轨的摩擦性质、材料、热处理、加工的工艺方法、受力情况及润滑和防护。

(2) 刚度

刚度表示导轨受载后抵抗变形的能力。导轨变形主要是由导轨自身变形(接触变形、扭转、弯曲变形)和导轨支承件变形引起导轨变形组成的。其大小一般是受导轨的型式、

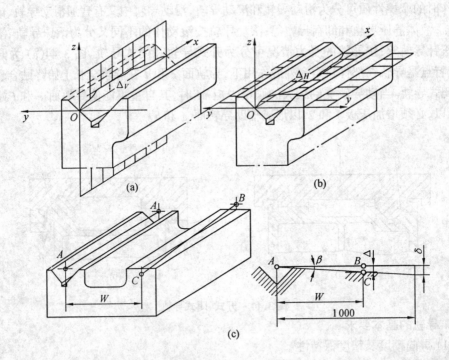

图 3.45　　直线运动导轨的几何精度

尺寸、受力情况、与支承件的连接方式等因素影响。导轨变形后会直接影响各部件之间的相对位置及其导向精度。

(3) 高灵敏度

当动导轨作低速运动或微量位移(以 μm 为单位) 时,应保证其运动的灵敏性及低速运动的平稳性,即不出现爬行现象,使动导轨的运动准确到位。影响导轨灵敏度及运动平稳性的因素主要是:导轨的结构及材料、动与静摩擦系数的差值、润滑及与动导轨相连的传动链的刚度等。至于对低速运动平稳性即爬行现象及机理的认识,到目前为止还尚未完全一致。但此现象对微进给及超精加工的影响却相当严重。有关这方面的研究内容请查找相应资料。

4. 导轨的设计内容

导轨的设计主要有下列内容:根据工作情况选择合适的导轨类型;根据导向精度要求及制造工艺性,选择导轨的截面形状;选择合适的导轨材料、热处理及精加工方法;确定导轨的结构尺寸,进行压强和压强分布等的验算;设计导轨磨损后的补偿及间隙调整装置;设计良好的防护装置及润滑系统。

(二) 普通滑动导轨的结构及材料

1. 滑动导轨的截面形状与组合

直线运动的滑动导轨截面形状主要有:矩形、三角形、燕尾形及圆柱形,见图 3.46。每一种又分为凸、凹两种,且每种形状导轨之间可相互结合。凸导轨不易积存润滑油,当然也不易积存较大的切屑和脏物,因此,多用于移动速度较低且不易防护的部件处;凹形导轨则与其相反,故凹形导轨多用在移动速度较高的部件上,但必须有防屑保护装置。

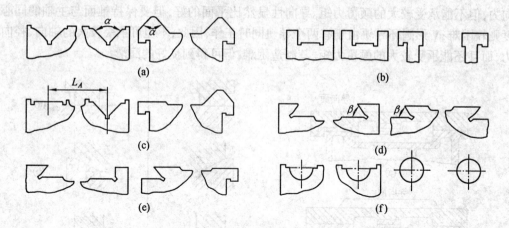

图 3.46 直线运动滑动导轨的形状和组合

三角形导轨中,当支承导轨为凸形时称为山形导轨,而支承导轨为凹形时,则称为V形导轨,见 3.46(a) 图。三角形导轨由于依靠其两个侧面导向,因此,磨损后可自动补偿,所以,它的导向性及精度保持性都高。导向精度随其顶角 α 的增加而降低;承载面积则随顶角 α 的增加而增加。α 通常取90°;在受力较大的机械系统中,$\alpha = 110° \sim 120°$;对于精度较高的机械系统则 $\alpha < 90°$。三角形导轨的加工、检验与维修均比较困难,尤其使用双三角形导轨时更难,其当量摩擦系数高。

矩形导轨的刚度及承载能力均大,当量摩擦系数比三角形导轨低。制造、调整、检验、维修都方便,但侧面磨损后不能自动补偿,因此,必须有间隙调整装置。

燕尾形导轨的夹角 β 一般为 55°,高度尺寸较小。可以承受颠覆力矩。可用一根镶条对水平及垂直方向的间隙进行调整。此导轨刚性较差,摩擦力较大,制造、检验、维修都较复杂。一般多用于层次多、受力小且间隙调整方便的移动部件上。

圆柱导轨制造简单,内孔、外圆可分别通过珩磨和磨削而达到精密配合。但工作一段时间后磨损,不易补偿,间隙也不易调整。适合于移动件只受轴向力的场合。

不同截面形状的导轨相互组合后应是相互间取长补短,如三角形与矩形导轨组合后,使得移动导轨不但导向性好、刚度高,且制造也相对方便了。燕尾形和矩形导轨组合后,既调整方便,且又能承受较大的力矩。

当与动导轨相联接的移动部件的宽度大于 3 000mm 时,则可使用 3 条或更多条的导轨。

此外,当组合导轨由一条导轨的两侧导向时,称为窄式导向,见图 3.47(a);而由两条导轨的左、右两个侧面导向时,则称作宽式导向,如(b) 图。双矩形导轨中用窄式导向的较多,这是因为当导轨受热膨胀时宽式导向的比窄式的变形量大,调整时侧向间隙应大些,因此,其导向性较差。矩形与燕尾形导轨组合时两种导向均可采用。矩形与三角形导轨组合时,则以三角形导轨作为窄导向。

圆周运动导轨的截面形状主要有:平面圆环导轨、锥形圆环导轨和 V 形圆环导轨,见3.48 图。其中平面圆环导轨需与带径向滚动轴承的主轴配合使用,可承受较大的轴向力。其摩擦损失小、精度高、制造、检验及维修均容易,并很方便在其上镶装耐磨材料或采用动、静压导轨;锥形圆环导轨由于其倾斜角通常为30°,所以,既可承受轴向力又可承受径向力,但不能承受较大的颠覆力矩。导向性显然比平面的好,但要保持锥面与主轴的同心度则较困难;V形圆环导轨由于有两个导轨同时工作,因此,不但可承受较大的轴向、径向力,而且还能承受较大的颠覆力矩。其制造困难,但可得到良好的润滑。

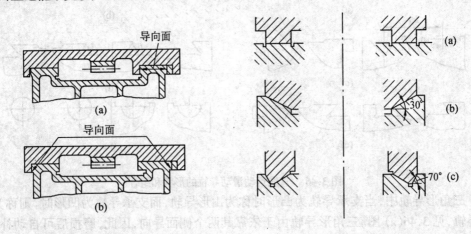

图 3.47　窄式和宽式组合的矩形导轨　　　　图 3.48　圆周运动导轨截面图

2. 导轨间隙的调整

任何零件的尺寸在加工时都必须给出一定的公差,所以,符合图纸公差要求的导轨组成导轨副时,必定存在一定的间隙。当间隙过大时,导向精度差,甚至会引起振动;间隙过小时运动的阻力加大,且磨擦、磨损也将加大。导轨间隙调整的方法通常是采用镶条和压板。

(1) 镶条

用来调整矩形和燕尾形导轨的侧向间隙,以保证导轨面的正常接触。常用的镶条有平镶条和楔形镶条两种。图 3.49 是平镶条调整导轨间隙的情形。所谓平镶条是指镶条的截面形状及各处尺寸在全长上处处相等。由于调整是靠平镶条全长上均匀布置的几个螺钉进行的,即镶条只在与螺钉相接触的几个点上受力,所以,镶条易变形,刚度较低。为了克服上述缺点,常用图(c)所示的方法。图中用螺钉 1 调好间隙后,再用螺钉 3 将镶条 2 紧固。

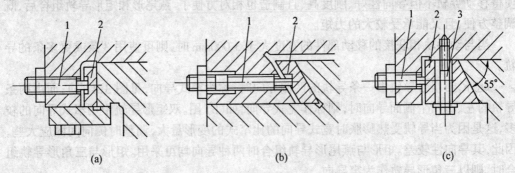

图 3.49　平镶条

图 3.50 是几种用楔形镶条调节侧向间隙的工作情况示意图。楔形镶条是在全长上截面形状不变、但厚度有所变化的一种镶条。其斜度在 1:40 ~ 1:100 之间,镶条越长斜度则应越小,以免两端厚度相差太大。楔镶条的两个面分别与动导轨和支承导轨均匀地接触,

因此,相应的动导轨面也要做成斜面。当楔镶条沿导轨纵向移动时,即可调整导轨副之间的间隙了。

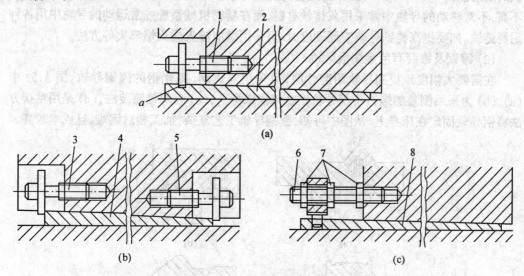

图 3.50　楔形镶条

（2）压板

压板用于调整辅助导轨面的间隙和承受颠覆力,图 3.51 是矩形导轨上常用的两种压板调整装置。(a) 是靠压板 3 的 e、d 两面进行调整。间隙大时刮或磨 d 面,反之,则刮、磨 e 面。d、e 两面用一勾槽分开。(b) 图是靠在压板与动导轨之间的多层薄铜垫片 4 的厚度来进行调整间隙的。多层铜片的一侧用锡焊在一起,调整时只需改变垫片的数目,但调整量受垫片厚度限制,且其结合面的接触刚度较低。

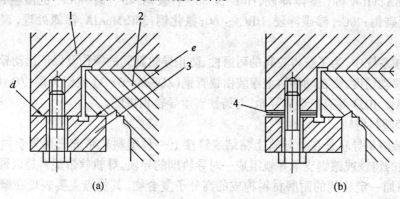

图 3.51　压板

3. 导轨的材料

对导轨材料的主要要求是耐磨性要高、便于加工和低成本等。其所用的材料一般是:铸铁、钢、有色金属、塑料等。

（1）铸铁

铸铁是一种低成本、易铸造、易加工并具有良好减振性和耐磨性的导轨材料。常用的铸铁有灰铸铁、孕育铸铁和耐磨铸铁(高磷铸铁、磷铜钛铸铁、钒钛铸铁) 等。这其中灰铸铁的耐磨性最低;高磷铸铁的耐磨性比孕育铸铁高1倍多;磷铜钛和钒钛铸铁则比孕育铸铁的耐磨性高1.5~2倍,它们的铸铁质量容易控制,但成本较高。因此,在加工精度要求不高,不常移动的导轨中常采用灰铸铁材料,而在精密机械系统或常运动的导轨中用各种耐磨铸铁。如要提高铸铁导轨表面硬度时,可采用感应淬火或火焰淬火等方法。

(2) 镶钢及镶装有色金属板导轨

在需要大幅度地提高导轨耐磨性时,可采用淬火钢、氮化钢的镶钢导轨。图3.52中(a)、(b)为采用倒装的螺钉将钢导轨镶在铸铁床身上;(c)为焊接镶装法,(d)是用粘接方法将钢导轨固定在床身上。从图中可知,镶钢导轨工艺复杂,加工相对困难,且成本较高。

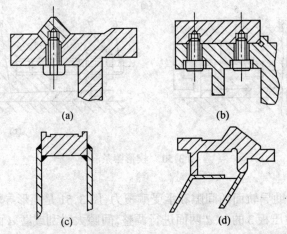

(a)　　　　　　　　　(b)

(c)　　　　　　　　　(d)

图 3.52　镶钢导轨

镶钢导轨常使用合金工具钢或轴承钢,如9Mn2V、CrWMn等,整体淬硬,HRC ≥ 60;高碳工具钢:T8A、T10A等,整体淬硬,HRC ≥ 58;中碳钢:45# 钢、40Cr,也需整体淬硬,HRC ≥48;低碳钢:20Cr,渗碳淬硬,HRC ≥ 60;氮化钢:38CrMoAlA,渗氮处理,表面硬度HV ≥850。

重型机械系统中,为了获得较高的耐磨性、防止导轨副间的撕伤及保证运动导轨的平稳性和提高移动精度,常在动导轨上镶装由锡青铜(ZQSn6 - 6 - 3)或铝青铜(ZQA19 - 4)、锌合金(ZZnAl - 105)等有色金属导轨,与铸铁支承导轨相搭配。

(3) 镶装塑料导轨

所谓镶装塑料导轨是在动导轨上粘结或钉接上一种塑料软带或三层复合材料导轨板,并与淬硬的铸铁或镶钢支承导轨组成一对导轨副的导轨。导轨软带塑料是以聚四氟乙烯为基体、添加一定比例的耐磨材料构成的高分子复合物。其优点主要表现在摩擦系数低,当其与铸铁导轨组成对偶摩擦副时,摩擦系数在0.03~0.05的范围内,仅为铸铁 - 铸铁副的1/3左右;动、静摩擦系数相近,具有良好的防止爬行的性能;与铸铁-铸铁摩擦副相比,耐磨性可提高1~2倍;能够自润滑,可在干摩擦条件下工作;有良好的化学稳定性,耐酸、耐碱、耐高温;质地较软,磨损主要发生在软带上,维修时可更换软带,金属碎屑一旦进入导轨面之间,可嵌入塑料内,不致刮伤相配合的金属导轨面。

三层复合材料导轨板是在镀铜的钢板上烧结一层多孔青铜粉,然后再在青铜的孔隙中轧入聚四氟乙烯及填料,经处理后形成了金属-氟塑料导轨板。这样,既具有聚四氟乙烯的良好摩擦性能,又具有青铜与钢的刚性和导热性。由于含有固体润滑剂微粒,其自润滑能力强,甚至可在干摩擦情况下工作。

(4) 导轨副材料的选用

为了提高导轨副之间的耐磨性和防止咬焊,动导轨和支承导轨的材料应不同,原则上是"一软一硬";如材料相同时,也必须采用不同的热处理方法,使双方硬度不同。

在滑动导轨副中,支承导轨一般采用淬火钢或淬火铸铁,动导轨多用镶装塑料软带导轨;在高精度机械系统中,一对导轨副均用不淬火的耐磨铸铁材料,这是因为各导轨需进行刮研精加工;而对于不太重要或不常运动的导轨副则使用普通的灰铸铁材料。

此外,运动导轨的硬度一般应比支承导轨的要低。长导轨的耐磨性和硬度也要比短导轨的高,因为长导轨各处的使用情况不等,所以,磨损程度也就不一样,而不均匀的磨损对加工精度的影响又很大;又长导轨不易做到完全防护,受到意外刮伤的机会多。

(三)普通滑动导轨的验算

当导轨的类型、截面形状及材料等初步选定后,下一步的设计计算内容主要是:根据现有同类型机械系统来合理确定导轨的结构尺寸,然后再进行导轨面上的受力分析。通过受力分析来验算导轨的压强和压强的分布,因为,其大小将直接影响导轨表面的耐磨性;其分布形式会影响磨损的均匀性。将所求得的压强与许用压强比较去判断导轨设计的是否合理。

由于任何机械系统都可以使用导轨,也就是导轨的工作情况多种多样,所以,不可能一一分析、举例,本章将以机床导轨的设计为例加以论述。其他工况的导轨设计可参考机床设计方法再结合具体情况,查找有关资料进行。

1. 导轨结构尺寸的初步选择

(1) 导轨跨距的选择

当所有力(如所示自重、牵引力、切削力、工件和夹具的重量等)作用到动导轨上时,两条导轨就会变形,如图 3.53(a) 所示,当 $\delta_1 \neq \delta_2$ 时,与动导轨连在一起的部件将产生 $\varphi_x = \dfrac{\delta_1 - \delta_2}{B_d}$ 的偏转角。希望 φ_x 越小越好,从式中可知应增大 B_d,一般情况下,取 $B_d = 0.554B$。这是因为若把工作台看作均布载荷梁时,当中点挠度 f 等于边缘挠度 f_1 时变形量最小,见(b) 图。推导过程从略。

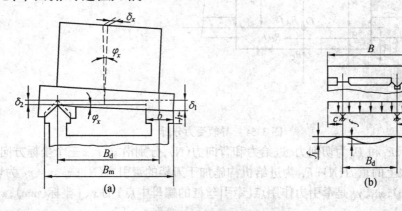

图 3.53　导轨跨距的选择

对于不同机床 B_d 与 B 之间的取值有所区别,有关资料推荐,龙门刨床:$B_d/B =$ 0.49 ~ 0.7;龙门铣床:$B_d/B = 0.57 ~ 0.7$;双柱坐标镗床:$B_d/B = 0.56 ~ 0.92$……

(2) 导轨面尺寸的选择

导轨面:宽度 b 和高度 h 见图3.53(a)。一般情况下应根据横向外形尺寸 B_m 选择:$b = (0.2 ~ 0.3)B_m$;$h = (0.05 ~ 0.15)B_m$。

(3) 导轨长度的选择

在可能的情况下,应尽量增加导轨的工作长度。这是因为增长后,不但可使导轨表面接触变形引起的动导轨偏转角减小,而且还使导轨各处压力均匀。

2. 导轨的受力分析

一般情况下导轨的受力分析是用静力平衡方程式来求解的。导轨上所受的外力主要有:切削力、牵引力、工件和夹具及动导轨所承受部件的重量等。这些外力使各导轨面产生支反力和支反力矩。利用静力平衡方程式可依次求出牵引力、支反力和支反力矩。若出现超静定情况时,应根据接触变形的条件建立附加方程式去求各力。

本节以数控车床刀架纵导轨为例,分析其受力情况,见图3.54。

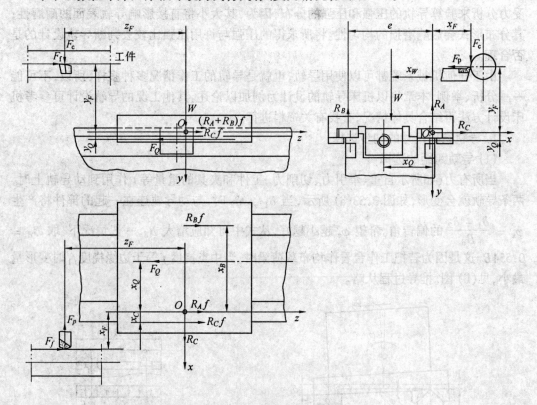

图3.54　导轨受力分析

图中,F_c、F_f 和 F_p 为切削力、进给力和背向力(N),分别沿 y、z、x 三个坐标方向;W 为作用在动导轨上的重力(N);F_Q 为进给机构施加于刀架的牵引力(N);x_Q、y_F、z_F 为切削位置的坐标(mm);x_Q、y_Q 是牵引力作用点(牵引丝杠的螺母中点)的 x、y 坐标(mm);x_W 为重心的坐标(mm)。

把各外力分别对坐标轴取矩

$$M_x = F_c z_F - F_f y_F - F_Q y_Q$$
$$M_y = F_f x_F - F_p z_F + F_Q x_Q \qquad (3.21)$$
$$M_z = F_p y_F - F_c x_F + W x_W$$

各导轨面的支反力(集中力)分别为 R_A、R_B 和 R_C

$$R_A = F_c + W - R_B$$
$$R_B = M_z/e \qquad (3.22)$$
$$R_C = F_p$$

各导轨面上的支反力矩为

$$M_A = M_B = M_x/2$$
$$M_C = M_y \qquad (3.23)$$

从这里可以看出,每个导轨都作用有一个集中力和一个力矩,其大小分别等于 $R_{(A、B、C)}$ 和 $M_{(A、B、C)}$,则牵引力为

$$F_Q = F_f + (R_A + R_B + R_C)f \qquad (3.24)$$

或 $$F_Q = F_f + (F_c + F_p + W)f \qquad (3.25)$$

式中 f——导轨的摩擦系数。

在 M_z 中都是已知力,通过 M_z 求出支反力 R_B,再求出 R_A,这样 R_A、R_B、R_C 均可求出。然后求出 F_Q、M_x 和 M_y,便可求出 M_A、M_B、M_C 了。

3. 导轨的压强

导轨的变形由两部分组成:一是导轨本身刚度不够而引起的导轨本身弹性变形,另一个是沿导轨长度方向上的接触变形。当导轨本身的弹性变形远小于导轨的接触变形时,只需考虑接触变形所产生的影响,此时沿导轨长度方向的接触变形和压强可看作线性分布,而在宽度上则认为是均匀分布。这是因为导轨的宽度远小于其长度。因此,认为在宽度方向上的压强是均匀的。这样假设的目的是:在对导轨面压强计算时可按一维问题处理,使问题简化。当导轨刚度较差时,就要考虑导轨本身的弹性变形和导轨面的接触变形两部分了,此时压强分布为非线性。本节只讲述前一种情况下的压强计算。至于后一种情况可用有限元方法和迭代法相结合去求得相应处的压强,详细计算请查找有关资料。

每条导轨所受的载荷都可以归结为一个支反力和一个支反力矩,根据支反力可求出导轨的平均压强。加入支反力矩的影响就可以求出导轨的最大压强。

由于将导轨所受的全部外力合为一个总作用力时,其作用位置是在导轨长度方向上的任意处(视各分力作用位置而定),而并不是作用在导轨接触长度的中点处,见图 3.55(a) 中的力 F_y,故导轨受到的是偏心力,导轨面各处压力不等,且有颠覆力矩。此时,F_y 的作用相当于 F'_y(作用于对称轴 x-x 上的力)和绕 x-x 轴的力矩 $M_x (M_x = F_y \cdot z_p)$ 同时作用的效果。而 F'_y 在两条导轨面 Ⅰ、Ⅱ 上的支反力为 F_a 和 F_b,它们作用在导轨接触长度中点上,见(b)图。F_a、F_b 产生的导轨压强将沿着导轨长度方向均匀分布,见(c)图。

$$P_A = \frac{F_a}{a \cdot L} \qquad P_B = \frac{F_b}{b \cdot L} \qquad (3.26)$$

式中 L——导轨面接触长度(mm);

P_A、P_B——导轨 Ⅰ、Ⅱ 的接触压强,(MPa);

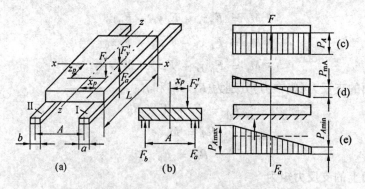

图 3.55　导轨面受力情况

a、b—— 导轨 Ⅰ、Ⅱ 的接触宽度,(mm)。

M_x 与导轨面 Ⅰ、Ⅱ 上的反力矩 $M_Ⅰ$、$M_Ⅱ$(图 3.54 中求得的 M_A、M_B)平衡,即 $M_x = M_A + M_B$。若 M_A、M_B 在导轨面上所产生的压强 P_{M_A}、P_{M_B} 呈对称三角形分布,见(d) 图,则由于

$$M_A = \left[\frac{1}{2} P_{M_A}\left(\frac{L}{2}\right)a\right]\frac{2}{3} \times \frac{L}{2} \times 2 = P_{M_A} \cdot \frac{aL^2}{6}$$

所以

$$P_{M_A} = \frac{6M_A}{aL^2} \qquad P_{M_B} = \frac{6M_B}{bL^2} \qquad\qquad (3.27)$$

式中　　M_A、M_B——Ⅰ、Ⅱ 导轨所受到的倾覆力矩(N·mm);

　　　　P_{MA}、P_{MB}——Ⅰ、Ⅱ 导轨上由 M_A、M_B 引起的最大压强(MPa)。

Ⅰ、Ⅱ 导轨上所受的最大、最小和平均压强分别表示为

$$
\left.
\begin{aligned}
P_{A\max} &= P_A + P_{M_A} = \frac{F_a}{a \times L}\left(1 + \frac{6 \times M_A}{F_a \times L}\right)\\[4pt]
P_{A\min} &= P_A - P_{M_A} = \frac{F_a}{a \times L}\left(1 - \frac{6 \times M_A}{F_a \times L}\right)\\[4pt]
P_{Av} &= \frac{1}{2}(P_{A\max} + P_{A\min}) = \frac{F_a}{a \times L}\\[4pt]
P_{B\max} &= P_B + P_{M_B} = \frac{F_b}{b \times L}\left(1 + \frac{6 \times M_B}{F_b \times L}\right)\\[4pt]
P_{B\min} &= P_B - P_{M_B} = \frac{F_b}{b \times L}\left(1 - \frac{6 \times M_B}{F_b \times L}\right)\\[4pt]
P_{Bv} &= \frac{1}{2}(P_{B\max} + P_{B\min}) = \frac{F_b}{b \times L}
\end{aligned}
\right\} \qquad (3.28)
$$

从式(3.28)中可知,当 $6M/FL = 0$,即 $M = 0$ 时导轨面上的压强 $P = P_{\max} = P_{\min} = P_{av}$,压强按矩形分布,它的合力通过动导轨的中心,见 3.56(a)图,这时导轨的受力情况最好,但这种情况在切削时实际上几乎是不存在的。

当 $0 < 6M/FL < 1$,即 $M/FL < 1/6$ 时,$P_{\min} > 0$,$P_{\max} < 2P_{Av}$,压强按梯形分布,见图 3.56(b),它的合力作用点偏离导轨中心为 $z = M/F < L/6$,这是一种较好的受力情况。

当 $6M/FL = 1$ 即 $M/FL = 1/6$ 时,$P_{\min} = 0$,$P_{\max} = 2P_{av}$,见图3.56(c),压强按三角

形分布，$z = L/6$，这是一种使动导轨与支承导轨在全长接触的临界状态。

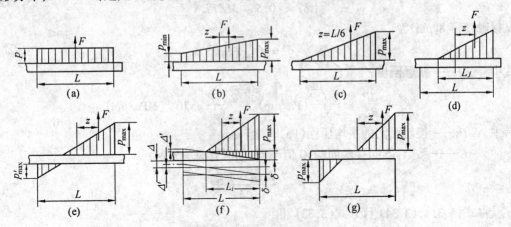

图 3.56 导轨压强的分布

如压强分布属上述几类，则均可采用开式导轨。

当 $6M/FL > 1$，即 $M/FL > 1/6$ 时，主导轨面上将有一段长度不接触。实际接触长度为 L_j，如图 3.56(d) 所示。这时支反力

$$F = \frac{1}{2} P_{max} L_j a \tag{3.29}$$

颠覆力矩

$$M = Fz = F\left(\frac{L}{2} - \frac{L_j}{3}\right) \tag{3.30}$$

从式(3.30)中解出 L_j，代入(3.29)，得

$$P_{max} = \frac{2F}{L_j a} = \frac{2F}{3aL(1/2 - M/FL)} = \frac{F/aL}{\frac{3}{2}(1/2 - M/FL)} = \frac{P_{av}}{1.5\left(0.5 - \frac{M}{FL}\right)} \tag{3.31}$$

当 $M/FL = 0.5$，即 $6M/FL = 3$ 时，如果没有压板，P_{max} 将为 ∞，即导轨面受力将集中在一个端点上。这是不允许发生的。因此，当 $6M/FL > 1$ 时，即应采用有压板的闭式导轨。

装压板后，压板形成辅助导轨面。在辅助导轨面上的压强与间隙和接触变形有关。

当压板与辅助导轨面间的间隙 $\Delta = 0$ 时，压强的分布见图 3.56(e)。主导轨面上的最大压强为 P_{max}，辅助导轨上的最大压强为 P'_{max}，这是理想情况。实际上，$\Delta > 0$，这时压强的分布又分为两种情况，见图 3.56(f) 和图 3.56(g)。在图 3.56(f) 中，压板与辅助导轨面间的间隙为 Δ，当主导轨上最大压强 P_{max} 处的接触变形为 δ 时，在主导轨面的另一端就会出现间隙 Δ'。图 3.56(f) 为 $\Delta > \Delta'$，辅助导轨面与压板不接触，只是主导轨面受力，在部分长度上压强按三角形分布，压板不起作用。$L/6 < z < L/2$。

当 $\Delta < \Delta'$ 时，主、辅导轨面上的压强分布见图 3.56(g)。主、辅导轨面同时工作，这是希望达到的情况。因此，倾覆力矩较大，必须用压板时，应正确地选择间隙 Δ，使 $\Delta < \Delta'$。

从图 3.56(f) 的相似三角形可得

$$\frac{\Delta'}{\delta} = \frac{L - L_j}{L_j} \tag{3.32}$$

$$\frac{\Delta'}{\delta} = \frac{M/FL - 1/6}{0.5 - M/FL} \tag{3.33}$$

又接触变形 $\delta(\mu m)$ 为

$$\delta = P_{max}/K_j \tag{3.34}$$

式中　　K_j——接触刚度；

$$K_j = \frac{dP}{d\delta} = \frac{2\sqrt{P}}{C}(\text{Pa}/\mu m) = \frac{2\sqrt{P}}{C} \times 10^{-6}(\text{MPa}/\mu m)$$

其中　　P——接触面间的平均压强(Pa)；

　　　　C——系数。不同接触面的 C 值不同，用时查有关资料。

$$P = \frac{P_{max} + P_{min}}{2}$$

将式(3.31)，(3.34)代入式(3.33)得

$$\Delta' = \delta\frac{\dfrac{M}{FL} - \dfrac{1}{6}}{0.5 - \dfrac{M}{FL}} = \frac{P_{av}\left(\dfrac{M}{FL} - \dfrac{1}{6}\right)}{1.5\left(0.5 - \dfrac{M}{FL}\right)^2 K_j} \tag{3.35}$$

压板与辅助导轨间的间隙 Δ 应小于 Δ'。

为了提高导轨的耐磨性，保证导轨的导向精度，应使上述求得的导轨平均压强小于一定的许用压强$[p]$，即 $p = \dfrac{F}{A} < [p]$

式中　　F——作用于导轨面上的正压力；

　　　　A——导轨承载面积。

不同工况下，许用压强$[p]$的取值不等。请查找有关手册中的参考数据。

(四)其他各种导轨简介

1. 动压导轨

动压导轨的工作原理与多油楔动压滑动轴承相同，导轨之间相对运动的速度越高，所形成的纯液体润滑情况越好，油楔的承载能力越大，因此，此类导轨适合于高速运动状态。

油腔只在导轨副中的一个导轨上加工出即可。一般情况下，直线运动导轨的油腔开在动导轨上，这是因为在工作过程中油楔始终不会外露，进而保证油楔浮力在导轨工作的全长上始终是均匀的，但从动导轨进油困难，所以从支承导轨进油；由于圆运动导轨在工作过程中两导轨面始终接触，所以油腔开在支承导轨上，见 3.57 图。

不论是直线运动导轨还是圆运动导轨其油腔的形状都是两侧均有斜面，这是由于导轨均是往复运动的。目前，在较先进的立式车床上同时采用两种油腔，即一个是开通式油腔，另一个就是封闭式油腔，见(b)图，如此相间排

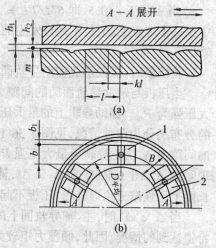

图 3.57　动压导轨

列下去。这主要是为了改善动压导轨在起动、低速情况下的工作条件和磨损状况。封闭式油腔 1 中始终供给的是较高压强的润滑油,这可使导轨的一部分载荷由此油压承受;而开通式油腔则通入低压润滑油,其中一部分用于形成动压油楔,另一部分起冷却和冲洗导轨面的作用。油腔的各尺寸,如 h_1、h_2、m、b、b_1 等设计时,查找资料即可确定。

2. 静压导轨

静压导轨的工作原理与静压轴承相同,也是先将具有一定压力的润滑油经节流器送到导轨面上的油腔中,以形成纯液体摩擦,一般摩擦系数为 0.005 ~ 0.001。

静压导轨按供油情况分类有:定压式静压导轨,如图 3.58 和图 3.59 所示;定量式静压导轨,如图 3.60 所示。

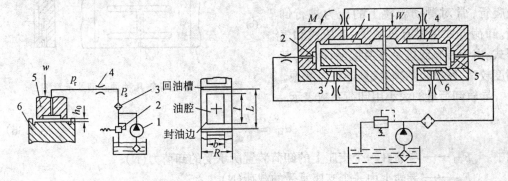

图 3.58　定压开式静压导轨
1— 油泵;2— 溢流阀;3— 滤网
4— 节流阀;5— 上导轨;6— 下导轨

图 3.59　定压闭式静压导轨
1、4— 上油腔;3、6— 下油腔;2、5— 侧油腔

所谓定压式静压导轨是因为在节流器进口处的压强 P_s 是一定的;定量式静压导轨则必须保证流经油腔的润滑油的流量是一定值。

静压导轨若按结构型式分还有开式(图 3.58、3.60)和闭式(图 3.59)两种。

定压开式静压导轨中,来自油泵、压力为 P_s 的润滑油经节流器 4 压力降至 P_r,然后进入导轨的各个油腔内,将运动导轨浮起直至形成一定的导轨间隙 h_0。油

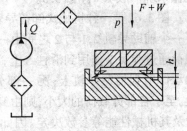

图 3.60　定量式静压导轨

腔中的油再通过各油腔的封油间隙流回油箱,压力降为零。当外力 W 变大时,h_0 变小,油腔回油阻力增大,流量减小,这使得流经节流器的油液压力损失减小,进而油腔压力 P_r 增大,当 h_0 减小到一定值时,P_r 所形成的浮力又与外载荷 W 达到新的平衡。此类导轨承受颠覆力矩的能力差。定压闭式静压导轨克服了这一缺点。当动导轨受到颠覆力矩 M 作用后,油腔 1、6 间隙减小,3、4 间隙增大,同上述原理一样,此时 P_{r1}、P_{r6} 增大,P_{r3}、P_{r4} 减小,这样在动导轨上形成了一个与 M 方向相反的力矩,使动导轨得以平衡。此外,由于油腔 1、3 和 4、6 及 2、5 的相互对应作用,闭式静压导轨的刚度也比开式静压导轨高。

图 3.61 是静压导轨几种油腔型式示意图,其中(a)是全空腔式,(b)为双油(多油)沟式、(c)为 H 形油沟式。静压导轨副中也只需在一个导轨上开油腔即可,同样,直线运动的

导轨油腔开在动导轨上；圆运动导轨一般开在支承导轨上。此种导轨的精度保持性好，吸振性好，低速移动准确、均匀，运动平稳性好，但结构比较复杂，必须有专门的供油系统，且对导轨的平面度要求很高。

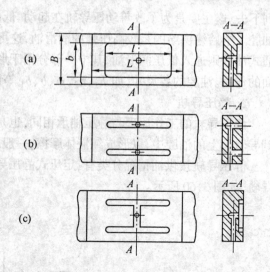

图 3.61　静压导轨几种油腔型式示意图

3. 卸荷导轨

为了减小普通滑动导轨面上的压强，提高导轨的耐磨性、低速运动平稳性和防止爬行，常对滑动导轨上的压力进行卸荷。卸荷方式主要有机械式、液压式和气压式。由于导轨面仍是直接接触，所以，其刚度较高、摩擦阻尼较大、且还可以减振。

导轨卸荷量的大小用卸荷系数表示

$$\alpha_{卸} = \frac{F_{卸}}{F_{载}} \tag{3.36}$$

式中　　$F_{卸}$ —— 导轨在一个支座上的卸荷装置所承受的卸荷力(N)；

　　　　$F_{载}$ —— 导轨上由一个支座承受的载荷(N)。

导轨所承受的载荷包括移动部件的重力、工件重力和切削力等。对于重型、大型机械系统，减轻导轨的负荷是主要的，此时 $\alpha_{卸}$ 一般应取较大值：$\alpha_{卸} = 0.7$；对于精密、小型的机械系统一般取 $\alpha_{卸} \leq 0.5$。

图 3.62 是一种机械式卸荷导轨。在工作导轨 1 的旁边设置了一个辅助导轨 2,1 与 2 之间由一沟槽分开。工作台上一部分载荷通过弹簧 7 作用到滑柱 5 上，再由滑柱的销子 4 通过滚动轴承作用到辅助导轨上；另一部分载荷则作用在工作导轨 1 上。至于各部分载荷的大小，则由卸荷装置中零、部件的结构尺寸及其机械性能等参数决定。因此，机械卸荷的卸荷力的大小是可定期调整的，而不能随载荷的变化而变化。液压式卸荷导轨却可以做到卸荷力随外载荷的变化而相应地变化。由于液体油的粘度较高，由动压效应产生的干扰较大，因此很难使摩擦力接近于恒定。人们想到了空气，由于它粘度低，动压效应影响小，所以做成了气压自动调节式卸荷导轨。图 3.63 是气压卸荷导轨一个气垫的工作原理图。压缩空气进入动导轨的气囊，经导轨面间由表面粗糙度而形成的微小沟槽流入大气。气压是梯形分布。图 3.64 是自动调节气压卸荷导轨一个气垫的原理图。

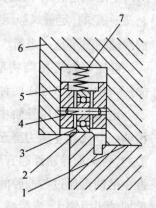

图 3.62　机械卸荷导轨
1、6— 工作导轨；2— 辅助导轨；3— 滚动轴承；4— 销子；5— 滑柱；7— 弹簧

这是一个闭环系统的自动调节动态过程，其作用在于当外载荷有较大变化时，导轨面间的接触力和摩擦力只有微小变化，以保证导轨不爬行(自动调节过程从略)，而且压缩空气经过滤、去湿、喷油后对导轨还具有润滑作用。

无论是液压卸荷导轨还是气压卸荷导轨，都必须在导轨副中的其中一个导轨上开油腔(气槽),其油腔(气槽)的结构和静压导轨相同,但尺寸却比后者小,设计时请查找相关资料。

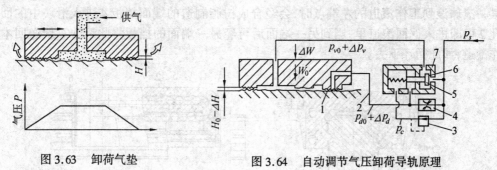

图 3.63 卸荷气垫   图 3.64 自动调节气压卸荷导轨原理

4. 滚动导轨

滚动导轨是在导轨面之间装有一定数量的滚动体:滚珠、滚柱或滚针,使两导轨面之间具有了滚动摩擦性质,即摩擦系数小以及动、静摩擦系数很接近。因此,滚动导轨运动轻便,磨损小,并可避免出现爬行现象,且定位精度高,但由于滚动体的原因,此类导轨的抗振性较差,对脏物也较敏感。

滚动导轨的分类可从下述不同角度进行:

按运动轨迹分直线运动导轨、圆周运动导轨;

按滚动体型式分滚珠导轨、滚柱导轨和滚针导轨等;

按滚动体在导轨面间的运动形式分循环式和非循环式。

循环导轨是滚动体工作时可在导轨的工作滚道和返回滚道之间循环。常用的有滚动导轨块和直线滚动导轨副。

图 3.65 是滚动导轨块。支承块 2 用螺钉固定在动导轨体 3 上,滚子 4 在支承块与支承导轨 5 之间滚动。当滚子运动到支承块两端时由挡板 6、7 及其上面的返回槽返回,如此循环下去。滚动导轨块已标准化。使用时,视导轨的长短决定沿其纵向上安装几个滚动导轨块。

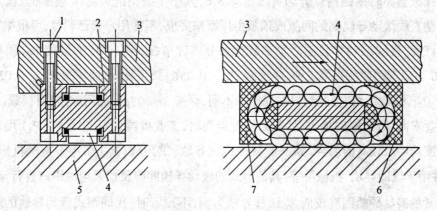

图 3.65 滚动导轨块

1— 固定螺钉;2— 导轨块;3— 动导轨体;4— 滚动体;5— 支承导轨;6、7— 带返回槽挡板

图 3.66 是直线滚动导轨副的配置情况。图 3.66a 是直线滚动导轨副的剖面结构示意图。直线滚动导轨副由导轨条 7(即支承导轨,其安装在支承件如床身上) 和滑块 5 装在动

导轨体 9 上组成(见图 e)。滑块 5 沿导轨条作直线运动。在滑块 5 中有四组对称安装的滚珠,它们分别处于滑块的四个角上,且各自有自己的循环路径,如(b)图所示,当某一组的某一滚珠滚到工作滚道的左端点时,会经合成树脂制造的端面挡板 4 进入滑块中的回珠孔 2 里即进入返回滚道里,当到另一端面后再经另一端面的挡板将此滚珠重新送回本工作滚道,如此循环下去。

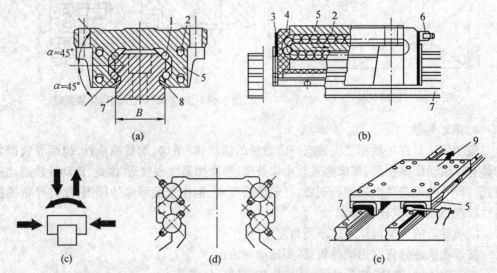

图 3.66　直线滚动导轨副的配置

1— 滚珠;2— 回珠孔;3、8— 密封垫;4— 端面挡板;5— 滑块;6— 油嘴;7— 导轨条;9— 动导轨体

四组滚珠和其滚道相当于接触角 $\alpha = 45°$ 的四个直线运动角接触球轴承,使得导轨副在上、下、左、右四个方向上具有相同的承载能力,见(c)图。由于滚道的曲率半径略大于滚珠半径,因此,在载荷作用下接触区为椭圆,其面积随载荷的大小而变化,见(d)图。

通常情况下每根导轨条 7 上有两个滑块 5,安装在动导轨体 9 上,当动导轨体较长时也可装 3 个滑块 5;而当动导轨体 9 较宽时也可采用 3 根导轨条。

直线滚动导轨副的精度分为:1、2、3、4、5、6,其中 1 级精度最高,6 级最低。国产整体(GGB)型直线滚动导轨副的间隙或预紧由厂家来完成,不需用户自己调整,可根据对预紧的要求订货。直线滚动导轨副的预加载荷共分四种情况:第一种,重预载 P_0,预载力为 $0.1C$(C 为额定动载荷);第二种,中预载 $P_1 = 0.05C$;第三种,普通预载 $P_2 = 0.025C$;最后一种 P_3;无预载,留有间隙,根据规格的不同,保持 $3 \sim 28\mu m$ 的间隙。普通预载(P_2)用于精度要求高、载荷轻的地方,如磨床的进给导轨、工业机器人等。中预载(P_1)用于对精度和刚度均要求较高的场合,如一般数控机床导轨。重预载(P_0)多用于重型机床。间隙(P_3)常用于辅助导轨、机械手等。其他形式的滚动导轨间隙及预紧均由用户自行调整。不进行预紧的滚动导轨刚度较低。以滚柱导轨为例,不预紧时,比同型式滑动导轨的刚度下降了 25% 左右;滚珠导轨则下降的更多。预紧后滚动导轨的刚度高了,但结构却较复杂,因此,除精密机械和垂直配置导轨外,在颠覆力矩不致使导轨滚动体脱离接触的情况下,也可用不预加载荷的导轨。

习题与思考

一、执行系统由几大部分组成?简述其分类及可实现的功能?

二、一般执行轴由几大部分组成?执行轴的基本要求有哪几项?若达不到这些要求,将有什么影响?

三、影响执行轴组件的静刚度有哪些因素?从哪些方面来提高执行轴组件的静刚度?

四、在什么情况下执行轴组件采用三支承较为合理?以前、中支承为主要支承和以前、后支承为主要支承各有何特点?各适用于什么场合?

五、在两支承执行轴组件中,前、后支承中的滚动轴承的制造误差对主轴组件的旋转精度有何影响?为什么执行轴前轴承的精度等级应比后轴承的要高?

六、试简述如何在不提高轴承的精度等级情况下,用"选配法"和对执行轴前、后轴承的合理安装来提高执行轴的旋转精度。

七、车、铣类机床主轴为何做成空心的,而钻床主轴却是实心的?为什么前者的直径较大,而悬伸量小?后者的直径较小,悬伸量大?

八、试分析表 3.5 中各种机床主轴的端部结构,指出其上安装刀具、夹具的定位基准和夹紧方法。

九、书中介绍了几种超高速轴承?简述多油楔动压轴承和静压轴承的工作原理、主要特点和应用场合。

第四章　传动系统设计

　　机械系统的传动是将动力源或某个执行系统(下文均称为执行件)的速度、力矩传递给执行件(或另一执行件),使该执行件具有某种运动和出力的功能。机械系统的传动不仅是连接动力源(或某执行件)与执行件(或另一执行件)的桥梁,而且要完成将动力源(或执行件)的速度和力矩转换为符合执行件(或另一执行件)所要求的速度和力矩。因此,传动也是机械系统的重要组成部分。除某些动力源(如内联电动机)直接与执行件连接的机械系统外,一般都有传动环节,称为传动链或传动系统。传动链又有外联传动链和内联传动链之分,设计外联传动链主要考虑满足执行件的速度(或转速)和传递动力的要求,而设计内联传动链还要保证两执行件间的传动精度的要求。

4.1　传动系统的类型和组成

一、传动系统的类型及其应用

　　机械系统的传动子系统可按不同特征来分类。按驱动机械系统的动力源可分为电动机驱动、内燃机驱动等,而电动机驱动又有交流异步电动机(单、多速)驱动,直流并激电动机、交流调速主轴电动机驱动,交、直流伺服电动机驱动,步进电动机驱动等。按动力源驱动执行件的数目分为独立驱动、集中驱动和联合驱动等。按传动装置,有机械传动装置、液压传动装置、电气传动装置以及上述装置的组合。机械传动装置中又有输出速度或转速不变和输出速度或转速可变两类,而输出速度或转速变化时又可分为有级变速和无级变速。

(一)有级变速和无级变速传动系统

1. 无级变速传动系统

　　无级变速是指执行件的转速(或速度)在一定的范围内连续地变化,这样可以使执行件获得最有利的速度,能在系统运转中变速,也便于实现自动化等。机械系统中常用的无级变速装置有以下几种。

　　(1)机械无级调速器

　　机械无级调速器有钢球式(柯普型)、宽带式等多种结构,它们都是依靠摩擦力来传递转矩,通过连续地改变摩擦传动副的工作半径来实现无级变速。由于其结构简单、传动平稳、噪声小、使用维修方便、效率高,所以在各类机械(如机床、印刷机械、电工机械、钟表机械、轻工机械、纺织机械、塑料机械、化工机械等)中得到了广泛的应用。但由于摩擦副的弹性滑动,存在转速损失,故不能用于调速精度高的场合。另外,它的变速范围小,通常变速范围 R_n 为 $4 \sim 6$,少数可达 $10 \sim 15$,因此,为了满足执行件调速范围的需要,常串联有级变速机构(如齿轮变速箱)。

（2）液压无级变速装置

液压无级变速装置是利用油液为介质来传递动力,通过连续地改变输入液动机(或油缸)的油液流量来实现无级变速。它的传动平稳、运动换向冲击小、易于实现直线运动,因此,常用于执行件要求直线运动的机械系统中。如刨床、拉床的主传动以及组合机床的动力滑台等。

（3）电气无级变速装置

电气无级变速装置是以直流并激电动机、交流变频电动机或交、直流伺服电动机、步进电动机等为动力源,通过连续地变换这些电动机的转速来实现无级调速。

机械系统中的执行件在工作过程中,要求在整个变速范围内的功率、转矩特性不同,而电动机的功率、转矩特性必须与之适应,但是,不论是直流并激电动机、交流变频电动机或是交、直流伺服电动机,只是在额定转速以上至最高转速之间为恒功率调速,变速范围小,而在额定转速以下为恒转矩的,变速范围很宽。如果执行件要求在整个变速范围内为恒功率调速,上述的无级调速器均不能适应,则须串联一个有级变速装置来扩大恒功率调速范围,如一些大型机床(立式车床、龙门刨床、镗铣床)和数控机床以及数控纤维缠绕机,数控布带缠绕机等的主运动。而对于数控机床的直线进给运动,则要求在整个变速范围内为恒转矩,此时可通过简单的固定传动链与执行件相连来满足要求。

2. 有级变速传动系统

由滑移齿轮、交换齿轮、交换皮带轮等变速传动副组成的传动系统可使执行件得到若干个所需的转速,这种变速在变速范围内不能连续地变换,属于有级变速。它传递的功率大,变速范围宽,传动比准确,工作可靠,但有转速损失。有级变速较广泛地应用于通用机床,尤其是中小型通用机床中。

图 4.1 所示为 CA7620 型液压多刀半自动车床的主传动系统(左图)和其转速图(右图),在Ⅱ-Ⅲ轴间的 38/53,28/63 是双联滑移齿轮变速组,在Ⅰ-Ⅱ轴间的 29/46 或 46/29

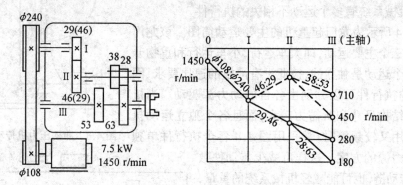

图 4.1 CA7620 型液压多刀半自动车床主传动系统及转速图

是交换齿轮变速组,前者用于加工同一批工件的变速,后者用于每批工件的加工前的变速调整。交换齿轮变速的特点是结构简单,齿轮数量少,不需要操纵机构,但是变速时,更换齿轮费时费力,因此,交换齿轮适用于不需要经常变速或变速时间对生产率影响不大,但要求结构简单的机械系统,如成批或大量生产的某些自动或半自动车床、专用机床或组合机床等。

3. 固定传动比的传动系统

如果机械系统的执行件要求以某一固定的转速(速度)工作,则连接动力源与执行件的传动系统属于固定传动比的传动系统,即该系统是由若干个固定传动比串联组成。图 4.2 所示为起重机的传动系统简图。电动机 3 通过减速器 1 带动卷筒 4 转动,将钢丝绳 5 缠绕在卷筒 4 上,使吊钩 6 上升而提升重物。当电机 3 反转时,钢丝绳 5 从卷筒 4 上放出使重物下降。在电动机停止反转前,用制动器 2 来使电动机尽快地停止转动,或使起吊的重物可靠地停止在所需的高度。

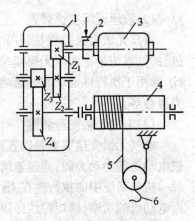

图 4.2　起重机传动系统简图

(二)独立和联合驱动传动系统

1. 独立驱动传动系统

独立驱动系统是指各执行件分别由各自的动力源单独进行驱动,一般有以下几种情况:

(1)机械系统只有一个执行件

图 4.3 所示为曲柄压力机传动系统图。它只有一个执行件,即曲柄滑块机构。电动机 9 通过一对齿轮副 8、7 及离合器 6 带动曲柄 4 旋转,再通过连杆 3 使滑块 2 在立柱 10 的导轨中作往复运动。操纵杆 1 使离合器 6 接合或脱开,可控制曲柄滑块机构的运动或停止。制动器 5 与离合器 6 的动作要协调配合。工作前,制动器 5 先松开,离合器 6 后结合,停车时,离合器先脱开,制动器后结合。

(2)机械系统有多个运动不相关的执行件

图 4.4 所示为龙门起重机的主要运动简图。该龙门起重机有三个主要运动,即大车运行,小车运行和重物升降。这三个运动是独立的,彼此没有严格的速比要求,因此,它们的执行件可以分别由各自的动力源驱动。当机械系统的结构尺寸和所需力较大,而且各个独立运动执行件的使用又较频繁时,常采用图 4.4 各个执行件单独配一个动力源的方案。这样可减少传动件数量,简化传动链,也可能减轻机械系统的重量,使传动装置的布局、安装、维修等都较方便。

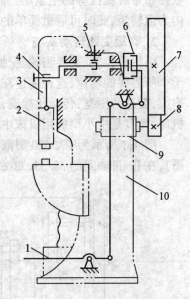

图 4.3　曲柄压力机传动系统图

(3)数控机械系统

各种数控机械系统,如数控纤维缠绕机、数控布带缠绕机、数控编织机、数控冲剪床、数控机床以及工业机器人等,它们一般都有多个执行件,各执行件的运动彼此有严格的速比和位置要求,以实现复杂的运动组合或加

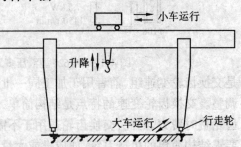

图 4.4　龙门起重机的主要运动简图

工复杂的表面。由于采用数字指令进行控制,故每个执行件都有各自的动力源单独驱动。

图4.5所示为 JCS-018 型立式加工中心传动系统图。该加工中心的主轴2由 FANUC 交流调频主轴电动机1驱动,通过带轮 φ119/φ239 或 φ183.6/φ183.6 使主轴2作旋转主运动。3、5、6、7均为 FB-15 型宽调速直流伺服电动机。主轴箱4由电动机3通过滚珠丝杠驱动作升降运动或垂直(z)进给运动;电动机5通过十字滑块联轴器、蜗杆蜗轮副使刀库(安装在蜗轮轴上)作旋转运动;电动机6和7通过滚珠丝杠使工作台8分别作纵向和横向(x,y)进给运动。加工中心的被控轴为 x,y,z;联动轴为 $x,y;y,z;z,x$。该加工中心在切削过程中的各种运动均由 CNC 数控系统控制。

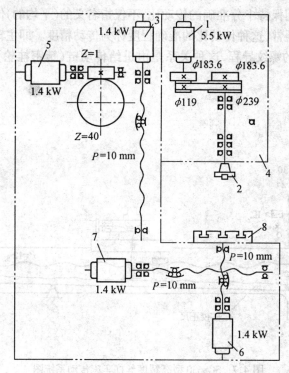

图4.5　JCS-018 型立式加工中心传动系统

图4.6所示为 A4010H　SCARA 型装配机器人传动系统图。它有4个自由度的运动,分别由4条传动链实现。大臂摆动轴Ⅰ由步进电动机 MⅠ和两级齿形带 Z_1/Z_2、Z_3/Z_4 减速后驱动,小臂摆动轴Ⅱ,由步进电动机 MⅡ和两级齿形带 Z_5/Z_6、Z_7/Z_8 减速后驱动,带有齿条 Z_{11} 垂直升降轴Ⅲ经步进电动机 MⅢ和一级齿形带 Z_9/Z_{10} 减速后,再经齿轮 Z_{10} 驱动作垂直运动。手部回转运动轴Ⅳ,直接由步进电动机 MⅣ驱动。

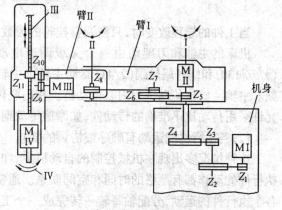

图4.6　A4010H 装配机器人传动原理图

该机器人是日本日立公司生产的一种轻型装配机器人,为平面关节型,垂直方向刚度较大,水平方向有一定的柔性,从而能自动对中,顺利装配。它采用了步进电动机驱动,结构轻巧,编程操作方便。主要用于电子产品元件、小型电动机、空压机、电器、泵类等装配工作。

2. 集中驱动传动系统

集中驱动系统是指机械系统的多个执行件均由一个动力源驱动。

(1)执行件间有严格的传动比要求

图4.7所示为SG8630型高精度丝杠车床的传动系统图。加工高精度螺纹时,要求主轴与刀具的运动之间保持十分准确的传动比,不仅指名义的(平均的)传动比值,也包括瞬时传动比的变化。通常,这种传动比的准确程度称为传动精度。即主轴每转一转,刀具的移动距离 S 为工件的螺纹导程,这种关系是由进给传动链(精密挂轮)保证的,其传动关系式为:

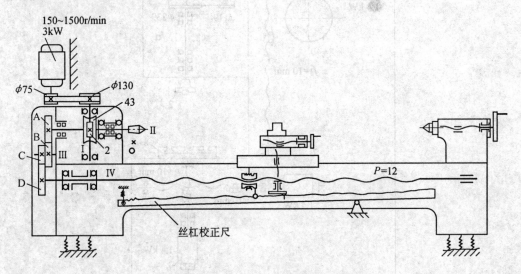

图4.7　SG8630型高精度丝杠车床传动系统图

$$1 \times \frac{Z_A}{Z_B} \times \frac{Z_C}{Z_D} \times 12 = S$$

当工件的导程改变时,只需调整挂轮的齿数即可。

机床的主轴和刀架均由一个无级调速电动机集中驱动。电动机经皮带轮传动副(φ75/φ130)和蜗杆蜗轮副(2/43)驱动主轴。主轴经挂轮 A、B、C、D 及丝杠螺母副驱动刀架。主轴 – 丝杠传动链为内联传动链。在内联传动链中,为保证两执行件的传动精度,不允许采用传动比不准确的传动件,如摩擦传动副等。

(2)各执行件间运动有顺序或协调的要求

这种情况多出现在机械控制的自动机上,如多轴自动车床、食品包装机等。它们的各执行件的动作都有严格的时间和空间联系。通常用安装在分配轴上的凸轮来操纵和控制各个执行件的运动,分配轴每转一转完成一个工作循环,各个执行件的动作顺序均由各自的凸轮曲线来保证。因此,自动机的执行件虽然较多,但仍可用一个动力源集中驱动。

图4.8所示为电阻压帽自动机传动系统图。该机为单工位自动机,其工作过程为:电

动机 1 经带式无级调速器 2 及蜗杆蜗轮
副(11、10)驱动分配轴 3,使凸轮 4、5、6 及
9 一起转动,其中凸轮 5 将电阻坯件 8 送
到作业工位,6 将电阻坯件 8 夹紧,凸轮 4
及 9 分别将两端电阻帽 7 压在电阻坯件
8 上。然后各凸轮先后进入返回行程,将
压好电阻帽的电阻卸下,并换上新的电
阻坯件和电阻帽,再进入下一个工作循
环。调节手轮 12 可使分配轴 3 的转速在
一定范围内连续改变,以获得合理的生
产节拍。

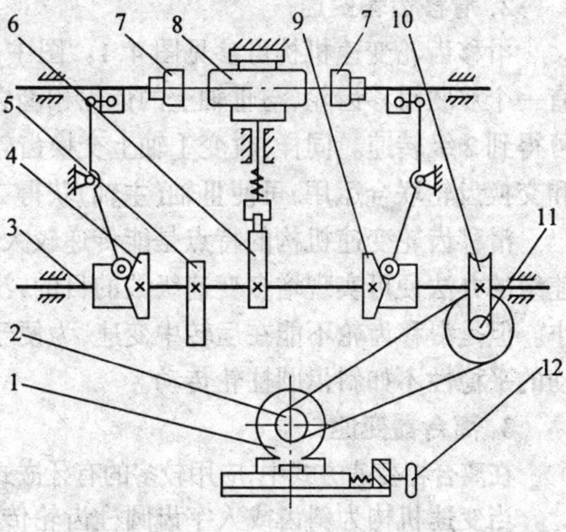

图 4.8 电阻压帽自动机传动系统图

  (3)各执行件的运动相互独立

  这种情况采用一个动力源驱动可减
少动力源数量,这对于野外作业的机械如用于建筑工地的钻机,具有显著的优点。而对于
中小型机械,还可简化传动系统。

3.联合驱动传动系统

  由两个或多个动力源经各自的传动链联合驱动一个执行件的传动系统,主要用于低
速、重载、大功率、执行件少而惯性大的机械。

二、传动系统的组成

  由于机械系统的种类繁多,用途各异,因此,各种机械系统的传动也千变万化,但是它
们通常由变速装置、起停和换向装置、制动装置以及安全保护装置等几个基本部分组成。
确定传动系统的组成及其结构是设计传动系统的重要任务。

(一)变速装置

  变速装置的作用是改变动力源的输出转速和转矩以适应执行件的需要。若执行件不
需要变速,可采用固定传动比的传动系统或采用标准的减速器、增速器实现降速传动或升
速传动。有许多机械要求执行件的运动速度或转速能够改变,如采煤机在不同工作条件
和煤层厚度时应能改变牵引速度;推土机在不同的工况条件下工作时,应能改变行驶速
度;通用金属切削机床由于工艺范围较大,要求主运动和进给运动都能在较大范围内变
速,以适应加工不同直径和材料以及不同工序对精度和表面粗糙度等的要求。常用的变
速方式有以下几种:

1.交换齿轮变速

  参见图 4.7,图中 A、B 和 C、D 为两对交换齿轮,改变齿轮 A、B 和 C、D 的齿数,就可得
到不同的传动比。

  交换齿轮变速机构的特点是结构简单,不需要变速操纵机构,轴向尺寸小,变速箱的
结构紧凑,与滑移齿轮变速相比,实现同样的变速级数所用的齿轮数量少。但是,更换齿
轮费时费力,交换齿轮又是悬臂安装,刚性和润滑条件较差。因此只适用于不需要经常变
速的机械,如各种自动和半自动机械。

2. 滑移齿轮变速

滑移齿轮变速机构可参见图 4.1。图中所示为 4 级变速的变速箱示意图，Ⅱ轴上装有一个双联滑移齿轮，与Ⅲ轴上的齿轮相啮合。改变滑移齿轮的啮合位置，Ⅲ轴（主轴）就可得到 2 级转速。同样，改变Ⅰ轴上交换齿轮，将使Ⅲ轴（主轴）得到 2 级转速。滑移齿轮和交换齿轮联合运用，可使Ⅲ轴（主轴）获得 $2 \times 2 = 4$ 级转速。

滑移齿轮变速机构的特点是能传递较大的转矩和较高的转速；变速方便，通过串联变速组的办法便可实现增多变速级数的目的；没有常啮合的空转齿轮，因而空载功率损失较小。但是滑移齿轮不能在运转中变速，为便于滑移啮合，多用直齿圆柱齿轮传动，因而传动的平稳性不如斜齿圆柱轮传动。

3. 离合器变速

在离合器变速方式中，应用较多的有牙嵌式离合器、齿轮式离合器和摩擦片式离合器等。

当变速机构为斜齿或人字齿圆柱齿轮传动时，不便用滑移齿轮变速，则需用牙嵌式或齿轮式离合器变速。这种变速机构的优点是：轴向尺寸小，可传递较大的转矩，传动比准确，变速时操纵省力等。缺点是：不能在运转中变速，各对齿轮经常处于啮合状态，磨损较大，传动效率低。摩擦片式离合器的特点是：可在运转过程中变速，接合平稳，冲击小，便于实现自动化，但轴向尺寸较长，结构复杂。

操纵摩擦片式离合器可以是机械的、电磁的或液压的，多用于自动或半自动机械系统中。

采用摩擦片式离合器变速时，离合器位置的安排应注意以下几个方面的问题。

①减小离合器尺寸。在没有特殊要求的情况下，应尽可能将离合器安排在转速较高的轴上，以减小传递的转矩，缩小离合器的尺寸。

②避免出现超速现象。超速现象是指当一条传动路线工作时，在另一条不工作的传动路线上出现传动件高速空转的现象，这种现象在两对齿轮传动比悬殊时更为严重。

在图 4.10 中，若Ⅰ轴为主动轴，Ⅱ轴为从动轴，各个齿轮的齿数为 $Z_A = 80$，$Z_B = 40$，$Z_C = 24$，$Z_D = 96$。当两个离合器都安排在主动轴上时（图 4.10 左上），在 M_1 接通 M_2 断开的情况下，Ⅰ轴上的小齿轮 $Z_C = 24$ 就会出现超速现象。这时，空转转速为Ⅰ轴转速的 8 倍（即 $\frac{80}{40} \times \frac{96}{24} = 8$），由于Ⅰ轴与齿轮 $Z_C = 24$ 的转动方向相同，所以离合器 M_2 的内外摩擦片之间相对转速为Ⅰ轴转速的 7 倍。相对转速很高，不仅为离合器正常工作所不允许，而且会使空载功率显著增加，齿轮的噪声和磨损也加剧。若离合器安排在从动轴上（图 4.10 右上），就可以避免超速现象。有时为了缩短轴向尺寸，把两个离合器分别安排在两根轴

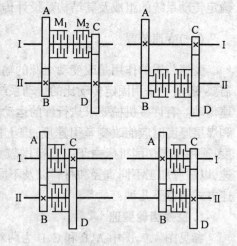

图 4.10　摩擦片式离合器变速机构

上，也会出现两种可能情况：若使离合器外片与小齿轮一起转（图 4.10 右下），则同样也会出现超速现象；但若与大齿轮轴一起转（图 4.10 左下），就不产生超速现象。

③要考虑结构因素。例如。当从动轴是执行件（如机床的主轴），一般不宜将电磁离合

器直接装在执行件(主轴)上。这是因为电磁离合器的发热和剩磁将直接影响执行件(主轴)的旋转精度(剩磁使主轴轴承磁化,因而将磁性微粒吸附到轴承中,加剧轴承磨损)。

4.上述变速方式的组合

根据机械系统的不同工作特点,通常,可以在传动系统中,运用上述几种变速方式的组合。例如 CA6140 型卧式车床主传动系统,大部分变速组采用滑移齿轮变速方式,而在传动链的末端,为使主轴运转平稳,采用了斜齿圆柱齿轮;为了分支传动的需要,还采用了齿轮式离合器变速方式。

5.啮合器变速

啮合器分普通啮合器和同步啮合器两种,广泛用于汽车、叉车、挖掘机等行走机械的变速箱中。这类变速箱要求运转平稳,故采用常啮合的斜齿传动,又要求在运转中变速和传递较大转矩,啮合器变速方式能满足上述要求。

普通啮合器的结构简单,但轴向尺寸较大,变速过程中易出现顶齿现象,故换档不太轻便,噪声较大。为改善变速性能,目前在中小型汽车和许多变速频率高的机械中多采用同步啮合器变速。

同步啮合器的工作原理是在变速过程中先使将要进入啮合的一对齿轮的圆周速度相等,然后才使它们进入啮合,即先同步后变速。这可避免齿轮在变速过程中产生冲击,使变速过程平稳。

图 4.11 所示为锥形常压式同步啮合器的结构图。套筒 6 具有内花键孔和外花键齿,它可在花键轴 8 上移动,其外花键齿与啮合套 4 的内花键啮合,套筒 6 的左右侧各镶有减摩材料制造的衬套 2 和 5。啮合套 4 可通过定位销 3 带动套筒 6 一起左右移动。当啮合套 4 向左移动时,套筒 6 随之一起向左移动,使左侧衬套 2 的内锥面与左齿环 1 上的外锥面接触,作用在啮合套上的操纵力使两锥面相互压紧,由此产生的摩擦力使空套的左齿环 1 与套筒 6、啮合套 4 同步旋转(即先同步)。

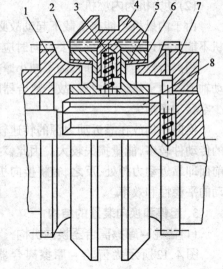

图 4.11　锥形常压式同步啮合器结构图

适当加大操纵力,使啮合套 4 克服弹簧力将定位销 3 压下后继续向左移动,使啮合套 4 与空套的左齿环 1 相啮合,变速过程结束。啮合套向右移动时,变速过程与上述相同。

啮合器一般都采用渐开线齿形,齿形参数可根据渐开线花键国家标准选定。由于啮合套使用频繁,齿轮经常受冲击,齿端和齿的工作侧面易磨损,因此,齿厚不宜太薄。为减小轴向尺寸,啮合器的工作宽度均较小。啮合器的详细设计资料可参阅有关资料。

(二)起停和换向装置

起停和换向装置用来控制执行件的起动、停车以及改变运动方向。对起停和换向装置的基本要求是起停和换向方便省力,操作安全可靠,结构简单,并能传递足够的动力。各种不同的机械对起停和换向的使用要求不同,因此选择起停和换向装置时,通常要考虑机械系统的工况,动力源的类型与功率以及起停和换向装置的结构与操纵方式等。

1. 机械系统的工况

①不需要换向且起停不频繁。这种工况多出现在自动机械中,这类机械的工作循环是自动完成的,可连续运行而不需要停车。如图4.8所示的电阻帽自动机就属于这种情况。

②需要换向但换向不频繁。如图4.2所示的龙门起重机上各个执行件都要作正反两个方向的运动,但工作时间较长,故换向不频繁。

③换向和起停都很频繁。如普通车床车削螺纹就是这种情况。

2. 动力源的类型

(1)动力源为电动机

电动机允许在负载下起动,可以正反运转。当换向不频繁或换向虽频繁但电动机功率较小时,可直接由电动机起停和换向。这种方式的优点是结构简单,操纵方便,因此得到广泛的应用。

当功率较大且起停和换向频繁时,常采用离合器起停并通过离合器与齿轮的组合来换向。执行件的转速较高时采用摩擦离合器,执行件的转速较低时可采用牙嵌离合器等。

(2)动力机为内燃机

由于内燃机不能在负载下起动故必需用摩擦离合器或液力偶合器来实现起停。内燃机不能反向运转,执行件需要反向时应在传动链中设置反向机构。

用离合器实现起停时,为了减小摩擦离合器的结构尺寸,应将它放置在转速较高的传动轴上。由于靠近动力源,故当离合器脱开时,传动链中大部分传动件停止运动,可以减少空转功率损失。

换向机构放在靠近动力源的转速较高的传动轴上,也可使其结构紧凑。但会使换向的传动件较多,能量损失较大。因此,对于传动件少、惯性小的传动链,宜将换向机构放在前面即靠近动力源处,反之,宜将换向机构放在传动链的后面即靠近执行件处,以提高传动的平稳性和效率。

3. 起停和换向装置的结构

(1)齿轮–摩擦离合器换向机构

图4.12所示为齿轮–摩擦离合器换向机构的传动原理图。齿轮 Z_1、Z_3 均空套在轴Ⅰ上,摩擦离合器向左接合时,通过 Z_2 传动轴Ⅱ,摩擦离合器向右接合时,通过 Z_0、Z_4 传动轴Ⅱ实现反转,摩擦离合器处于中间位置时,轴Ⅱ不转。从而实现了轴Ⅱ的起停和换向。

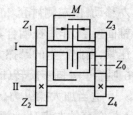

图4.12 齿轮—摩擦离合器换向机构传动原理图

图4.13所示为钢球压紧式摩擦离合器的结构图。内摩擦片12通过花键与轴8相连,外摩擦片11与齿轮相连,锥面套筒4通过销9与轴相连。移动操纵套10,通过钢球5、锥面套筒4、压紧套3或6及螺母1或7使左右两边摩擦离合器结合或脱开。调节螺母1或7可以分别调整两边摩擦片的间隙,调整后用锁紧销2锁紧以防止螺母松动。

操纵套10移动到位后应具有自锁功能,即当操纵力去掉后压紧摩擦片的压紧力不能消失。如图中所示在压紧位置上使纵套10的圆柱部分压紧钢球,此时钢球的作用力与操纵套10的运动方向垂直,故能保证可靠地自锁。

操纵离合器向左的压紧力通过左压紧套3、螺母1、摩擦片11和12、止动环13作用在

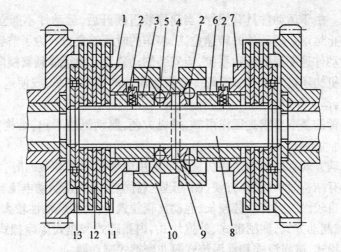

图 4.13 钢球压紧式摩擦离合器结构图

花键轴 8 上。同时,左压紧套 3 通过钢球传给锥面套筒 4 的反作用力,与压紧力大小相等、方向相反,此力通过销 9 也作用在花键轴 8 上,构成一个封闭的平衡力系,从而在结构上保证了传动轴和轴承不受轴向载荷。

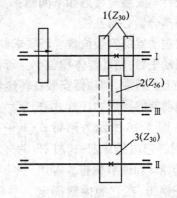

图 4.14 齿轮换向机构原理图

(2)齿轮换向机构

齿轮换向的原理是采用惰轮机构。图 4.14 所示为齿轮换向机构的原理图,运动从轴 Ⅰ 传入,轴 Ⅲ 传出。当轴 Ⅲ 上的滑移齿轮向右移动时,运动由轴 Ⅰ 经齿轮 $1(Z_{30})$ 的右半部和齿轮 $2(Z_{56})$ 传出带动轴 Ⅲ 转动。当滑移齿轮在图示位置时,运动由轴 Ⅰ 经齿轮 $1(Z_{30})$ 的左半部及其常啮合的惰轮 $3(Z_{30})$ 传动轴 Ⅲ 上的齿轮 $2(Z_{56})$ 从而带动轴 Ⅲ 转动,经过一惰轮 3,使轴 Ⅲ 反向运转。由于齿轮 1 与惰轮 3 的齿数相等,故输出的转速正反向相等。

换向机构的惰轮轴可以采用悬臂结构,但刚性较差,啮合受影响,是变速箱的噪声源之一。故惰轮轴应尽量采用两支承结构,如不能,应在布置惰轮时,改善其受力状况。如图 4.15(a)所示为惰轮布置在左侧,惰轮轴 O_2 受力状况不好,而图 4.15(b)的方案是将惰轮布置在右侧,惰轮轴 O_2 受力状况得以改善。

(三)制动装置

制动装置的作用是使执行件的运动

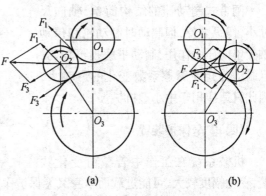

图 4.15 惰轮轴的布置方案

能够迅速停止。由于运动件具有惯性,当起停装置断开后,运动件不能立即停止,而是逐渐减速后才停止运动。运动件的转速愈高,停车的时间就愈长。为了节省辅助时间,对于起停频繁或运动件速度高的传动系统,应安装制动装置。执行件频繁换向时,也应先停车后换向。制动机构还可用于机械系统一旦发生事故时紧急停车,或使运动件可靠地停止在某个位置上。

对制动装置的基本要求是工作可靠,操纵方便,制动迅速平稳,结构简单,尺寸小,磨损小,散热好。

常用的制动方式有电气制动和机械制动。用电动机起停和换向时,常采用电动机反接制动。它具有结构简单、操作方便、制动迅速等优点,但反接制动电流较大,传动系统受到的惯性冲击也较大。当传动链较长、起动比较频繁、传动系统惯性较大及传递功率较大时,常采用机械制动方式,如闸带式、外抱块式、内张蹄式和盘式等摩擦式制动器。此外,还经常使用磁粉式、磁涡流式和水涡流式等非摩擦式制动器。

制动器的设计与安装应考虑如下问题:

①制动器与离合器必需互锁。

②合理确定制动器的安装位置。若要求制动扭矩较小,则制动器应安装在转速较高的轴上。这样制动平稳,制动器体积也小。若要求制动时间短、制动灵活,则制动器可直接安装在执行件上。通常,制动器安装在转速较高、变速范围较小的轴上。

③闸带式制动器的操纵力应作用在制动带的松边。图 4.16 所示为闸带式制动器的结构图。它由操纵杆 1、杠杆 2、制动带 3、制动轮 4 和调节螺钉 5 等组成。制动带为一钢带,在它的内侧固定一层石棉等材料,在操纵杆的控制下,通过杠杆将制动带拉紧,使制动带和制动轮之间产生摩擦阻力而使轴迅速停止转动。调节螺钉 5 用于调整制动带的松紧程度。

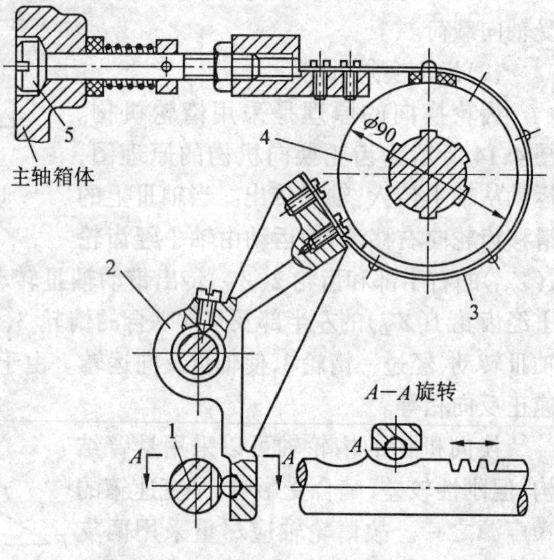

图 4.16　闸带式制动器结构图

闸带式制动器的结构简单,轴向尺寸小,操纵方便,但制动时制动轮和传动轴受单向压力作用,制动带磨损不均匀,且制动力矩受摩擦系数变化的影响大,因此只适应用于中小型机械。

(四)安全保护装置

机械系统在工作中若载荷变化频繁、变化幅度较大、可能过载而本身又无保护作用时,应在传动链中设置安全保护装置,以避免损坏传动机构。如果传动链中有带传动、摩擦离合器等摩擦副传动件,则具有过载保护作用,否则应在传动链中设置安全离合器或安全销等过载保护装置。当传动链所传递的转矩超过规定值时,靠安全保护装置中连接件的折断、分离或打滑来停止或限制转矩的传递。常用的安全保护装置有以下几种。

1. 销钉安全联轴器

在传动链中设置一个薄弱的环节,如剪断销或剪断键,当传递的转矩超过允许值时,销或键被剪断,使传动链断开,执行件便停止运动,待更换销或键后即可恢复工作。剪断销或剪断键应装在传动链中易于更换的位置上。图 4.17 所示为两种剪断销的结构。

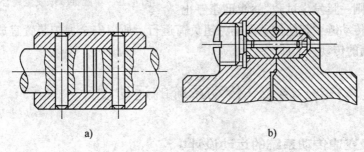

a)   b)

图 4.17 剪断销结构图

2. 钢珠安全离合器

图 4.18 所示为钢珠安全离合器的结构图。它由空套在轴上的齿轮 1 及与轴用导键联接的圆盘 4 等组成。齿轮 1 和圆盘 4 的圆周上均匀分布 6~8 个孔,孔内装有垫板 3 及钢珠 2,调节螺套 7 上的螺母 6 可调整弹簧 5 的压紧力。当载荷正常时,齿轮 1 通过钢珠 2 传动圆盘 4 和轴,这时钢珠之间将产生轴间分力 F_a,随着传递载荷的增加,轴向分力 F_a 也不断增大,当超过弹簧的压紧力 F 时,圆盘孔内钢珠连同圆盘压缩弹簧而一起右移,使钢珠之间打滑,轴便停止转动。超载消除后,立即自动恢复正常工作。

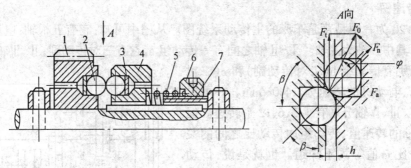

图 4.18 钢珠安全离合器结构图

这种安全离合器的灵敏度较高、工作可靠、结构简单,但打滑时会产生较大的冲击,连接刚度较小,反向回转时运动的同步性较差。

采用钢珠安全离合器时,需计算弹簧 5 的压紧力及钢珠的数量,可参阅有关资料。

3. 摩擦安全离合器

图 4.19 所示为单圆锥式摩擦安全离合器。摩擦面由具有内锥面的摩擦盘 1 和具有外锥面的摩擦盘 2 组成,在弹簧 3 的作用下使两个锥面压紧,由此产生的摩擦力矩即为安全离合器允许的输出转矩。螺母 4 用来调整弹簧 3 的压紧力。在两个锥面制造与安装正确的情况下,只需很小的压紧力就能保证良好的接触。

这种安全离合器的结构简单,多用于传递转矩不大的场合。如果传递的转矩较大,也可采用双圆锥式摩擦安全离合器或摩擦片式安全离合器。

安全保护装置装在转速较高的传动件上,可使结构尺寸小些。若装在靠近执行件的传动件上,则一旦发生过载,就能迅速停止

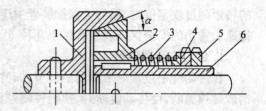

图 4.19　单圆锥摩擦安全离合器结构图

运动,并可使传动链中其他传动件避免超负荷运行。所以安全保护装置宜放在靠近执行件且转速较高的传动件上。

4.2　传动系统的运动设计

一、有级变速传动系统的运动设计

当机械系统的执行件的转速或速度需要在一定范围内变化,而又允许有一定的转速损失时,基于经济性考虑,可采用有级变速系统,而机床有级变速系统的设计方法、原则比较系统而成熟。因此,以下介绍机床有级变速系统设计时应遵循的原则和规律,其他机械系统的传动设计,可参照进行。对于通用机床主运动的执行件(如普通车床),一般都有若干个按等比数列排列的转速,当采用普通交流异步电动机时,它只能提供一个(或二、三个)转速。在该传动设计中,要解决的主要问题是应遵循一些什么原则和规律,才能使执行件(主轴组件)获得按等比数列排列的若干级转速。

1. 转速图

图 4.20 为一中型普通车床的主传动系统图。从图中可知:它有五根轴:电动机轴和Ⅰ-Ⅳ轴,其中Ⅳ轴为主轴。Ⅰ-Ⅱ轴之间有一传动组 a,它有三对传动副;Ⅱ-Ⅲ轴和Ⅲ-Ⅳ轴之间分别有传动组 b(二对传动副)和 c(二对传动副)。电动机的转速为1 440r/min。并可看出,Ⅰ、Ⅱ、Ⅲ、Ⅳ轴分别有1、3、6、12 个转速。但是,每根轴的转速值、传动组内传动比之间的关系以及公比 φ 值等均不知道。也就是说,传动系统图虽然直观地表达了该传动系统的组成,但却有许多关键的东西并没有描述清楚,而且画起来比较麻烦。在设计传动系统时,用它来进行方案对比并不是最好的工具。于是出现了将上述内容完全表示清楚的线图,称为转速图。

(1)转速图的概念

①轴线　轴线是用来表示轴的一组间距相等的竖线。从左向右依次画出五条间距相等的竖线,并标上与图 4.20 对应的轴号(电动机轴号为 0)。竖线间的间距相等是为了使线图清晰,并不表示轴的中心距相等。

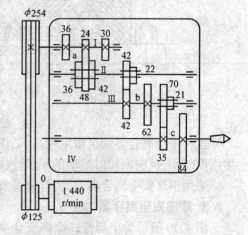

图 4.20　12级主传动系统图

②转速线　转速线是一组间距相等的水平线,用它来表示转速的对数坐标。由于主轴转速是等比数列,相邻两转速间具有如下关系

$$\frac{n_2}{n_1} = \varphi \qquad \frac{n_3}{n_2} = \varphi \cdots\cdots \frac{n_Z}{n_{Z-1}} = \varphi$$

两边取对数,得

$$\lg n_2 - \lg n_1 = \lg \varphi$$
$$\lg n_3 - \lg n_2 = \lg \varphi$$
$$\vdots$$
$$\lg n_Z - \lg n_{Z-1} = \lg \varphi$$

因此,如将转速图上的竖线坐标取对数　则使竖线的普通坐标变成为对数坐标,出现了任意相邻两转速线的间隔相等,都等于一个 $\lg\varphi$ 的结果,为了方便,习惯上不写 $\lg$ 符号。对于 4.20 的传动系统,主轴有 12 个转速,故画 12 条间距相等的水平线。通过计算知道,主轴的 12 级转速分别为:31.5r/min、45r/min、63r/min、90r/min、125r/min、180r/min、250r/min、355r/min、500r/min、710r/min、1 000r/min、1 400r/min。并可得出公比 $\varphi = 1.41$。

③转速点　转速点是指在轴线上画的圆点(或圆圈),用它来表示该轴所具有的转速值。在Ⅳ轴(主轴)上画 12 个圆点(或圆圈),它们都落在水平线与竖线的交点上,表示主轴的 12 级转速值,并将数值写在圆点(或圆圈)右边。对于图 4.20,通过计算知道,Ⅰ轴转速值为 710r/min,Ⅱ轴转速值为 355r/min、500r/min、710r/min;Ⅲ轴的转速值为 125r/min、180r/min、250r/min、355r/min、500r/min、710r/min、分别在Ⅰ、Ⅱ、Ⅲ轴线与转速线的交点处画 1、3、6 个圆点(或圆圈)。有时,转速点不落在水平线上,则应标出转速值。如电动机轴(0 轴)的转速为 1 440r/min。

④传动线　传动线是指轴间转速点的连线,它表示相应传动副及其传动比值。传动线(传动比线)的倾斜方向和倾斜程度分别表示传动比的升降和大小(本章中所提到的传动比 i 均按机床中的惯例来排比,即 $i = \dfrac{主动轮}{被动轮}$)。若传动比线是水平的,表示等速传动,传动比 $i=1$;若传动比线向右上方倾斜,表示升速传动,传动比 $i>1$;若传动比线向右下方倾斜,表示降速传动,传动比 $i<1$。对于图 4.20 的传动系统,在0-Ⅰ轴间,有一对传动副,其传动比值为

$$i_1 = \frac{125}{254} \approx \frac{1}{2} = \frac{1}{1.41^2} = \frac{1}{\varphi^2}$$

该两轴间的传动是降速传动,传动比线(即 1 440r/min 与 710r/min 的连线)从主动转速点 1 440r/min 引出向右下方倾斜两格。

在轴Ⅰ-Ⅱ之间有三对传动副构成一个传动组 a,它的传动比值分别为

$$i_{a_1} = \frac{24}{48} = \frac{1}{2} = \frac{1}{\varphi^2} \qquad i_{a_2} = \frac{30}{42} = \frac{1}{1.41} = \frac{1}{\varphi} \qquad i_{a_3} = \frac{36}{36} = \frac{1}{1}$$

因此,在转速图的Ⅰ-Ⅱ轴之间应有三条传动比线,它们都从主动转速点 710r/min 引出,分别为向右下方倾斜两格和一格的连线以及一条水平线。

在Ⅱ-Ⅲ轴间有两对传动副构成一个传动组 b,它们的传动比值为

$$i_{b_1} = \frac{22}{62} = \frac{1}{2.8} = \frac{1}{1.41^3} = \frac{1}{\varphi^3} \qquad i_{b_2} = \frac{42}{42} = \frac{1}{1}$$

在轴Ⅲ-Ⅳ间有两对传动副构成传动组 c,它的传动比值分别为

$$i_{c_1} = \frac{21}{84} = \frac{1}{4} = \frac{1}{1.41^4} \qquad i_{c_2} = \frac{70}{35} = \frac{2}{1} = 1.41^2 = \varphi^2$$

同理,在转速图的Ⅲ-Ⅳ轴间有两条传动比线,它们分别从主动转速点 710r/min、500r/min、355r/min、250r/min、180r/min、125r/min 引出向右上升两格和向右下降四格的连线(倾斜线)。于是,使主轴(Ⅳ轴)得到了 3×2×2 = 12 级转速。对应于图 4.20 的转速图如图 4.21 所示。

综上述,转速图是由"三线一点"组成:轴线、转速线、传动线和转速点。图 4.21 清楚地表示了轴的数目、主轴及传动轴的转速级数、转速值及其传动路线、变速组组数及传动顺序、各变速组的传动副数及传动比值。还表示了传动组内各传动比之间的关系以及传动组之间的传动比的关系(详见下述)等。

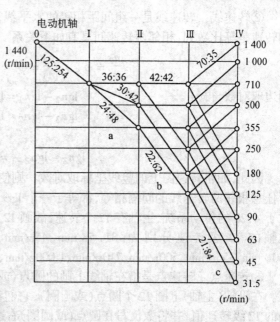

图 4.21　12 级传动系统转速图

(2)传动比分配方程(转速图原理)

①基本组　变速组 a 中有三对传动副,表示传动比值的传动线都是由Ⅰ轴的主动转速点 710r/min 引出,它们的传动比值分别为

$$i_{a_1} = \frac{1}{\varphi^2} \quad i_{a_2} = \frac{1}{\varphi} \quad i_{a_3} = 1$$

则

$$i_{a_1} : i_{a_2} : i_{a_3} = \frac{1}{\varphi^2} : \frac{1}{\varphi} : 1 = 1 : \varphi : \varphi^2 \tag{4.1}$$

由此可见,在变速组 a 中,相邻传动比连线之间相差一个公比 φ,各传动比值是以 φ 为公比的等比数列,通过这三个传动比的作用,使Ⅱ轴获得的三个转速 355r/min、500r/min、710r/min 仍是以 φ 为公比的等比数列。主轴能够获得按等比数列排列的转速是因为这个变速组首先起作用的结果,实质上,它使主轴获得了以 φ 为公比的三个转速。因此,这个变速组是必不可少的最基本的变速组,称它为基本组。

将式(4.1)写成通式

$$i_1 : i_2 : \cdots : i_{p_i} = 1 : \varphi^{x_i} : \cdots : \varphi^{(p_i - 1)x_i} \tag{4.2}$$

式中　φ^{x_i}——任意相邻两传动比的比值,简称级比;

　　　x_i——级比指数或传动特性指数;

　　　p_i——该传动组的传动副数。

称式(4.2)为传动比分配方程。

基本组的级比指数(传动特性)用 x_0 表示,基本组的级比 $\varphi^{x_0} = \varphi^1$,故级比指数 $x_0 = 1$。

②扩大组　在变速组 b 中,有两对传动副,其传动比值为

$$i_{b_1} = \frac{22}{62} = \frac{1}{\varphi^3} \qquad i_{b_2} = \frac{42}{42} = 1$$

则

$$i_{b_1} : i_{b_2} = \frac{1}{\varphi^3} : 1 = 1 : \varphi^{x_1} \tag{4.3}$$

式中，x_1 为第一扩大组的级比指数。该方程表示这个变速组的相邻传动比值之间相差 φ^3，在转速图上表现为相邻传动线之间相差 3 格。通过这个变速组内两个传动比的作用，使Ⅲ轴获得了 6 级以 φ^3 为公比的等比数列。实质上使主轴又增加了 3 个转速。可见，这个变速组是在基本组已经起作用的基础上，起到了再将转速级数增加的作用，称它为扩大组。又因它是第一次起扩大作用，为区别起见，称它为第一扩大组。由于在基本组中有 3 对传动副，它已使Ⅱ轴获得了以 φ 为公比的 3 级转速，故第一扩大组的级比必须是 φ^3，才能使Ⅲ轴获得以 φ 为公比的 6 级转速。即第一扩大组的级比为 φ^3，级比指数 $x_1 = 3$，它恰好等于基本组的传动副数 $p_0(= 3)$。

在变速组 c 中有两对传动副，其传动比值为

$$i_{c_1} = \frac{21}{84} = \frac{1}{4} = \frac{1}{\varphi^4} \qquad i_{c_2} = \frac{70}{35} = 2 = \varphi^2$$

则

$$i_{c_1} : i_{c_2} = \frac{1}{\varphi^4} : \varphi^2 = 1 : \varphi^6 = 1 : \varphi^{x_2} \tag{4.4}$$

式中，x_2 为第二扩大组的级比指数。该式表示这个传动组的级比为 φ^6，在转速图上表现为相邻传动线之间相差 6 格。通过这个变速组的作用使Ⅳ轴(主轴)由 6 级转速再增加 6 级，共有 12 级转速。因此，这个变速组是第二次起增加主轴转速的作用，称它为第二扩大组。同理，第二扩大组的级比必须是 φ^6(在转速图上相邻传动线必须拉开 6 格)才能使主轴获得连续的等比数列。它的级比指数 $x_2 = 6$，恰好等于基本组的传动副数 $p_0(= 3)$ 与第一扩大组的传动副数 $p_1(= 2)$ 的乘积，即 $x_2 = p_0 \times p_1$。

若机床传动系统还要第三、四……次扩大变速范围，则还应有第三、四……扩大组。

通常，机床的传动系统都是由若干个变速组串联而成，任意变速组的传动比之间的关系都应满足式(4.2)——传动比分配方程。区别不同变速组的是它的级比指数 x_i。如前述，基本组的级比指数 $x_0 = 1$，第一扩大组的级比指数 $x_1 = p_0$，第二扩大组的级比指数 $x_2 = p_0 \times p_1$，第三扩大组的级比指数 $x_3 = p_0 \times p_1 \times p_2$，第 i 个扩大组的级比指数 $x_i = p_0 \cdot p_1 \cdot p_2 \cdot \cdots \cdot p_{i-1}$。因此，$x_i$ 完全代表了这个变速组的性质。只要满足传动比分配方程式(4.2)，就能使主轴获得连续(不重复、不间断)的等比数列。通常称这样的变速系统为常规变速系统。除此而外，还有用得最多的所谓特殊变速系统。

如果由若干个传动组串联而成的传动系统，满足基本组、第一扩大组、第二扩大组……的排列次序，即级比指数 x_i 由小到大排列，这叫做扩大顺序。但从结构上，运动总是从电动机经Ⅰ轴→Ⅱ轴→……→主轴，这叫做传动顺序，传动顺序是固定不变的。在设计变速系统时，扩大顺序可能与传动顺序一致，也可能不一致，将在以后讨论这一问题。

(3)变速组的变速范围

变速组内最大传动比 i_{max} 与最小传动比 i_{min} 之比，称为变速组的变速范围 r，即

$$r = \frac{i_{\max}}{i_{\min}} \tag{4.5}$$

由式(4.2)知,任一变速组的变速范围 r_i

$$r_i = \varphi^{(p_i - 1)x_i} \tag{4.6}$$

对于上例:

基本组的变速范围 $r_0 = \varphi^{(p_0 - 1)x_0} = \varphi^2 (p_0 = 3, x_0 = 1)$

第一扩大组的变速范围 $r_1 = \varphi^{(p_1 - 1)x_1} = \varphi^3 (p_1 = 2, x_1 = 3)$

第二扩大组的变速范围 $r_2 = \varphi^{(p_2 - 1)x_2} = \varphi^6 (p_2 = 2, x_2 = 6)$

主轴的变速范围 $R_n = \dfrac{n_{\max}}{n_{\min}}$,对于上例:

因为

$$n_{\max} = n_{电} \cdot i_{a\,\max} \cdot i_{b\,\max} \cdot i_{c\,\max}$$

$$n_{\min} = n_{电} \cdot i_{a\,\min} \cdot i_{b\,\min} \cdot i_{c\,\min}$$

$$R_n = \frac{n_{电} \cdot i_{a\,\max} \cdot i_{b\,\max} \cdot i_{c\,\max}}{n_{电} \cdot i_{a\,\min} \cdot i_{b\,\min} \cdot i_{c\,\min}} = r_a \cdot r_b \cdot r_c$$

写成通式

$$R_n = r_0 \cdot r_1 \cdot r_2 \cdots \cdots r_i \tag{4.7}$$

式(4.7)表明,主轴的变速范围 R_n 等于各变速组变速范围的连乘积。

在设计机床的变速系统时,在降速传动中,为防止被动齿轮的直径过大而使径向尺寸增大,常限制最小传动比,使 $i_{\min} \geqslant \frac{1}{4}$。在升速传动中,为防止产生过大的振动和噪声,常限制最大传动比使 $i_{\max} \leqslant 2$。斜齿圆柱齿轮传动比较平稳,故 $i_{\max} \leqslant 2.5$。因此,主传动链任一变速组的变速范围一般应满足 $r_{\max} = i_{\max}/i_{\min} \leqslant 8 \sim 10$。对于进给传动系统,由于传动件的转速低,进给传动功率小,传动件的尺寸小,极限传动比的条件可取为 $\frac{1}{5} \leqslant i_{极} \leqslant 2.8$,故 $r_{\max} \leqslant 14$。

在拟定转速图时,一般都应使每个变速组的变速范围不超过上述允许值。在通常情况下,由于最后一个扩大组的变速范围最大,因此,一般只要检查最后一个扩大组的变速范围即可。

二、结构式和结构网

变速组的传动副数 p_i 和级比指数 x_i 是它的两个基本参数。当这两个参数一旦确定,则该变速组就随之而定。如果将这两个参数紧密地写成这样的形式: p_{ix_i} 或 $p_i[x_i]$,则表示变速组的方式就简单得多。因此,如果按运动的传递顺序将表示每个变速组的两个基本参数写成乘积的形式,就是所谓的"传动结构式",简称"结构式",即

$$z = p_{ax_a} \cdot p_{bx_b} \cdot p_{cx_c} \cdots \cdots p_{ix_i}$$

对于图 4.20 的变速系统和图 4.21 的转速图,其结构式为

$$12 = 3_1 \times 2_3 \times 2_6 \tag{4.8}$$

或　　　　　　　　$12 = 3[1] \times 2[3] \times 2[6]$

式(4.8)表示了主轴的 12 级转速是通过基本组 3_1(传动副 $p_0 = 3$,级比指数 $x_0 = 1$)、第一扩大

组 2_3（传动副 $p_1=2$，级比指数 $x_1=3$）、第二扩大组 2_6（传动副 $p_2=2$，级比指数 $x_2=6$）的共同作用获得的。显然，式(4.8)是扩大顺序与传动顺序一致的情况。若将基本组、扩大组采取不同的排列次序，对于 $12=3\times2\times2$ 的传动方案，可得如下结构式

$$12=3_1\cdot2_3\cdot2_6 \qquad 12=3_1\cdot2_6\cdot2_3 \qquad 12=3_2\cdot2_1\cdot2_6$$

$$12=3_2\cdot2_6\cdot2_1 \qquad 12=3_4\cdot2_1\cdot2_2 \qquad 12=3_4\cdot2_2\cdot2_1$$

结构式简单，但不直观，与转速图的差别太大。为此，若将结构式表示的内容用类似转速图那样的线图来表示，就形成了所谓的结构网。图 4.22 是对应结构式 $12=3_1\cdot2_3\cdot2_6$ 的结构网。

该传动系统有三个变速组，故应有 4 条间距相等的表示轴的竖线。主轴有 12 级转速，故有 12 条间距相等表示转速的水平线。由于结构网只表示传动比的相对关系，故表示传动比的连线可对称画出。为此，在I轴上找出上、下对称点 O。在I-II轴间是基本组，$x_0=1$，故表示三对传动副的传动线从 O 点引出时，一条是水平传动线 Ob，一条是向右上方升一格的传动线 Oc，一条是向右下方降一格的传动线 Oa。在II-III轴间的传动组是第一扩大组，$x_1=3$，表示相邻传动线之间跨 3 格。因此，从 c 点（也可从 a、b 点）分别引出向右上方升 1.5 格和向右下方降 1.5 格的传动线 cd 和 ce，再分别过 b、a 点画 cd 和 ce 的平行

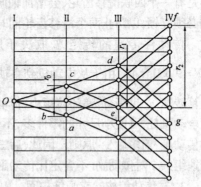

图 4.22　$12=3_1\cdot2_3\cdot2_6$ 的结构网

线（代表同一传动副），则III轴有 6 级转速（在III轴相应位置上画 6 个圆点或圆圈）。在III-IV轴间的变速组是第二扩大组，$x_6=6$，从 d 点（也可从其他五个点）引出上下对称的两条传动线 df 和 dg（df 向右上方升 3 格，dg 向右下方降 3 格）。再在III轴上的其余转速点上分别引 df 和 dg 的平行线，则画出完整的结构网。由结构网的画法可知，结构网只表示传动组内传动比的相对关系，故传动线不表示传动比的实际值；轴上转速点只表示每根轴的转速数目，而不表示转速值（主轴除外）。结构网还表示了每个变速组的变速范围，如 $r_0=\varphi^2$，$r_1=\varphi^3$，$r_2=\varphi^6$。从总体上讲，结构式或结构网表达了与转速图完全一致的传动特性。一个结构式对应唯一结构网，反之，亦然。而一个结构网或结构式可有多个转速图，但一个转速图只能对应一个结构式或一个结构网。由于结构网在形式上与转速图相似，故只要把结构网的网结点 O 沿I轴上升适当位置，而使传动线间的相对关系不变，就变成了转速图。

同时还看出，在设计传动系统时，利用结构式或结构网来进行方案对比是非常方便的。

三、转速图的拟定

主传动的运动设计是在机床的主要技术参数确定后、结构设计前进行的。包括的主要内容是：写传动结构式或画结构网、画转速图，确定齿轮齿数或带轮直径，画传动系统图。现通过一个实例来说明拟定转速图的方法和应遵循的原则。

【例 4.1】 欲设计一台中型车床的主传动系统。已知：主轴的最高转速 $n_{max}=1\,400$ r/min，主轴的最低转速 $n_{min}=31.5$ r/min，主轴级数 $z=12$，主轴转速公比 $\varphi=1.41$（这些已知数据都是总体设计时自定的），拟定转速图。

1. 确定转速数列

在表 2.12 中,首先找到 31.5r/min、然后每隔 5 个数(因为 $1.41 = 1.06^6$)取一个值,得出主轴的转速数列值为:31.5r/min、45r/min、63r/min、90r/min、125r/min、180r/min、250r/min、355r/min、500r/min、710r/min、1 000r/min、1 400r/min,共 12 级。

2. 定传动组数和传动副数

这一步实质上是将主轴转速级数 z 分解因子。对于 $z = 12$ 可能有的方案是:

①$12 = 4 \times 3$ ②$12 = 3 \times 4$ ③$12 = 3 \times 2 \times 2$ ④$12 = 2 \times 3 \times 2$ ⑤$12 = 2 \times 2 \times 3$

于对①、②方案,表示传动系统由两个变速组(有七对传动副)串联而成,可节省一根轴,但是有一个四联滑移齿轮,会增加轴向尺寸。如果将四联齿轮变成两个滑移齿轮,则操纵机构必须互锁,以防止两个滑移齿轮同时啮合。因此,①、②方案一般不宜采用。

传动件传递的转矩 T 取决于所传递的功率 $P(kW)$ 和它的计算转速 $n_c(r/min)$ $\left(T = 9\ 550 \dfrac{P}{n_c} \right)$。由于从电动机到主轴,一般均为降速传动,靠近电动机轴的传动件转速高,计算转速 n_c 也高,传递的转矩小,传动件的尺寸也小。如果将传动副数多的变速组放在靠近电动机处,可使小尺寸的零件多,不仅节省材料,还可使变速箱的结构紧凑。这就是所谓的传动副"前多后少"原则。因此,后三种方案中,以取方案③为好。它表示传动系统由 3 个变速组共 7 对传动副(不含定比传动副)组成。

3. 写传动结构式或画结构网

这一步实质是安排扩大顺序,即安排这三个变速组的哪一个作基本组,哪个作第一扩大组等。对于 $12 = 3 \times 2 \times 2$ 的传动方案,可能有的传动结构式和结构网有 6 个。如图 4.23 所示。

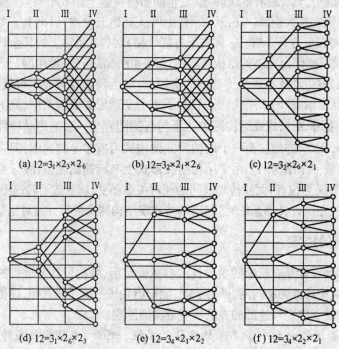

(a) $12 = 3_1 \times 2_3 \times 2_6$ (b) $12 = 3_2 \times 2_1 \times 2_6$ (c) $12 = 3_2 \times 2_6 \times 2_1$

(d) $12 = 3_1 \times 2_6 \times 2_3$ (e) $12 = 3_4 \times 2_1 \times 2_2$ (f) $12 = 3_4 \times 2_2 \times 2_1$

图 4.23 12 级的 6 种结构式和结构网

对上述 6 种方案都应验算每个变速组的变速范围。如前述,只验算每种方案的最后一个扩大组即可。在(a)、(b)、(c)、(d)方案中,最后一个扩大组是 2_6,在(e)、(f)方案中,最后一个扩大组是 3_4。对于 2_6 变速组, $r_2 = \varphi^{(p_2-1)x_2} = \varphi^{(2-1)6} = \varphi^6 = 8$,故满足要求。对于 3_4 变速组, $r_2 = \varphi^{(p_2-1)x_2} = \varphi^{(3-1)4} = 1.41^8 = 16 \gg 8$,因此,只有在(a)、(b)、(c)、(d)四方案中选择一个最好的方案。其原则是,选择中间轴(Ⅱ、Ⅲ)变速范围最小的方案。因为如果同轴号的最高转速相同,则变速范围小的方案最低转速高,可使传动件(轴和齿轮)的尺寸减小,变速箱的结构紧凑;反之,如果同轴号的最低转速相同,则变速范围小者最高转速低,可减小振动和噪声,提高了变速箱的使用质量,或降低了制造成本。通过比较,四方案中以(a)方案的Ⅱ、Ⅲ轴的变速范围最小。故以(a)方案最佳。该方案的特点是扩大顺序与传动顺序一致。因此,在没有特殊要求的情况下,在安排扩大顺序(写结构式或画结构网)时应尽量与传动顺序一致。

4. 选电动机转速 n_0

普通交流异步电动机在额定功率相同时,其同步转速一般有 3 000r/min(2 级)、1 500r/min(4 级)、1 000r/min(6 级)和 750r/min(8 级)等几种。在无特殊要求的情况下,应选成本低,容易购买的 2 极或 4 极电动机。尤为重要的是应使所选电动机的同步转速与主轴最高转速相接近。如果 n_0 远低于 n_{max},则升速多,会使变速箱的振动和噪声增加;如果 n_0 远高于 n_{max},则传动链太长,会使变速箱结构复杂、尺寸庞大,同时,增加了空载功率。对于本例,选电动机的转速为 1 500r/min(满载时为 1 440r/min)。

5. 定中间轴转速

这一步的实质是在升速 $i_{max} \leqslant 2$、降速 $i_{min} \geqslant \frac{1}{4}$(直齿圆柱齿轮传动)的条件下,分配各传动组的传动比,以确定中间轴的转速。由于从电动机轴到主轴的总趋势是降速传动,如果中间轴的转速定得高一些,会使传动件的尺寸小一些。因此,在分配传动比时,按传动顺序,前面变速组的降速要慢些,后面变速组的降速要快一些,即所谓的降速要"前慢后快"。故要求 $i_{a\,min} \geqslant i_{b\,min} \geqslant i_{c\,min} \geqslant \cdots$。但是,如果中间轴的转速过高,将会引起过大的振动、发热和噪声。通常,希望齿轮的线速度不超过 12 ~ 15m/s。对于中型车、钻、铣等机床,中间轴的最高转速不宜超过电动机转速。对于小型机床和精密机床,由于功率较小,传动件不会太大,这时振动、发热和噪声是要考虑的主要问题。因此,更要注意限制中间轴的转速不要过高。有时,从电动机到主轴是升速传动,在分配变速组的传动比时,也应采用"前慢后快"的原则。即按传动顺序,在前面的变速组的传动比升得慢一些(传动比小),后面的变速组升得快一些(传动比较大)。这样可压低中间轴的最高转速,以降低中间轴传动件的精度等级。对于中间轴转速不是太高时,基于减小传动件尺寸的要求,则升速宜采用"前快后慢"的原则来分配传动组的传动比。

对于此例所写的传动结构式共有三个传动组,变速系统共需 4 根轴,加上电动机轴共 5 根。这样,在电动机轴到Ⅰ轴间可有一级定比传动,不仅为本设计提供方便,也为变型机床的设计提供了灵活性。因为只要改变该定比传动的传动比,在其他三个传动组的传动比不变的情况下,就可将主轴的 12 级转速同时提高或降低,以满足不同用户的需要。由于有 5 根轴,故需画 5 条间距相等的竖线来表示轴;主轴有 12 级转速,故需画 12 条间距相等的水平线表示转速的对数坐标值,在Ⅳ轴(主轴)与水平线交点上画 12 个圆点(或圆圈)表示主轴的 12 级转速,并注明转速值,在电动机轴(0 轴)相应位置画一圆点(或圆圈)并注明 1 440r/min。

如图 4.24 所示。

定中间各级转速时,可以从电动机轴(0 轴)开始往后推,也可以从 Ⅳ 轴(主轴)开始往前推。通常以往前推比较方便,即首先定 Ⅲ 轴的转速(首先分配第二扩大组 c 的传动比)。由于传动组 c 的变速范围 $r_c = \varphi^{(p_c-1)x_c} = \varphi^6 = 8$,故这两对传动副的传动比必然是

$$i_{c1} = \frac{1}{4} = \frac{1}{\varphi^4}; \quad i_{c2} = \frac{2}{1} = \varphi^2$$

于是确定了 Ⅲ 轴的 6 级转速只能是:125r/min、180r/min、250r/min、355r/min、500r/min、710r/min。

可见,Ⅲ 轴的最低转速是 125r/min。两对传动副的连线如图 4.24 中的 hj 和 hk 所示。

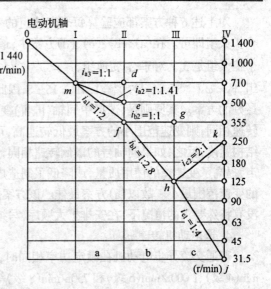

图 4.24　转速图拟定

然后确定 Ⅱ 轴的转速。传动组 b 是第一扩大组,级比指数 $x_1 = 3$。可知,Ⅱ 轴的最低转速可以是 180r/min($i_{max} = \varphi^2$, $i_{min} = 1/\varphi$)、250r/min($i_{max} = \varphi$, $i_{min} = 1/\varphi^2$)、355r/min($i_{max} = 1$, $i_{min} = 1/\varphi^3$)、500r/min($i_{max} = 1/\varphi$, $i_{min} = 1/\varphi^4$),为避免升速,同时不使最小传动比太小,并满足降速符合递减原则,因此取

$$i_{b\,min} = i_{b1} = 1/\varphi^3 = 1/2.8; \quad i_{b\,max} = i_{b2} = 1$$

即 Ⅱ 轴的最低转速定为 355r/min。两对传动副的连线如图中 fh 和 fg 所示。Ⅱ 轴的三级转速分别为:355r/min、500r/min、710r/min。

在 Ⅰ-Ⅱ 轴间的变速组 a 是基本组,级比指数 $x_0 = 1$,根据升 2 降 4 的原则,则 Ⅰ 轴的转速可以是:355r/min($i_{max} = \varphi^2$, $i_{min} = 1$)、500r/min($i_{max} = \varphi$, $i_{min} = 1/\varphi$)、710r/min($i_{max} = 1$, $i_{min} = 1/\varphi^2$)、1 000 r/min($i_{max} = 1/\varphi$, $i_{min} = 1/\varphi^3$)、1 400r/min($i_{max} = 1/\varphi^2$, $i_{min} = 1/\varphi^4$),基于同样理由,确定 Ⅰ 轴的转速为 710r/min。三对传动副的连线如图 4.24 中的 mf、me、md 所示。电动机轴(0 轴)与 Ⅰ 轴之间可采用带传动,传动比 $i_{定} = 1/$

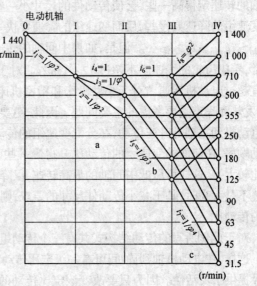

图 4.25　$12 = 3_1 \times 2_3 \times 2_6$ 的转速图之一

$\varphi^2 = 1/2$,最后,分别在 Ⅱ-Ⅲ 轴间,过 Ⅲ 轴转速点 e、d 分别画 fh 和 fg 的平行线。同样,在 Ⅲ-Ⅳ 轴间,过 Ⅲ 轴转速点画 hj 和 hk 的平行线。这样,转速图最终完成,其结果如图 4.25 所示。

当然,对应于 $12 = 3_1 \times 2_3 \times 2_6$ 的结构式还可以有别的转速图,如图 4.26 和 4.27 所示。图 4.26 是将 I 和 II 轴的转速都降低一个公比 φ 。这样,该转速图 I、II、III 轴的最高转速和为: $500 + 500 + 710 = 1\,710$ r/min,比图 4.25 所示方案的 $710 \times 3 = 2\,130$ r/min 降低了约 20%,有利于降低噪声和减少发热。缺点是由于 I、II 轴的转速降低了一个公比 φ ,故 I、II 轴的直径和 a、b 两组齿轮的模数都要增大,同时被动带轮的直径也要增大。如果将电动机的转速 $1\,500$ r/min(4级电动机)改为 $1\,000$ r/min(6级电动机),满载为 960 r/min,则带轮传动比仍为 $i_定 = \dfrac{1}{2}$,如图 4.26 中的虚线所示。缺点是电动机的体积大些,也贵些。对于图 4.27 所示的转速图,皮带传动副的传动比 $i_定 = 1/\varphi^2$,只重新分配了变速组 a 的传动比,虽避免了被动带轮直径的加大,并使 II 轴的最高转速比图 4.25 所示的低,但 I 轴的转速仍比图 4.26 所示的高,使变速组 a 的被动齿轮增大。

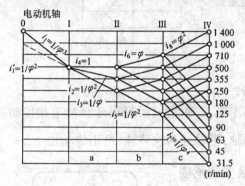
图 4.26　$12 = 3_1 \times 2_3 \times 2_6$ 的转速图之二

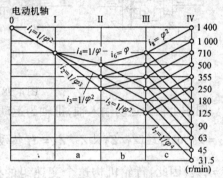
图 4.27　$12 = 3_1 \times 2_3 \times 2_6$ 的转速图之三

综上述,对应于同一传动结构式(或结构网)有多种不同的转速图,它们各有利弊。设计时应全面衡量得失,根据具体情况进行精心选择。

四、扩大变速系统调速范围的办法

如前述,传动系统中最后一个变速组的变速范围 $r_i = \varphi^{(p_i - 1)x_i}$,如果该变速组的传动副数 $p_i = 2$,则 $r_i = \varphi^{x_i} = \varphi^{p_0 \cdot p_1 \cdot p_2 \cdots p_{i-1}}$,而主轴转速级数 $z = p_0 \cdot p_1 \cdot p_2 \cdots p_{i-1} \cdot p_i$ 。因为 $p_i = 2$,故 $p_0 \cdot p_1 \cdot p_2 \cdots p_{i-1} = z/2$,因此, $r_i = \varphi^{x_i} = \varphi^{z/2}$ 。由于极限传动比的限制,当 $\varphi = 1.26$ 时, $1.26^9 = 8$,故 $z = 18$;当 $\varphi = 1.41$ 时, $1.41^6 = 8$,故 $z = 12$ 。而主轴的变速范围 $R_n = \varphi^{z-1}$,故当 $\varphi = 1.41$ 时, $R_n = 1.41^{11} = 45$,当 $\varphi = 1.26$ 时, $R_n = 1.26^{17} = 50$ 。这样的变速范围一般不能满足通用机床的要求。例如要求中型普通车床的变速范围 $R_n = 140 \sim 200$,镗床的变速范围 $R_n = 200$ 。因此,必须采取措施来扩大主轴的变速范围。

1. 转速重合

在原有的传动链之后再串联一个变速组是扩大变速范围最简便的办法。但由于极限传动比的限制,串联变速组的级比指数 x_i 要特殊处理。如 $\varphi = 1.26$,如果要求 $R_n > 50$,由于 $3_1 \times 3_3 \times 2_9$ 的变速范围 $R_n = 50$,不能满足要求。这时可在后面串联一个传动副为 2 的变速组,即 $3_1 \times 3_3 \times 2_9 \times 2_{18}$ 这是正常传动的情况。但因最后一个变速组的 $r = \varphi^{18} = 64 \gg 8$,故只有将 $x_3 = 18$ 改为 $x_3 = 9$ 才行,于是变成 $3_1 \times 3_3 \times 2_9 \times 2_9$ 。这时,主轴转速重合了 9

级,主轴的实际转速 $z = 3 \times 3 \times 2 \times 2 - 9 = 27$ 级。但主轴的变速范围 $R_n = 1.26^{26} = 400$。由此例可看出,设计转速重合传动系统的方法是减小扩大组的级比指数 x_i。转速重合的方法还可用于主轴转速级数不便分解因子等情况。如主轴转速级数 z 为 17、19、23、27 等。

2. 背轮机构

采用背轮机构(又称单回曲机构)可以扩大传动系统的变速范围。其原理如图 4.28

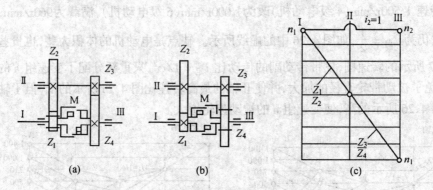

$$(a) \qquad\qquad (b) \qquad\qquad (c)$$

图 4.28　背轮机构

所示。图中 I 轴为运动输入轴,III 轴为运动输出轴,二轴同心,可经离合器 M 直接传动 III 轴,$i_2 = 1$。也可经 $Z_1/Z_2 \times Z_3/Z_4 = i_1$ 传动 III 轴,III 轴经两次降速,最小传动比 $i_{min} = \dfrac{1}{4} \times \dfrac{1}{4} = \dfrac{1}{16}$。因此,背轮机构这个变速组的极限变速范围

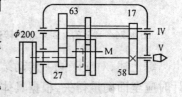

$$r_{Bmax} = \frac{i_{max}}{i_{min}} = \frac{1}{\frac{1}{4} \times \frac{1}{4}} = 16 。$$ 其转速图如图(c)所示。背轮

机构仅占用两排孔的位置,可减小变速箱的尺寸,而镗孔数目少,故工艺性好。不过当离合器 M 接通直接驱动 III 轴时,应使齿轮 Z_3 与 Z_4 脱离啮合,以减小空载损失、噪声和避免超速现象。

图 4.29　CM6132 主轴箱

图 4.28(b)方案因 Z_4 为滑移齿轮,可避免超速现象。(a)方案是 Z_1 为滑移齿轮,Z_4/Z_3 出现了超速现象。用在 CM6132 型精密普通车床上的背轮机构,在离合器 M 接通直接驱动主轴 V 时,将 27 与 63、17 与 58 均脱开。其原理如图 4.29 所示。

扩大变速系统调速范围的办法还有分支传动、混合公比等。

五、齿轮齿数的确定

转速图拟定以后,要根据每对传动副的传动比,确定齿轮的齿数和带轮的直径等。对于定比传动,满足传动比的要求即可。对于变速组内有若干对传动副时,迁涉的问题较多,在此作一简述。

1. 确定齿轮齿数要注意的问题

①应满足转速图上传动比的要求。所确定的齿轮齿数之比为实际传动比,它与理论传动比(转速图给定的传动比)可能存在误差,因而造成主轴转速的误差,只要转速误差不超过 $\pm 10(\varphi - 1)\%$ 是允许的,即

$$\left|\frac{n'-n}{n}\right| \leqslant 10(\varphi-1)\% \tag{4.9}$$

式中 n'——主轴实际转速，$\mathrm{r/min}$；

n——主轴标准转速，$\mathrm{r/min}$；

φ——选用的公比。

②齿数和 S_Z 不宜过大，以便限制齿轮的线速度而减少噪声，同时避免中心距增加而使变速箱结构庞大。一般情况下，应满足：$S_Z \leqslant 100 \sim 120$。

③齿轮和 S_Z 不宜过小。选择齿数和时不应使小齿轮发生根切。为使运动平稳，对于直齿圆柱齿轮，一般要求最小齿数 $Z_{\min} \geqslant 18 \sim 20$。同时还要满足结构上的需要。如最小齿轮能够可靠地装到轴上或进行套装以及有足够空间(中心距)布置两轴上的轴承；要保证齿轮的齿根到孔壁或键槽的壁厚 $a \geqslant 2m$，以保证该处(薄弱环节)的强度。由图 4.30 知：$a = \frac{1}{2}D_i - T \geqslant 2m$。标准圆柱齿轮的齿根圆直径 $D_i = m(Z_{\min} - 2.5)$，代入上式得

$$Z_{\min} \geqslant 6.5 + \frac{2T}{m} \tag{4.10}$$

式中 $Z_{\min}$——齿轮的最小齿数；

m——齿轮的模数；

T——齿轮键槽顶面到轴心线的距离(可由齿轮孔径在手册中查得)。

④三联滑移齿轮顺利通过。变速组内有三对传动副时，应检查三联滑移齿轮齿数之间的关系，以确保其左右滑移时能顺利通过，如图 4.31 所示。当三联齿轮从中间位置向左滑移时，齿轮 Z'_2 要从固定齿轮 Z_1 上面通过，为避免 Z'_2 与 Z_1 齿顶相碰，必须使 Z'_2 与 Z_1 两齿轮的齿顶圆半径和小于中心距 A。当从左位滑移至右位时也有同样要求。如果齿轮的齿数 $Z'_1 > Z'_2 > Z'_3$，只要 Z'_2 不与 Z_1 相碰，则 Z'_3 必然顺利通过。因此，该传动组齿轮模数相同，且是标准齿轮时，则

$$\frac{1}{2}m(Z'_2 + 2) + \frac{1}{2}m(Z_1 + 2) < A$$

将 $A = \frac{1}{2}m(Z_1 + Z'_1)$ 代入上式，得

$$Z'_1 - Z'_2 > 4 \tag{4.11}$$

即三联滑移齿轮中，最大和次大齿轮的齿数差应大于 4。当二者齿数差正好等于 4 时，可将 Z'_2(或 Z_1)的齿顶圆直径取为负偏差。如果二者的齿数差小于 4 时，可适当增加齿数和来增加齿数差或采用变位齿轮避免 Z'_2 与 Z_1 相碰，或者改变齿轮的排列方式使 Z'_2 不越过 Z_1。

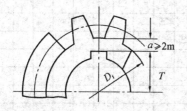

图 4.30 齿轮的壁厚

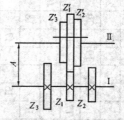

图 4.31 三联滑移齿轮齿数关系

表 4.1　各种常用传动比的适用齿轮

S_z \ i	79	78	77	76	75	74	73	72	71	70	69	68	67	66	65	64	63	62	61	60	59	58	57	56	55	54	53	52	51	50	49	48	47	46	45	44	43	42	41	40
1.00		39		38		37		36		35		34		33		32		31		30		29		28		27		26		25		24		23		22		21		20
1.06	38	38	37	37	36	36	35	35		34		33		32		31		30	30	29	29	28	28	27	27	26	26	25	25	24	24		23		22		21		20	
1.12	37	37	36	36	35	35	34	34		33		32	32	31	31	30	30	29	29	28	28	27	27		26		25		24		23		22		21	21		20		19
1.19	36	36	35	35	34	34	33	33	32	32		31	31	30	30	29	29	28	28		27		26		25	25	24	24	23	23		22		21		20		19		
1.26	35		34	34	33	33	32	32	31	31		30	30	29	29	28	28		27		26	26	25	25	24	24		23		22		21	21		20		19		18	
1.33	34		33	33	32	32	31	31		30	30	29	29	28	28		27		26	26	25	25		24		23	23		22		21		20	20		19		18		17
1.41	33	32	32		31	31	30	30		29	29	28	28	27	27		26	26	25	25		24	24	23	23		22		21	21		20		19		18	18		17	
1.50	32	31	31	30	30	30	29	29	28	28	28	27	27		26		25	25		24		23	23		22		21	21		20		19	19		18		17	17		16
1.58	31	30	30		29	29	28	28		27	27	26	26		25	25		24	24	23	23		22	22	21	21		20	20		19		18	18		17			16	
1.68		29	29		28	28	27	27		26	26	25	25	25	24	24		23	23		22		21	21		20	20		19		18	18		17	17		16			15
1.78	28	28	28	27	27	27	26	26		25	25		24	24		23	23	22	22		21	21		20	20		19	19		18		17	17		16	16		15		
1.88	27	27	27	26	26	26	25	25	25		24	24	23	23		22	22		21	21		20	20		19	19		18	18		17			16			15			14
2.00	26	26	26	25	25	25	24	24	24	23	23	23	22	22	22	21	21	21	20	20	20		19			18			17			16			15			14		
2.11	25	25	25		24	24		23	23		22	22		21	21		20	20		19	19			18			17	17		16	16		15	15		14	14		13	13
2.24	24	24	24		23	23		22	22		21	21	21		20	20		19	19		18	18		17	17			16	16		15	15		14	14			13		
2.37		23	23		22	22	22	21	21	21		20	20		19	19	19		18	18		17	17			16	16		15	15		14	14			13				
2.51		22	22	22	21	21	21		20	20	20		19	19		18	18			17	17		16	16			15	15		14	14			13	13					
2.66		21	21	21		20	20	20		19	19		18	18	18		17	17			16	16			15	15		14	14			13	13							
2.82	21		20	20	20		19	19		18	18	18		17	17	17		16	16	16		15	15			14	14			13	13									
2.99	20		19	19	19		18	18	18		17	17	17		16	16	16			15	15			14	14			13	13											
3.16	19	19		18	18	18		17	17	17			16	16			15	15			14	14			13	13														
3.35	18	18	18		17	17	17			16	16			15	15	15		14	14	14			13	13																
3.55		17	17	17		16	16	16			15	15	15			14	14			13	13	13																		
3.76			16	16	16			15	15	15			14	14			13	13	13																					

续表 4.1　各种常用传动比的适用齿轮

$S_z \backslash i$	120	119	118	117	116	115	114	113	112	111	110	109	108	107	106	105	104	103	102	101	100	99	98	97	96	95	94	93	92	91	90	89	88	87	86	85	84	83	82	81	80
1.00	60		59		58		57		56		55		54		53		52		51		50		49		48		47		46		45		44		43		42		41		40
1.06	58	58	57	57	56	56	55	55	54	54	53	53	52	52	51	51	50	50	50	49	49	48	48	47	47	46	46	45	45	44	44	43	43	42	42	41	41	40	40	39	39
1.12	57	56	56	55	55	54	54	53	53	52	52	51	51	50	50	50	49	49	48	48	47	47	46	46	45	45	44	44	43	43	42	42	42	41	41	40	40	39	39	38	38
1.19	55	54	54	53	53	53	52	52	51	51	50	50	49	49	48	48	47	47	47	46	46	45	45	44	44	43	43	42	42	42	41	41	40	40	39	39	38	38	37	37	37
1.26	53	53	52	52	51	51	50	50	50	49	49	48	48	47	47	46	46	46	45	45	44	44	43	43	42	42	42	41	41	40	40	39	39	38	38	38	37	37	36	36	35
1.33	52	51	51	50	50	49	49	48	48	48	47	47	46	46	45	45	45	44	44	43	43	42	42	42	41	41	40	40	39	39	39	38	38	37	37	36	36	36	35	35	34
1.41	50	49	49	49	48	48	47	47	46	46	46	45	45	44	44	44	43	43	42	42	41	41	41	40	40	39	39	39	38	38	37	37	37	36	36	35	35	34	34	34	33
1.50	48	48	47	47	46	46	46	45	45	44	44	44	43	43	42	42	42	41	41	40	40	40	39	39	38	38	38	37	37	36	36	36	35	35	34	34	34	33	33	32	32
1.58	46	46	46	45	45	45	44	44	43	43	43	42	42	42	41	41	40	40	40	39	39	38	38	38	37	37	36	36	36	35	35	35	34	34	33	33	33	32	32	31	31
1.68	45	44	44	44	43	43	43	42	42	41	41	41	40	40	40	39	39	38	38	38	37	37	37	36	36	35	35	35	34	34	34	33	33	32	32	32	31	31	31	30	30
1.78	43	43	42	42	42	41	41	41	40	40	40	39	39	38	38	38	37	37	37	36	36	36	35	35	35	34	34	34	33	33	32	32	32	31	31	31	30	30	30	29	29
1.88	42	41	41	41	40	40	40	39	39	39	38	38	38	37	37	37	36	36	35	35	35	34	34	34	33	33	33	32	32	32	31	31	31	30	30	30	29	29	29	28	28
2.00	40	40	39	39	39	38	38	38	37	37	37	36	36	36	35	35	35	34	34	34	33	33	33	32	32	32	31	31	31	30	30	30	29	29	29	28	28	28	27	27	27
2.11	39	38	38	38	37	37	37	36	36	36	35	35	35	34	34	34	33	33	33	32	32	32	32	31	31	31	30	30	30	29	29	29	28	28	28	27	27	27	26	26	26
2.24	37	37	36	36	36	35	35	35	35	34	34	34	33	33	33	32	32	32	31	31	31	31	30	30	30	29	29	29	28	28	28	27	27	27	27	26	26	26	25	25	25
2.37	36	35	35	35	34	34	34	34	33	33	33	32	32	32	31	31	31	31	30	30	30	29	29	29	28	28	28	28	27	27	27	26	26	26	26	25	25	25	24	24	24
2.51	34	34	34	33	33	33	32	32	32	32	31	31	31	30	30	30	30	29	29	29	28	28	28	28	27	27	27	27	26	26	26	25	25	25	25	24	24	24	23	23	23
2.66	33	33	32	32	32	31	31	31	31	30	30	30	30	29	29	29	28	28	28	28	27	27	27	27	26	26	26	25	25	25	25	24	24	24	24	23	23	23	22	22	22
2.82	31	31	31	31	30	30	30	30	29	29	29	29	28	28	28	27	27	27	27	26	26	26	26	25	25	25	25	24	24	24	24	23	23	23	23	22	22	22	21	21	21
2.99	30	30	30	29	29	29	29	28	28	28	28	27	27	27	27	26	26	26	26	25	25	25	25	24	24	24	24	23	23	23	23	22	22	22	22	21	21	21	21	20	20
3.16	29	29	28	28	28	28	27	27	27	27	26	26	26	26	25	25	25	25	25	24	24	24	24	23	23	23	23	22	22	22	22	21	21	21	21	20	20	20	20	19	19
3.35	28	27	27	27	27	26	26	26	26	26	25	25	25	25	24	24	24	24	23	23	23	23	23	22	22	22	22	21	21	21	21	20	20	20	20	20	19	19	19	19	18
3.55	26	26	26	26	25	25	25	25	25	24	24	24	24	24	23	23	23	23	22	22	22	22	22	21	21	21	21	20	20	20	20	20	19	19	19	19	18	18	18	18	18
3.76	25	25	25	25	24	24	24	24	24	23	23	23	23	22	22	22	22	22	21	21	21	21	21	20	20	20	20	20	19	19	19	19	18	18	18	18	18	17	17	17	17
3.98	24	24	24	23	23	23	23	23	22	22	22	22	22	21	21	21	21	21	20	20	20	20	20	19	19	19	19	19	18	18	18	18	18	17	17	17	17	17	16	16	16
4.22	23	23	23	22	22	22	22	22	21	21	21	21	21	20	20	20	20	20	20	19	19	19	19	19	18	18	18	18	18	17	17	17	17	17	16	16	16	16	16	16	15

2. 齿轮齿数的确定

在确定齿轮齿数之前,最好初步计算出各变速组内齿轮副的模数,以便根据结构要求判断所确定的最小齿轮齿数或齿数和是否恰当。在同一变速组内的齿轮可取相同的模数或不同的模数。后者常用于最后一个扩大组或背轮机构中,因为在这两种情况下,各齿轮副受力状况悬殊。在一般情况下,主传动链中所采用模数的种类应尽可能少些,以便给设计、制造和管理提供方便。

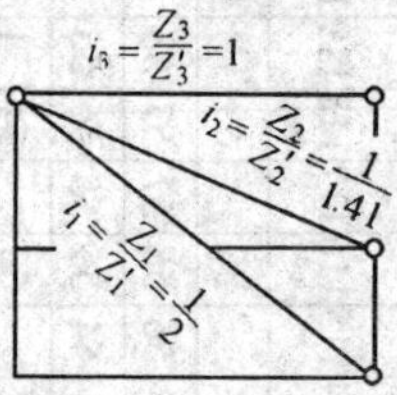

(1)变速组内模数相同的情况

对于外联传动链,如果传动比 i 采用标准公比 φ 的整数次方时,可用查表法(见表4.1)来确定齿数和 S_Z 及小齿轮齿数。例如图 4.25 中的基本组(见图 4.32)的传动比为

$$i_1 = 1/\varphi^2 = 1/2 \quad i_2 = 1/\varphi = 1/1.41 \quad i_3 = 1$$

图 4.32　基本组转速图

查传动比 i 为 2、1.41 和 1 的三行,有数字者即为可能的方案。结果如下:

$$i_1 = \frac{1}{2}, S_Z = \cdots, 57, 60, 63, 66, 69, 72, 75, \cdots$$

$$i_2 = 1/1.41, S_Z = \cdots, 58, 60, 63, 65, 67, 68, 70, 72, 73, \cdots$$

$$i_3 = 1, S_Z = \cdots, 58, 60, 62, 64, 66, 68, 70, 72, 74, \cdots$$

从以上三行中可挑出 $S_Z = 60$ 和 72 是共同适用的,再根据前述应注意的问题,取 $S_Z = 72$,则从表中查出各对齿轮副中小齿轮的齿数,分别为 24、30 和 36。即 $i_1 = Z_1/Z'_1 = 24/48$;$i_2 = Z_2/Z'_2 = 30/42$;$i_3 = Z_3/Z'_3 = 36/36$。$Z_{min} = Z_1 = 24 > 17$,$S_Z = 72 < 100 \sim 120$,$Z'_1 - Z'_2 = 48 - 42 = 6 > 4$,故满足要求。

对于传动比要求准确的传动链(如内联传动链),可通过计算法确定各变速组内齿轮副的齿数。当各对齿轮副的模数相同,且不变位,则各对齿轮副的齿数和必然相等。可写出

$$i_i = Z_i/Z'_i \qquad S_{Z_i} = Z_i + Z'_i \tag{4.12}$$

式中　Z_i、Z'_i——第 i 对齿轮副的主、从齿轮齿数;

　　　i_i——第 i 对传动副的传动比。

由上式可得

$$Z_i = \frac{i_i}{1 + i_i} \cdot S_{Z_i} \qquad Z'_i = \frac{1}{1 + i_i} \cdot S_{Z_i} \quad 或\ Z'_i = S_{Z_i} - Z_i \tag{4.13}$$

首先,根据前述应注意的问题来确定齿数和 S_{Z_i},或先试定最小齿轮的齿数 Z_{min},再根据传动比算出齿数和,最后按其余齿轮副的传动比分配其余齿轮副的齿数。如果所得齿数的传动比误差不能满足要求,则应重新调整齿数和,再由传动比分配齿轮齿数。

【例 4.2】 拟确定图 4.32 变速组内齿轮的齿数。

由转速图可知,该变速组内三联齿轮的传动比分别为:$i_1 = 1/2$,$i_2 = 1/1.41$,$i_3 = 1$,最小齿轮在 i_1 中,基于前述理由,确定 $Z_1 = 24$,$Z'_1 = Z_1/i_1 = 24 \times 2 = 48$,则齿数和 $S_Z = Z_1 + Z'_1 = 24 + 48 = 72$。用式(4.13)可计算出其余两对齿轮副的齿数。$Z_2 = \frac{i_2}{1 + i_2} \cdot S_{Z_2} = \frac{1/1.41}{1 + 1/1.41} \cdot 72 = 30$,$Z'_2 = S_{Z_2} - Z_2 = 72 - 30 = 42$,$Z_3 = \frac{i_3}{1 + i_3} \cdot S_{Z_3} = \frac{1}{1 + 1} \cdot 72 = 36$,$Z'_3 = S_{Z_3} - Z_3 = 72 - 36 = 36$。

该例经过验算满足要求。但是,在许多情况下,要经过反复计算才会得到满意的结

果。

(2)变速组内模数不同的情况

设变速组内有两对齿轮副 Z_1/Z'_1 和 Z_2/Z'_2,齿数和分别为 S_{Z_1} 和 S_{Z_2},采用的模数分别为 m_1 和 m_2,齿轮不变位时,必有

$$\frac{1}{2}m_1(Z_1 + Z'_1) = \frac{1}{2}m_2(Z_2 + Z'_2)$$

所以得

$$m_1 S_{Z_1} = m_2 S_{Z_2} \text{ 或 } m_1/m_2 = S_{Z_2}/S_{Z_1}$$

设

$$\frac{S_{Z_2}}{m_1} = \frac{S_{Z_1}}{m_2} = E$$

可得

$$S_{Z_1} = m_2 E \qquad S_{Z_2} = m_1 E \qquad\qquad (4.14)$$

式中　E——正整数。

在齿轮模数已定的情况下,选择 E 值,利用式(4.14)可算出齿数和 S_{Z_1}、S_{Z_2},再根据各对齿轮副的传动比分配齿数。如果不能满足转速图上传动比的要求,需重新调整齿数和再分配齿数。有时,为获得要求的传动比,常采用变位齿轮使两齿轮的中心距相等。

六、齿轮的布置与排列

齿轮齿数确定后,应根据转速图上的资料来画传动系统图。在画传动系统图时应合理地确定齿轮排列方式。齿轮的排列方式将直接影响到变速箱尺寸、变速操纵的方便性及结构实现的可能性等。

1. 滑移齿轮的轴向布置

变速组中的滑移齿轮一般宜布置在主动轴上,因它的转速一般比从动轴的转速高,则其上的滑移齿轮的尺寸小,重量轻,操纵省力;但有时基于结构上原因,须将滑移齿轮放在从动轴上。有时则为了变速操纵方便,将两个相邻变速组的滑移齿轮放在同一根轴上。

为避免同一滑移齿轮变速组内的两对齿轮同时啮合,两个固定齿轮的间距,应大于滑移齿轮的宽度,如图4.33所示,一般留有间隙量 Δ 为 $1 \sim 2$ 毫米。

2. 一个变速组内齿轮轴向位置的排列

在轴上排列齿轮时,通常有窄式和宽式两种排列方式。所谓窄式排列是指滑移齿轮所占用的轴向长度较小。图4.34左图所示的双联齿轮变速组系窄式排列,它占用的轴向长度 $L > 4b$。其中,L 为齿轮变速组所占有的轴向长度;b 为一个齿轮的齿部宽度。图4.35左上图所示的三联齿轮变速组亦为窄式排列,它占用的轴向长度 $L > 7b$。若改为图4.34右图和图4.35右上图所示的排列即为宽式排列,可见,所谓宽式排列是指滑移齿轮所占用的轴向长度较大。后者在相同的载荷条件下,轴径须增大,轴上的小齿轮的齿数亦须增加,齿数和以及径向尺寸亦相应加大。因此,一般应采用窄式排列,以便尽量缩短轴向尺寸。

如前所述,三联滑移齿轮中相邻两齿轮的齿数差应大于4,才能使滑移齿轮在越过固定齿轮时避免齿顶相碰。若相邻齿数差小于4,除了采用增加齿数和的方法(使相邻两齿轮的齿数差增加,此时径向尺寸也加大)、或者采用变位齿轮的方法予以解决外,还可采用如图4.35中图所示的排列方案,让滑移齿轮中的最小齿轮越过固定的小齿轮,即最大齿轮与最小齿轮的齿数差大于4,而其他两个齿轮的齿数差可小于4,但这种排列方法的轴向尺寸较大。

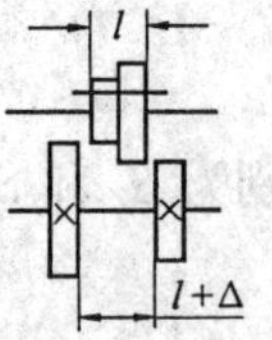

图 4.33　滑移齿轮轴向布置

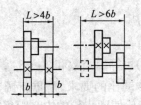

图 4.34　双联滑移齿轮轴向排列

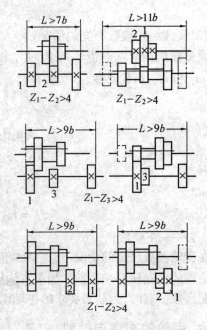

图 4.35　三联滑移齿轮轴向排列

上面所讲的三联齿轮变速组的排列方式,其转速的变换顺序并不是由小到大或由大到小,而是混杂变换的,如果希望转速的变换能按大小顺序进行,其齿轮排列方式见图 4.35 下图。

3. 两个变速组内齿轮轴向位置的排列

图 4.36 上图所示为两个变速组的齿轮并行排列方式,其总长度等于两变速组的轴向长度之和;图 4.36 中图为两个变速组的齿轮交错排列的方式,其总的轴向长度较短,但对固定齿轮的齿数差有要求。图 4.36 下图是在三轴间采用单公用齿轮和双公用齿轮(图中影线者为公用齿轮)的变速机构,采用公用齿轮不仅减少了齿轮的数量,而且缩短了轴向尺寸。X6132 型卧式万能升降台铣床主传动系统(图 4.37),在 Ⅱ 轴至 Ⅳ 轴间的两个变速组中,其固定齿轮就是采用相互交错排列方式,而且在两个变速阻之间,采用了单公用齿轮,Z_{39} 即是公用齿轮,较好地利用了空间,缩短了轴向尺寸。

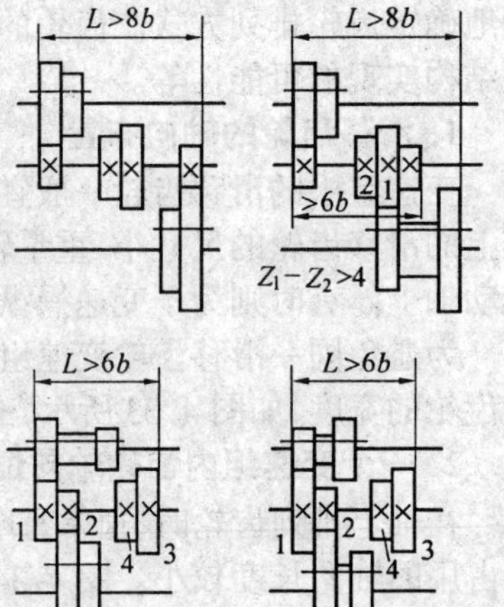

七、计算转速的确定

传动系统中各传动件(如轴、齿轮)的尺寸主要根据它们所传递的最大转矩来计算,而转距又与它所传递的功率和转速有关。传动件的转速有的是固定不变的,有的是变化的。对于机床传动

图 4.36　两个二级变速组的齿轮轴向排列

系统中转速变化的传动件应根据哪个转速来进行动力计算的问题，必须讨论清楚。对于其他机械系统的传动件则可根据其工况分析参照下述内容来定。

1. 机床的功率和转矩特性

由于切削速度对切削力和进给速度对进给力的影响不大，因此，对于直线运动的执行件，可以认为在任何速度下都有可能承受最大切削（或进给）力，也就是说，对于直线运动的执行件，在任何转速下都有可能承受最大转矩，即可以认为是恒转矩传动。如龙门刨床工作台和拉床（均是主运动）以及进给直线运动的执行件等。

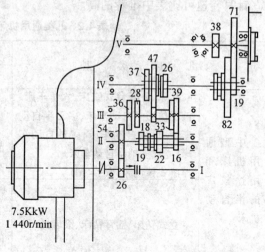

7.5KkW
1 440r/min

图 4.37　X6132 型卧式万能升降台铣床主传动系统图

回转运动的执行件则不同。对于回转主运动，主轴转速不仅取决于切削速度，还取决于工件（如车床）或刀具（如钻床、铣床等）的直径。而作回转运动的进给运动（如圆型工作台铣床），工作台的转速不仅取决于进给速度，还取决于回转半径。较低转速多用于加工大直径工件或采用大直径刀具，这时要求输出的转矩增加。反之，要求的转矩减小。因此，回转运动传动链（主运动和进给运动）内的传动件，输出转矩与转速成反比。可以认为，基本是恒功率传动。但是，值得注意的是，对于回转主运动的普通机床，由于主轴最低几级转速常用于宽刀光车、车大直径螺纹、铰大直径孔、成型铣削或精镗等。这些工序的切削用量都不大，并不需要传递全部功率。即使将低转速用于粗加工，由于受刀具、夹具和工件刚度的限制，不可能采用大的切削用量，也不会使用到电动机的全功率。使用全功率时的最低转速，其转矩也最大。通用机床主轴（执行件）所传递的功率或转矩与转速之间的关系称为机床的功率和转矩特性，如图 4.38 所示。机床主轴从 n_{max} 到某一级转速 n_j 之间，主轴传递了全部功率，称为恒功率区Ⅰ。在这区间，转矩随转速的降低而增大。从 n_j 到 n_{min}，转矩保持不变，仍为 n_j 时的转矩，而功率却随转速的降低而变

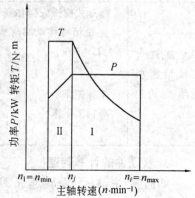

图 4.38　通用机床主轴的功率和转矩特性

小，称该区为恒转矩区Ⅱ。可见 n_j 这个转速是传递全功率的最低转速，该转速的功率达最大而转矩也达最大，称 n_j 为机床主轴（执行件）的计算转速。

2. 机床主轴的计算转速值

机床主轴的计算转速值因机床不同而异。对于大型机床，因其工艺范围大、变速范围宽，计算转速可取大一些；对于精密机床、钻床、滚齿机等，因工艺范围较窄，变速范围较小，计算转速可取小一些。表 4.2 列出了几类机床主轴计算转速的统计公式。使用时，轻型机床的计算转速可比表中推荐的高，而数控机床要切轻金属，变速范围又比普通机床

宽,计算转速可比表中推荐的高。

表 4.2　几类通用机床主轴的计算转速

机　床　类　型		计　算　转　速 n_j	
		等公比传动	混合公比或无级调速
中型通用机床和用途较广的半自动机床	车床、升降台式铣床、六角车床、液压仿形半自动车床、多刀半自动车床、单轴自动车床、多轴自动车床、立式多轴半自动车床 卧式镗铣床($\phi 63 \sim 90$)	$n_j = n_{min}\varphi^{\frac{z}{3}-1}$ n_j 为主轴第一个(低的)1/3 转速范围内的最高一级转速	$n_j = n_{min}\left(\dfrac{n_{max}}{n_{min}}\right)^{0.3}$
	立式钻床、摇臂钻床、滚齿机	$n_j = n_{min}\varphi^{\frac{z}{4}-1}$ n_j 为主轴第一个(低的)1/4 转速范围内的最高一级转速	$n_j = n_{min}\left(\dfrac{n_{max}}{n_{min}}\right)^{0.25}$
大型机床	卧式车床($\phi 1\,250 \sim 4\,000$) 单柱立式车床($\phi 1\,400 \sim 3\,200$) 单柱可移动式立式机床($\phi 1\,400 \sim 1\,600$) 双柱立式车床($\phi 3\,000 \sim 12\,000$) 卧式镗铣床($\phi 110 \sim 160$) 落地式镗铣床($\phi 125 \sim 160$)	$n_j = n_{min}\varphi^{\frac{z}{3}}$ n_j 为主轴第一个(低的)1/3 转速范围内的最低一级转速	$n_j = n_{min}\left(\dfrac{n_{max}}{n_{min}}\right)^{0.35}$
高精度和精密机床	落地式镗铣床($\phi 160 \sim 260$) 主轴箱可移动的落地式镗铣床($\phi 125 \sim 300$)	$n_j = n_{min}\varphi^{\frac{z}{2.5}}$	$n_j = n_{min}\left(\dfrac{n_{max}}{n_{min}}\right)^{0.4}$
	坐标镗床 高精度车床	$n_j = n_{min}\varphi^{\frac{z}{4}-1}$ n_j 为主轴第一个(低的)1/4 转速范围内的最高一级转速	$n_j = n_{min}\left(\dfrac{n_{max}}{n_{min}}\right)^{0.25}$

3. 传动件的计算转速

如前述,主轴从计算转速 n_j 到最高转速之间的全部转速都传递全部功率。因此,使主轴获得上述转速的传动件的转速也应该传递全部功率。传动件的这些转速中的最低转速,就是传动件的计算转速。当主轴的计算转速确定后,就可以从转速图上确定各传动件的计算转速。确定的方法,一般是先确定主轴前一轴上传动件的计算转速。再顺序往前推,逐步确定其余传动轴和传动件的计算转速。在确定传动件计算转速的操作中,可以先找出该传动件有几级转速,再找出哪几级转速传递了全功率,最后找出传递全功率的最低转速就是该传动件的计算转速。

【例 4.3】　试确定图 4.25 所示的主轴、传动轴和各对齿轮副的计算转速。

为了叙述方便,先将图 4.25 所示的转速图画出,如图 4.39 所示。

①确定主轴的计算转速。由于图 4.39 所示的是中型普通车床的转速图,故用表 4.2 中相应公式计算主轴的计算转速 n_j。

$$n_j = n_{\min}\varphi^{(\frac{z}{3}-1)} = n_1\varphi^{(\frac{12}{3}-1)} = n_1\varphi^3 = n_4 = 90\text{r/min}$$

②确定传动轴的计算转速。Ⅲ轴
共有 6 级转速:125r/min、180r/min、
250r/min、355r/min、500r/min、
710r/min,主轴由 90 ~ 14 000r/min 的 9
级转速都传递全功率。Ⅲ轴若经传动
副 Z_6/Z'_6 传动主轴,则只有 355r/min、
500r/min、710r/min 才传递全功率;若
经传动副 Z_7/Z'_7 传动主轴,则 125 ~
710r/min 皆传递全功率,其中 125r/min
是传递全功率的最低转速,故 $n_{Ⅲj}=$
125r/min;因为 125r/min 已传递了全功
率,故 Ⅱ 轴的三个转速 355r/min、
500r/min、710r/min 无论经过哪对传动
副都应传递全功率。因此,$n_{Ⅱj}=$
355r/min,不言而喻,$n_{Ⅰj}=710\text{r/min}$。

③确定齿轮副的计算转速。齿轮

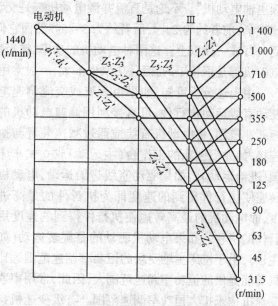

图 4.39 中型车床转速图

Z'_7 装在主轴上并具有 250 ~ 14 000r/min 共 6 级转速,它们都传递全功率,故 $n_{Z'_7j}=250\text{r/min}$。

齿轮 Z_7 装在Ⅲ轴上并具有 125 ~ 710r/min 共 6 级转速,由于经 Z_7/Z'_7 传动主轴的转
速都传递全功率,故 $n_{Z_7j}=125\text{r/min}$。

齿轮 Z'_6 装在主轴上并具有 31.5r/min ~ 180r/min 共 6 级转速,但只有 90r/min、
125r/min、180r/min 传递全功率,故 $n_{Z'_6j}=90\text{r/min}$。

齿轮 Z_6 装在Ⅲ轴上并具有 125 ~ 710r/min6 级转速,但经齿轮副 Z_6/Z'_6 传到主轴的
转速中,只有 355r/min、500r/min、710r/min 传递全功率,故 $n_{Z_6j}=355\text{r/min}$。

其余齿轮的计算转速可用上述方法得出。现将各齿轮的计算转速列于下表中:

齿轮序号	Z_1	Z'_1	Z_2	Z'_2	Z_3	Z'_3	Z_4	Z'_4	Z_5	Z'_5	Z_6	Z'_6	Z_7	Z'_7
$n_j(\text{r·min})^{-1}$	710	355	710	500	710	710	355	125	355	355	355	90	125	250

八、无级变速传动系统设计

数控机床和重型机床以及其他数控设备(如数控缠绕机,数控布带缠绕机等)执行件
的速度是要求无级变速的。机床执行件若为旋转运动(主运动和进给运动),则要求从计
算转速到最高转速是恒功率,从最低转速到计算转速则为恒转矩。机床执行件若为直线
运动,由于其牵引力基本是恒定的,因此,可以认为所有的速度都是恒转矩的,拖动它的电
动机也应该是恒转矩的。

目前,广泛用直流或交流调速电动机作为机床的动力源,以实现执行件的无级调速。
直流并激电动机从额定转速 n_r 向上至最高转速 $n_{\max}$ 是用调节磁场电流(调磁)的办法来
调速,属于恒动率调整;从额定转速 n_r 向下至最低转速 $n_{\min}$ 是用调节电枢电压(调压)的

办法调速,属于恒转矩调速。而交流调速电动机是靠调节供电频率调速,因此,常称为"调频主轴电动机"。不论是直流并激电动机或是交流调频主轴电动机,恒功率调速的范围都比较窄,前者约为 2~4,后者约为 3~5。然而它们的恒转矩调速范围则很宽,通常达几十到一百或一百以上。这两种电动机的功率、转矩特性如图 4.40 所示。伺服电动机和步进电动机都是恒转矩的,而且功率也不大,一般常用于数控机床直线进给运动和辅助运动。

由上述分析可知,如果由直流或交流调速电动机驱动直线运动执行件,可直接利用调速电动机的恒转矩调速范围,将电动机直接或通过减速装置与执行件连接,如龙门刨床的工作台(主运动)或立式车床的刀架(进给运动)。如果驱动直线进给运动,电动机额定转速使执行件得到的速度即为执行件的最高进给速度,而电动机的最高转速使执行件得到的速度用于执行件的快移。如果电动机驱动的是旋转运动(如机床主轴),由于机床主轴要求的恒功率调速范围远比电动机所能提供的恒功率调速范围大,因此,常用串联有级变速机构来扩大恒功率调速范围。有级变速机构的公比 φ_u 原则上与电动机的恒功率调速范围 R_p 相等。如果取 $\varphi_u > R_p$,虽可简化有级变速机构,但电动机的功率必须选得比要求的功率大。

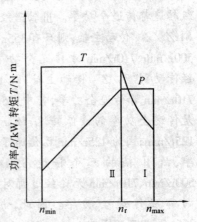

图 4.40　直流和交流调速电动机的功率转矩特性

Ⅰ—恒功率区域;Ⅱ—恒转矩区域

【例 4.4】　欲设计一台数控机床。主轴的最高转速 $n_{主man} = 4\ 000\text{r/min}$,最低转速为 30r/min,计算转速为 $n_j = 145\text{r/min}$,最大切削功率为 5.5kW。拟采用交流调频主轴电动机,额定转速 $n_r = 1\ 500\text{r/min}$,最高转速 $n_{max} = 4\ 500\text{r/min}$,试拟定有级变速传动系统并选择电动机的功率和型号。

解　主轴要求的恒功率调速范围为

$$R_{np} = \frac{n_{max}}{n_j} = \frac{4\ 000}{145} = 27.6$$

电动机的恒功率调速范围为

$$R_p = \frac{n_{max}}{n_r} = \frac{4\ 500}{1\ 500} = 3$$

由于电动机所提供的恒功率调速范围远小于主轴所要求的调速范围,故应在电动机后面串联有级变速机构来扩大恒功率调速范围。如果有级变速机构的公比 $\varphi_u = R_p = 3$,则主轴的无级调速范围为

$$R_{np} = r_{有} \cdot R_p = \varphi_u^{z-1} R_p = \varphi_u^z$$

由此得出有级变速机构的级数 z

$$z = \frac{\lg R_{np}}{\lg \varphi_u} = \frac{\lg 27.6}{\lg 3} = 3.0$$

在交流调频主轴电动机后串联一个三对传动副的变速组,其转速图如图 4.41(a)所示。图(b)为主轴的功率特性。由图(a)看出,电动机经 34/66 定比传动降速后,如经 76/44 传动主轴,则当电动机的转速从 4 500r/min 降到 1 500r/min(恒功率区)时,主轴转速从

4 000r/min 降到 1 330r/min,在图(b)中为 AB 段。主轴还需降速时,滑移齿轮变为经44/76
传动主轴。此时,电动机又恢复从 4 500r/min 降到 1 500r/min,则主轴从 1 330r/min 降至
440r/min,如图(b)中的 BC 段所示。同样,当经 19/101 传动主轴时,主轴转速为 440 ~ 145
r/min,功率特性如图中的 CD 段所示。主轴从 145r/min 降至 30r/min,电动机应从 1 500r/
min 降至310r/min,属恒转矩区,如图(b)中 DE 段所示。(c)为传统系统图。如果取总效
率为 $\eta = 0.75$,则电动机的功率为 $P = 5.5/0.75 = 7.3\text{kW}$。可选北京数控设备厂的
BESK‑8型交流调频主轴电动机,其额定输出功率为7.5kW。

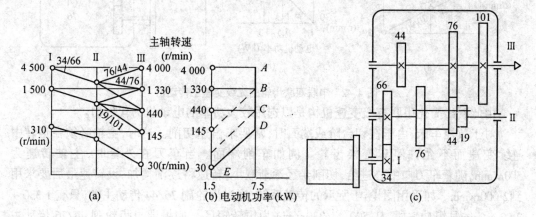

图 4.41 串联三联齿轮的无级变速主传动链

【例4.5】 为了简化变速箱和操纵机构,对于上例,拟串联的滑移齿轮为双联,试设
计其传动系统,并选择电动机功率。

解 根据题意要求,取 $Z = 2$,则串联双联滑移齿轮的公比为

$$\lg\varphi_u = \frac{\lg R_{np}}{Z} = \frac{\lg 27.6}{2} = 0.72 \qquad \varphi_u = 5.25$$

串联双联齿轮后的转速图,主轴功率特性图和传动系统图如图 4.42 的(a)、(b)、(c)
所示。由转速图(a)知,电动机由 45 00r/min 降至 1 500r/min 并经齿轮副 76/44 传动主轴
时,主轴转速由 4 000r/min 降至 1 330r/min,为恒功率区,如图(b)的 AB 段。由于 $\varphi_u > R_p$,
电动机转速为 4 500r/min 并经齿轮副 30/90 传动主轴时,主轴的转速为 773r/min,即图(b)
的 C 点。而主轴转速由 1 330r/min 降至 773r/min 是电动机由 1 500 降至 870 并经齿轮副
76/44 传至主轴得到的。由于电动机从 1 500 降至 870 是恒转矩区,其功率将随转速的下
降而降低,如图(b)中的 BC' 所示。同样,主轴转速从 257r/min 降至 145r/min 时,电动机也
处于恒转矩范围内,故功率也随转速的下降而降低,如图(b)中的 DE 段所示。也就是说,
在主轴最高转速 4 000r/min(A 点)至计算转速 145r/min(E 点)的范围内,主轴的最大输出
功率是变化的,在 BC 段出现了"缺口",为了使 BC 之间和 DE 之间能得到要求的切削功
率,只能将电动机的最大输出功率选大一些。由于要求电动机在 870r/min 时能输出的切
削功率为 $P_{切} = 5.5/0.75 = 7.3\text{kW}$,故在电动机为 1 500r/min 时所具有的输出功率(即最
大输出功率)应为

$$7.3 \times 1\ 500/870 = 12.6\text{kW}$$

只能选 BESK‑15 型交流变频主轴电动机,它的最大输出功率为 15kW。

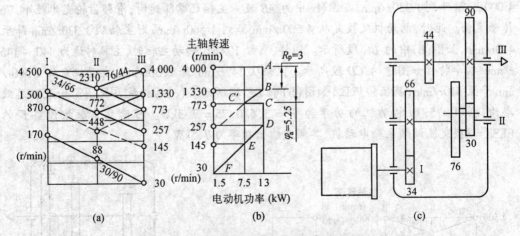

图 4.42　串联双联齿轮的无级变速主传动链

由此看出简化串联有级变速机构是以选用较大功率的电动机为代价的。

对于数控车床,由于在切台阶或端面时,常要求恒速切削。这时,主轴必须在运转中连续变速而不允许停车变换齿轮。例如车削端面。当车刀在外缘时,主轴转速为 500r/min,随着车刀向中心进给,切削半径逐渐减小,转速将逐渐增加,设转速最后要求用到 2 000r/min。如采用图 4.41 所示的传动系统,通过齿轮副 76/44 传动主轴,只有 1 330 ~ 2 000r/min 是恒功率段,从 500 ~ 1 330r/min 为恒转矩区。如果通过齿轮副 44/76 传动主轴,只有 440r/min 到 1 330r/min 是恒功率段,要得到更高的转速,必须变换齿轮副,这是不允许的,即实际上得不到高转速。因此,设计数控车床的有级变速机构时,常采用恒功率段重合的办法来解决此问题。

设主轴最高转速 $n_{max} = 4\ 000$r/min,最低转速 $n_{min} = 30$r/min,计算转速 $n_j = 145$r/min,则 $R_{np} = 27.6$,如果使有级变速机构的公比 $\varphi_u < R_p$,取 $z = 4$,由于主轴恒功率调速范围为

$$R_{np} = \varphi_u^{z-1} R_p$$

故　　　　　$$\varphi_u = \sqrt[(z-1)]{\frac{R_{np}}{R_p}} = \sqrt[(4-1)]{\frac{27.6}{3}} \approx 2.1$$

由此得出新设计的转速图、主轴功率特性图以及传动系统图,如图 4.43 的(a)、(b)、(c)所示。主轴恒功率段的转速分别为 145 ~ 425r/min、300 ~ 900r/min、630 ~ 1 900r/min、1 330 ~ 4 000r/min。这四段转速彼此都有重合,对于要求 500 ~ 2 000r/min 的主轴转速则可用第三段即 630 ~ 1 900r/min 大致满足要求。这种恒功率段重合的设计方法,在新式数控车床和车削加工中心中用得越来越多。

目前,配调速电动机的分离传动变速箱已形成独立的功能部件。变速箱的输入轴与电动机直联或通过带传动联接,输出轴可通过皮带传动主轴。变速箱有不同的公比、级数(通常为 2、3、4 级)和功率,已形成系列,连同操纵机构和润滑系统均由专门工厂制造,可以选购。

当传动系统采用机械无级调速器时,要注意它们的机械特性和工作特性。机械特性是指在一定的输入下,输出轴的功率或转矩与转速之间的关系。它们的机械特性可以分为三类:恒功率型、恒转矩型及变功率变转矩型。若机械无级调速器的机械特性和变速范围都符合机械系统执行件的要求,则可直接应用或与若干定比传动联合使用;若它的机械

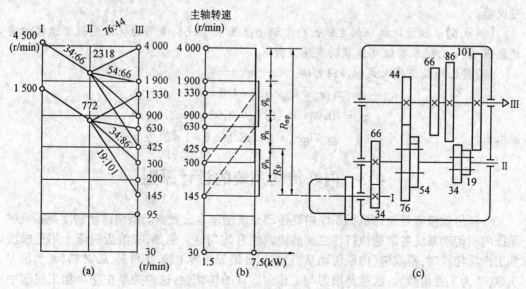

图 4.43　恒功率段重合的传动系统

特性不符合执行件要求,则不宜选用;若它的机械特性符合执行件要求,但变速范围不能
满足需要(一般只能达到 10 左右,通常 $R_p = 4 \sim 6$),则必须串联有级变速箱来扩大它的调
速范围。

设机床主轴恒功率调速范围为 R_{np},机械无级调速器的变速范围为 R_p,串联有级变速
箱的变速范围为 r_u,则

$$R_{np} = R_p \cdot r_u$$

(4.15)

或

$$r_u = R_{np}/R_p$$

通常,在传动系统中机械无级变速器用作基本组,有级变速箱则为扩大组,其公比为
φ_u。理论上 φ_u 应等于机械无级变速器的变速范围 R_p,如图 4.44 左图所示,实际上,由于
机械无级变速器多属于摩擦传动,有相对滑动现象,往往得不到理论的变速范围 R_p,这样
就可能出现转速的间断。为了得到连续的无级变速,应使有级变速箱的公比 φ_u,略小于
无级变速器的变速范围 R_p,如图 4.44 右图所示,一般 $\varphi_u = (0.94 \sim 0.96) R_p$ 使中间转速
有一段重复,以防止因相对滑动而造成的转速不连续的现象。

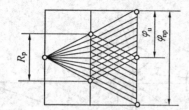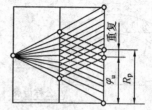

图 4.44　采用无级变速器的结构网

根据式 4.15 可求出有级变速箱的变速级数 z:

$$z = \frac{\lg r_u}{\lg \varphi_u} + 1 = \frac{\lg r_u}{\lg(0.94 \sim 0.96) R_p} + 1$$

(4.16)

若已知机床主轴的恒功率调速范围 R_{np} 和无级变速器的变速范围 R_p,即可设计有级

变速箱。

【例 4.6】 欲设计机床的主轴恒功率调速范围 $R_{np} = 64$，选用的机械无级变速器的变速范围 $R_p = 8$，试求有级变速箱的变速级数 z。

解：将已知数据代入式(4.15)可得

$$r_u = R_{np}/R_p = 64/8 = 8$$

$$\varphi_u = (0.94 \sim 0.96)R_p = 0.95 \times 8 = 7.6$$

故求出

$$z = \lg r_u / \lg \varphi_u + 1 = \lg 8 / \lg 7.6 + 1 = 2$$

4.3　内联传动系统的设计原则

保证传动精度是设计机械系统内联传动系统的基本出发点。所谓传动精度是指机械系统内联传动系统各末端执行件之间的协调性和均匀性。例如，在滚齿机床上用范成法加工齿轮轮齿时，范成链(内联传动系统)应保证滚刀每转 1 转，工件转 K/Z 转(K 为滚刀头数，Z 为工件齿数)。这就是滚刀与工作台运动的协调性；这种关系在整个加工过程中应保持始终，这就是运动的均匀性。研究传动精度的目的在于分析传动链中误差产生的原因及其传递规律，找出提高传动精度的途径，以便采取措施减少误差对机械系统的工作质量的影响，从而确保机械系统的工作质量如机床的加工质量。

一、误差的来源

在机械系统的传动件中，各传动件在制造和装配中都会有误差；而机械系统在工作时，传动件在力的作用和温度的影响下，会产生变形，这些都会引起传动误差。这里只分析传动件制造误差对传动精度的影响。

传动件的径向跳动和轴向串动是传动误差的主要来源。

①齿轮副　在圆柱齿轮的加工误差中，由于齿距分布不均匀而形成的齿距累积误差 ΔF_p 是造成齿轮在一转过程中，产生转角误差，使速比发生变化，是传递运动不准确的主要因素。齿距累积误差 ΔF_p 是指在分度圆上同侧齿面间实际弧长与公称弧长的最大绝对值，如图 4.45(a)所示。它实质是反映齿轮在一周内齿距误差的最大累积值，是一种线值误差，如图 4.45(b)中的 $\overset{\frown}{PP'}$。

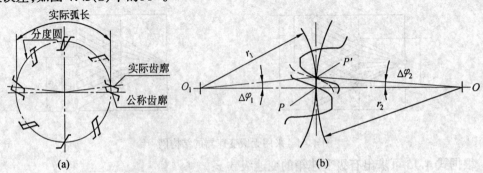

图 4.45　齿距累积误差

如果主动齿轮的齿距累积误差为 ΔF_p，则主动齿轮的转角误差为 $\Delta \varphi_1 = \dfrac{\Delta F_p}{r_1}$，从而使

从动齿轮(设它的齿距累积误差为零)多转或少转一个角度 $\Delta\varphi_2 = \dfrac{\Delta F_p}{r_2}$,这将引起传动比的变化。

斜齿圆柱齿轮的轴向串动 Δb(见图4.46)也将引起周向线值误差 Δl

$$\Delta l = \Delta b \tan\beta \tag{4.16}$$

式中　β——斜齿圆柱齿轮的螺旋角。

齿轮在轴上或轴在轴承中的装配误差,以及轴承的误差等,将引起齿圈的附加径向跳动和轴向串动。对于斜齿圆柱齿轮,附加轴向串动可用式(4.16)计算。

由装配误差造成的附加齿圈径向跳动 $\Delta\delta$(见图4.47),在齿轮周向引起的线值误差 Δl:

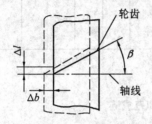

图4.46　轴向串动

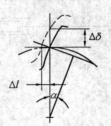

图4.47　齿圈径向跳动

$$\Delta l = \Delta\delta \tan\alpha \tag{4.17}$$

式中　α——齿轮压力角,α 越大,对传动精度的影响越严重。

②丝杠螺母副　丝杠的螺距误差和螺距累积误差以及轴间串动都会使螺母的移动产生误差。而梯形螺纹的径向跳动 $\Delta\delta$(见图4.48)也会使螺母的轴向移动产生误差 Δl

图4.48　螺纹径向跳动

$$\Delta l = \Delta\delta \tan\alpha$$

式中　α——螺纹半角。

③蜗杆蜗轮传动副　蜗杆的误差分析与丝杠相同;而蜗轮的误差计算与斜齿圆柱齿轮相同。

二、误差的传递规律

现以滚齿机范成链为例说明误差的传递规律。图4.49(a)为简化后滚齿机范成链的传动系统图,(b)为转速图。运动由轴V输入分两路输出,一路经齿轮副 i_4、i_3、i_2、i_1 传至滚刀轴I,另一路经齿轮副 i_5、换置器官 i_x、蜗轮副 i_6 传至工作台轴Ⅷ。直接影响范成链传动精度的是工件相对于滚刀的转角误差 $\Delta\varphi_\Sigma$,即滚刀每1转,工件(工件台)的实际转角不是 $360° \times K/Z$,而是 $360° \times K/Z \pm \Delta\varphi_\Sigma$($K$ 为滚刀头数,Z 为工件齿数)。从轴V往滚刀轴一路,设传动副 i_4 的制造和装配误差使轴Ⅳ的转动产生转角误差 $\Delta\varphi_4$,i_3 的制造和装配误差使轴Ⅲ产生转角误差 $\Delta\varphi_3$,…等。从轴V往工作台一路,设传动副 i_5 的制造和装配误差使轴Ⅵ产生转角误差 $\Delta\varphi_5$,…,这些误差都经过其后的传动副传到滚刀和工作台。滚刀轴转角误差 $\Delta\varphi_刀$ 分别由 i_4 引起的误差 $\Delta\varphi_4 i_3 i_2 i_1$、$i_3$ 引起的误差 $\Delta\varphi_3 i_2 i_1$、i_2 引起的误差 $\Delta\varphi_2 i_1$ 和 i_1 引起的误差 $\Delta\varphi_1$ 等组成。这些转角误差都是向量,滚刀轴的总转角误差 $\Delta\varphi_刀$ 应为各组成分量的向量和。在各组成分量的方向未知情况下,可取均方根值。因此,滚刀

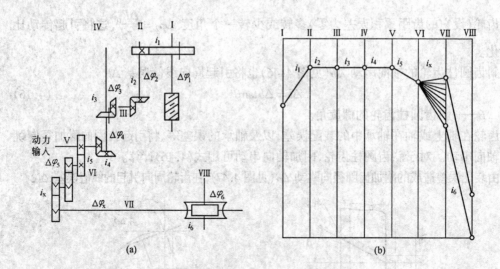

图 4.49　滚齿机范成链

轴的总转角误差为

$$\Delta\varphi_{刀} = \sqrt{(\Delta\varphi_4 i_3 i_2 i_1)^2 + (\Delta\varphi_3 i_2 i_1)^2 + (\Delta\varphi_2 i_1)^2 + \Delta\varphi_1^2} \tag{4.18}$$

同理,得出工作台的总转角误差 $\Delta\varphi_{工}$

$$\Delta\varphi_{工} = \sqrt{(\Delta\varphi_5 i_x i_6)^2 + (\Delta\varphi_x i_6)^2 + \Delta\varphi_6^2} \tag{4.19}$$

　　滚刀轴与工作台之间的相对转角误差是滚刀轴总转角误差 $\Delta\varphi_{刀}$ 与工作台总转角误差 $\Delta\varphi_{工}$ 的合成,即

$$\Delta\varphi_{\Sigma} = \sqrt{(\Delta\varphi_{刀} K/Z)^2 + (\Delta\varphi_{工})^2} \tag{4.20}$$

　　任意一对齿轮每转的转角误差为

$$\Delta\varphi_i = \sqrt{(\Delta F_{p_1}/r_1)^2 + (\Delta F_{p_2}/r_2)^2} \tag{4.21}$$

式中　　ΔF_{p_1}、ΔF_{p_2}——主、被动齿轮的齿距累积公差。根据齿轮第Ⅰ公差组(即传递运动的准确性)的精度等级和分度圆周长的 1/2 定,查齿轮公差表。

　　　　r_1、r_2——主、被动齿轮的分度圆半径,注意 ΔF_p 与 r 的单位必须一致。

三、提高传动精度的措施和内联传动系统的设计原则

通过以上分析,可得出提高传动精度的措施,这也是内联传动系统设计的原则。

1. 缩短传动链

由式(4.18)和式(4.19)可知,内联传动系统两末端件之间的传动件越少,则总的传动误差越小。因此,缩短传动链对提高传动精度的效果是十分显著的。

2. 采用降速传动

由误差传递规律可知,如果采用降速传动,即每对传动副的传动比都小于 1。前面传动副的误差传到被动轴时,由于降速传动而减小;反之,如果采用升速传动,则将前面传动副的误差放大。因此,在设计内联传动系统时,如使运动从某一中间轴输入,在向两末端件传递的过程中,均应采用降速传动。如图 4.49(b)所示,由于中间各轴的转速较高,确

保了两末端件均为降速传动。可见,内联传动系统的转速图与前述外联传动系统的转速图在形式上是不同的。

3. 合理分配各传动副的传动比

在分配内联传动系统各对传动副的传动比时,应使末端传动副的传动比最小。这不仅是由于它对前面所有传动副的误差均起减小作用,而且由于它本身直接参与总误差的合成(如式(4.18)和式(4.19))。如图 4.49 中的 i_1 和 i_6 都达最小。在传递旋转运动时,末端件常采用蜗杆蜗轮副,而传递直线运动时,末端件常采用丝杠螺母副。如图 4.49 中的工作台所采用的即是蜗杆蜗轮副(常称该蜗轮为分度蜗轮),其传动比为 $i_6 = 1/96$。滚刀轴的转速较高,不宜采用蜗杆蜗轮副,而是采用齿轮副,其传动比也达最小值,即 $i_1 = 1/4$。

4. 合理选择传动件

在内联传动系统中,不允许采用传动比不准确的传动副,如摩擦传动副等。斜齿圆柱齿轮的轴向串动会使从动齿轮产生角度误差,梯形螺纹的径向跳动会引起螺母的位移,蜗杆的径向跳动会引起蜗轮的附加转动。因此,内联传动系统中的蜗轮副的齿形角 α 常取 $\alpha < 20°$,普通精度级机床常取 $\alpha = 15°$,高精度机床常取 $\alpha = 10°$ 或 $12°30'$。梯形螺纹的齿形角也常取 $< 30°$,如取 $15°$ 或 $10°$。而圆锥齿轮、多头蜗杆、多头螺纹、斜齿圆柱齿轮的制造精度较低,故在传动精度要求较高的内联传动系统中尽量少用或不用。还要尽量使分度蜗轮的直径大于工件直径,这样,可使同样的角度误差在工件分度圆上的线性误差(如齿距累积误差)缩小。在齿轮加工机床上,由于受力较小,在保证耐磨性的前提下,分度蜗轮的齿数可取多些,模数可取小些。这是由于蜗轮的精度等级相同,模数越小,允许的齿距累积误差也越小。同样,在保证耐磨性的前提下,丝杠的导程也应取小些,以减小中间传动副的误差对总误差的影响。

5. 合理确定传动副的精度

由误差传递规律知,中间传动副的误差经减速传动后的误差是缩小的,而末端件的误差则直接复印给执行件,对工作质量的影响最大。因此,末端传动副的精度应高于中间传动副的精度。在滚齿机范成链的两个末端传动副中,分度蜗轮的误差 $\Delta\varphi_6$ 直接影响相对转角 $\Delta\varphi_\Sigma$ (见式(4.20)和式 2.19),而滚刀轴传动副误差 $\Delta\varphi_1$ 则要乘以 K/Z (见式(4.20))而缩小。因此,常使传往滚刀轴的齿轮副 i_1 的精度比中间传动副高 1 级,蜗杆蜗轮副 i_6 的精度则高 2 级。以上所说的精度等级是指第 I 公差组(即传递运动的准确性),第 II、III 公差组(传递运动平稳性和载荷分布均匀性)可比第 I 组低 1 级或相同。

6. 采用校正装置

在内联传动系统中,采用校正装置可进一步提高机械系统的工作质量。校正装置有机械的、光电的或数控的。如光学校正装置、感应同步器装置、激光 – 光栅反馈校正装置以及数控校正装置等。例如,图 4.50 所示的是精密蜗轮滚齿机校正装置原理图。由传动误差实测值制成的校正凸轮 1 安装在工作台下(也可安装在其他位置,通过传动机构使其与工作台同步转动),当蜗杆 3 驱动蜗轮 2 转动时,工作台便带动凸轮 1 同步转动,校正凸轮曲线通过杠杆 4、齿条 5、齿轮 6、差动挂轮 i_y、合成机构 7 将校正运动附加到范成链中,再经范成链的换置器官 i_x 和蜗杆蜗轮副,使工作台获得附加运动,从而补偿范成链的传动误差。也可分别在滚刀轴和工作台装圆光栅,根据滚刀轴转角可以计算出工作台的理论转角,而工作台的圆光栅可测出工作台的实际转角。二者比较,根据该误差通过差动机构使工作台获得补偿运动。又如,在加工螺纹时,在主轴上装圆光栅,根据主轴的理论转角可计算出刀架的理论移距,再用长光栅、感应同步尺或激光干涉仪测出刀架的实际移距,两者比较,根据该误差使刀架获得补偿运动以消除其误差。

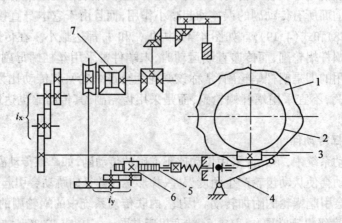

图 4.50　精密蜗轮滚齿机校正装置原理图

习 题 与 思 考

1. 简述传动系统的类型和设计时确定类型的原则。

2. 简述传动系统的一般组成和设计时应注意的问题。

3. 试述转速图的组成、内容和画法。

4. 试分析转速图和结构网的相同点与不同点。

5. 画出结构式 $12 = 2_3 \cdot 3_1 \cdot 2_0$ 的结构网,并分别求出当 $\varphi = 1.41$ 时,第二变速组和第二扩大组的级比、级比指数(传动特性)和变速范围。

6. 判断下列结构式,哪些满足传动比分配方程(或称符合级比规律)? 并说明其扩大顺序与传动顺序的关系;不满足时,输出轴转速排列有何特点?

(1) $8 = 2_1 \cdot 2_2 \cdot 2_4$；　(2) $8 = 2_4 \cdot 2_2 \cdot 2_1$；　(3) $8 = 2_2 \cdot 2_1 \cdot 2_3$；　(3) $8 = 2_1 \cdot 2_2 \cdot 2_5$。

7. 写出采用二联、三联滑移齿轮时,输出轴具有 18 级转速的所有可能的结构式;确定出一个合理的结构式并说明其合理性的理由;画出对应的结构网。

8. 根据传动比分配方程(级比规律),完成下列结构式(设各传动系统的输出轴转速均为不重合、不间断的单一公比的标准等比数列)。

(1) $18 = 3 [3]$ 　　 $[\ ]$ 　　　 $[9]$

(2) $16 = [1]$ 　　　 $[2]$ 　　　 $[4]$ 　　　 $[8]$

(3) $12 = 3 [\ ]$ 　　 $2 [3]$ 　　　 $[\ ]$

9. 欲设计一台普通卧式车床的主传动系统。给定条件为:主轴转速范围为 $37.5 \sim 1700 \mathrm{r/min}$,从结构及工艺考虑,要求 $Z = 12$ 级机械有级变速。试完成下述内容:

(1) 求出机床主轴的变速范围 R_n；

(2) 确定主轴转速公比 φ；

(3)查表确定主轴各级转速(参考附表 $\varphi=1.06$)

附　表

1	1.06	1.12	1.18	1.26	1.32	1.4	1.5	1.6	1.7
1.8	1.9	2	2.2	2.24	2.36	2.5	2.65	2.8	3
3.15	3.35	3.55	3.75	4	4.25	4.5	4.75	5	5.3
5.6	6	6.3	6.7	7.1	7.5	8	8.5	9	9.5

(4)写出3个不同的的结构式;

(5)确定一个合理的结构式,并说明理由;

(6)拟定一合理的转速图;

(7)根据转速图计算基本组、第一扩大组的各传动比;

(8)用计算法确定基本组各齿轮的齿数。

10.已知有如图 4.51 所示的普通车床的传动系统图。齿轮的齿数、带轮的直径以及布置情况如图所示。离合器右侧的 $Z=40$ 齿轮为反向齿轮,在本题中不考虑。齿轮 28 可与 56 啮合,主轴转速 为标准的等比数列。

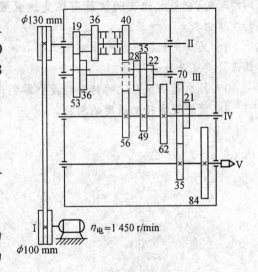

图 4.51

试完成下列内容:

(1)计算出带轮及各齿轮的传动比;

(2)计算出主轴的最高转速和最低转速;

(3)通过计算各变速组的级比,说明哪个变速组是基本组、第一扩大组、第二扩大组;

(4)求出主轴转速的公比 φ ;

(5)求出主轴的变速范围及各变速组的变速范围,验证主轴变速范围与各变速组的变速范围之间的关系;

(6)写出该主传动系统的传动结构式,讨论该结构式有何特点;

(7)参阅习题9中的 $\varphi=1.06$ 的标准数列表,写出主轴的各级转速;

(8)画出对应于该传动系统图的转速图;标出相应的轴号、电动机转速、主轴各级转速及各齿轮齿数等。

(9)试确定该车床主轴的计算转速,并写出各传动轴及齿轮的计算转速。

11.已知某普通卧式铣床的主轴转速为 45、63、90、125、180、…1400r/min,转速公比为 $\varphi=1.41$,求主轴的计算转速。

12.已知某普通车床的主轴转速为标准等比数列,其变速级数为 $Z=12$,其中, $n_8=400$ r/min,且主轴的计算转速为 $n_j=100$ r/min。参考 $\varphi=1.06$ 的标准数列(见习题9中的附表),求该车床主轴的各级转速。

13.已知某中型卧式铣床主轴转速级数 $Z=18$,且为单一公比,无转速重合的标准转速数列。该系统采用二联、三联滑移齿轮变速,完全符合机床主传动设计的基本规律、限制和原则。还知道主轴的计算转速为 $n_j = 100\text{r/min}$，转速公比为大于 1.12 的某个标准公比。试参照习题 9 中的附表的标准数列表，求出该铣床主轴的各级转速。

14.某机床主传动的转速图如图 4.52 所示，已知主轴的计算转速为 $n_j = 63\text{r/min}$，试确定：

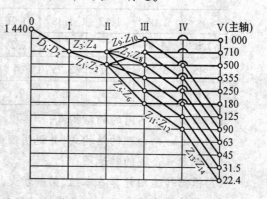

(1)第二变速组和第二扩大组的级比、级比指数、变速组的变速范围(以 φ^x 的形式表示)；

(2)各中间传动轴的计算转速；

(3)各齿轮的计算转速。

15.欲采用 $R_p = 4$ 的机械无级调速器，机床主轴恒功率调速范围 $R_{np} = 64$，在不考虑相对滑动时，求与之配合的机械有级变速装置的变速级数。

图 4.52

16.为什么数控车床和车削加工中心的主传动系统常采用恒功率段重合的设计方法？其设计要点是什么？

17.什么是机械系统的传动精度？举例说明。

18.简述提高传动精度的措施。

第五章　支承系统设计

5.1　支承系统的功用和基本要求

机械系统的支承子系统(下文均称支承件)种类繁多,形状各异,如机床的支承件包括床身、立柱、横梁、底座、刀架、工作台、升降台和箱体等。它们是机床的基础件,一般都比较大,故也称为"大件"。支承件的作用是支承零、部件,并保持被支承零、部件间的相互位置关系及承受各种力和力矩。一个机械系统的支承件往往不只一个,它们有的相互固定联接,有的在轨道上运动。机械系统工作时,执行件所受的力和力矩都通过支承件作用在地基上。如,机床在切削加工时,刀具和工件间的作用力都要通过支承件逐个传递,故支承件会变形。而机械系统所受的动态力(如机床上变化的切削力、机械系统中旋转件的不平衡等)会使支承件和整个机械系统振动。严重的变形和振动会破坏被支承零、部件的相互关系。因此,支承件也是机械系统十分重要的构件。仅管支承件的种类很多,但可根据其形状分为以下几类:

梁类　一个方向的尺寸比另外两个方向的尺寸大得多的零件,如机床的床身、立柱、横梁、摇臂、滑枕等。

板类　一个方向的尺寸比另外两个方向的尺寸小得多的零件,如机床的底座、工作台、刀架等。

箱类　三个方向的尺寸大致一样的零件,如机床的箱体、升降台等。

框架类　如支架、桥架、桁架等。

根据支承件的功用可知,对支承件的基本要求是:

1. 足够的静刚度

支承件在静载荷作用下抵抗变形的能力称为支承件的静刚度。要求支承件在额定载荷作用下,变形不超过允许值。同时,支承件还应具有大的刚度——质量比,这在很大程度上反映了设计的合理性。

2. 较好的动特性

机械系统应具有抵抗振动的能力,在机床上主要包括抵抗强迫振动和自激振动的能力,而且不应产生薄壁振动。

3. 良好的热特性

机械系统工作时,电动机、液压系统、机械摩擦等的发热,以及环境温度的变化,而对于机床还有切削过程产生的热,这些都会使支承件产生不均匀的变形,以致破坏被支承零、部件的相互位置关系,降低机械系统的工作精度。

4. 小的内应力

支承件在焊接或铸造和粗加工过程中,材料内部都会形成内应力。如不消除,在使用过程中,内应力会重新分布和逐步消失,引起支承件的变形。因此,在设计时要从结构和选材上保证支承件的内应力最小,并在铸造或焊接和粗加工后进行时效处理。

5. 其他

在设计支承件时,应考虑吊运安全方便,液压、电器布置合理以及便于加工和装配等。而对于机床的支承件,还要考虑便于冷却液、润滑液的回收,排屑方便等。

支承件的重量往往占机械系统总质量的 80% 以上,它的性能对整机的性能影响很大。因此,要精心设计,并对主要支承件进行必要的验算或试验,使其在满足基本要求的同时尽量节省金属,以提高刚度—质量比。目前,支承件的设计步骤是,首先进行受力分析,再根据受力和其他要求(如排屑、安装其他零件等)参考同类机械系统设计支承件的形状和尺寸,然后,在计算机上用有限元*法进行验算,求出它的静、动态特性。经多次修改,并从几个方案中选出最好的方案。这样,可在设计阶段预测支承件的性能,从而避免盲目性,尽量做到一次成功。

　　*《机床结构计算中的有限元法》孙靖民主编　机械工业出版社　1983。

5.2　支承系统的静刚度

一、支承系统的受力与变形分析

机械系统工作时,都要承受各种力和力矩。如,机床工作时,支承系统要受切削力、重力(工件和本身自重)和运动部件的惯性力等的作用。为了保证支承系统具有足够的刚度,必须对这些力(包括力的性质、大小和作用位置)以及由它们引起的支承系统变形对机械系统的工作性能的影响进行分析。这是设计合理支承系统结构的出发点。现以普通车床床身的受力与变形的分析为例,说明支承系统受力与变形分析的目的和方法。

图 5.1 所示为工件直径为 d、长度为 L 的顶尖加工的床身受力情况。如图 5.1(a)中,切削力分解为 F_c(切削力)、F_f(进给力)、F_p(背向力),它们作用在离主轴端部 x 处的工件上。通过力的平衡方程式可分别求出床头顶尖上的支反力 F'_c、F'_f、F'_p、尾座顶尖上的支反力 F''_c、F''_p 和主轴拨盘上的转矩 T_n。由于工件的已加工面和待加工面的直径差很小,故可以认为工件的质量 W 均布在全长上。因此,两顶尖的支反力为 $W/2$。为了顶紧工件,两顶尖对工件施加了大小相等方向相反的预加力 S。作用在主轴箱、尾座、刀架上的力、转矩(如图 5.1(b))与作用在工件上的力、转矩大小相等,方向相反。因此,在床面上形成了三个受力区 Ⅰ、Ⅱ、Ⅲ。这些力和力矩构成一平衡力系,在床面内封闭,如图 5.1(c)所示。由于床身两端固定在床腿上,且呈箱形,故受力区 Ⅰ、Ⅱ 内的力和力矩使床身的变形很小,主要分析受力区 Ⅲ。

由于床身结构复杂,很难准确地简化成"工程力学"中的简单梁。但为了便于分析,当工件的两端分别支承在主轴顶尖和尾座顶尖上时,可近似地将床身的弯曲变形按简支梁简化,而扭转变形按两端固定梁简化。

在受力区 Ⅲ 内,作用在刀架上的力通过刀架与溜板作用在床身上,再加上 W_a 的作用使床身上受的力为 F_{c1} 和 F_{c2};又由于进给力 F_f 不作用在受力区中心线上,故在受力区 Ⅲ 两端有 F_{f1} 和 F_{f2}。为方便起见,现简要分析如下:在竖直平面内(yOz 平面),因受 F_c 和力矩 $F_f \cdot h$ 的作用产生弯曲变形 δ_y,如图 5.2(b)所示。在水平面内(zOx 平面),因受 F_p 和力矩 $F_f \cdot \dfrac{d}{2}$ 的作用产生弯曲变形 δ_{x2},如图 5.2(c)所示。在横截面内,则受扭矩 $T = F_c \cdot$

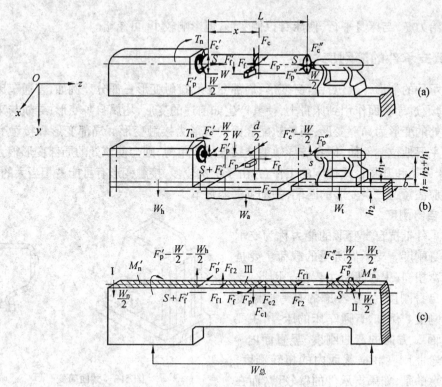

图 5.1　车床床身受力分析

$\dfrac{d}{2} + F_p h$ 的作用，产生扭转变形，扭转角为 θ（见图 5.2(d)）。

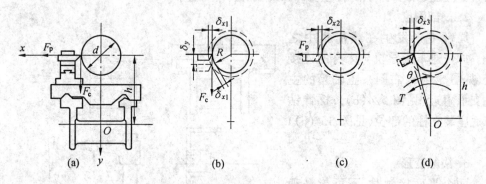

图 5.2　车床床身变形引起的加工误差

　　床身的弯曲和扭转变形，使在床身上的溜板连同刀具一起相对于工件发生位移，从而引起加工误差。

　　在竖直面内的变形 δ_y，使工件半径的增加值为 $\Delta R = \delta_{x1}$，由图（b）可知：$\Delta R = \delta_{x1} = \sqrt{\delta_y^2 + R^2} - R$，故床身在竖直面内的变形 δ_y 引起的加工误差比较小。在水平面内，因为变形引起的半径增加值正好与水平面变形值相等，即 $\Delta R = \delta_{x2}$。床身在横截面内的变形引起的半径增加值 $\Delta R = \delta_{x3} \doteq \theta h$。可见，这两项变形值都直接复印给工件，影响十分显著。由于 $\delta_{x2} \propto F_p$ 和 $F_f \dfrac{d}{2}$，$\delta_{x3} \propto T (= F_c \cdot \dfrac{d}{2} + F_p h)$，故误差随被加工工件的直径 d 增大

而增大。

进给力 F_f 与床身平行,使床身拉伸变形,但影响较小,可忽略。

二、支承件的静刚度

支承件的变形一般包括自身变形、局部变形和接触变形三部分。例如,普通车床的床身,载荷通过导轨面作用到床身上,使其产生如前述的变形,均属自身变形;导轨与床身连接过渡处的变形为局部变形;两导轨配合面的变形为接触变形。局部变形和接触变形有时还占主要地位。例如,床身与导轨的连接处过于单薄,则会使该处的局部变形很大。又如,车床刀架和升降台式铣床的工作台,由于层次较多,接触变形有可能占相当大的比重。设计时应注意这三类变形的匹配,并加强薄弱环节。

1. 自身刚度

支承件抵抗自身变形的能力称为支承件的自身刚度。支承件所受的载荷主要是拉压和弯扭,其中弯扭是主要的。因此,支承件的自身刚度,主要考虑的是弯曲刚度和扭转刚度。例如,普通车床的床身,主要是水平面 x 方向的弯曲刚度、竖直面内 y 方向的弯曲刚度和横截面内的扭转刚度。值得注意的是,如果支承件的壁较薄,而在

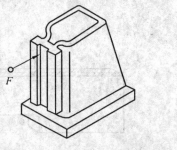

图 5.3　截面畸变

支承件内部布置的肋板不足或不合理,则支承件在受力后会发生截面形状的畸变,如图 5.3 所示。因此,在设计支承件时,为提高其自身刚度,不仅要慎重选择材料和决定尺寸,而且更应注意截面形状的合理设计和肋板的合理布置。

2. 局部刚度

局部变形发生在载荷集中之处。如普通车床导轨与床身的连接处(见图 5.4(a)右图),主轴箱的主轴支承附近(见图 5.4(b)),摇臂钻床底座装立柱的部位(见图 5.4(c))等。

3. 接触变形

两个平面接触时,不可能是理想的平,而是有一定的宏观不平度,因而实际接触面积只是名义接触面积的一部分。再加上微观的不平,

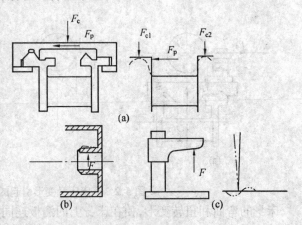

图 5.4　局部变形

两平面真正接触的只是一些高点,如图 5.5(a)所示。因此,接触刚度与构件的自身刚度主要有两点不同:①接触刚度 K_j (MPa/μm)是平均压强 p 与变形 δ 之比,即

$$K_j = \frac{p}{\delta}$$

当进行接触刚度对比时,如各试件的面积相同,也可用力与变形之比来代表。②接触刚度

K_j 不是一个固定值,即 p 与 δ 呈非线性关系,如图 5.5(b)所示。这是因为 K_j 与接触面之间的压强有关。当压强很小时,两面之间只有少数高点接触,接触刚度较低;当压强较大时,这些接触高点产生了变形,使实际接触面积扩大,接触刚度也随之提高。因此,接触刚度 K_j 应更准确地定义为:

$$K_j = \frac{\mathrm{d}p}{\mathrm{d}\delta} \text{ 或 } K_j = \frac{\Delta p}{\Delta \delta}$$

为了提高固定接触面(如主轴箱与床身的接触面)之间的接触刚度,应预先施加一个载荷(如拧紧固定螺钉),使两接触面之间在承受外载荷之前已有一个预加压强 p_0,见图 5.5(c)。为了使外载荷的作用不引起接触面之间压强有大的变化,所施加的预加载荷应远大于外载荷。这样,可在 $p-\delta$ 曲线上确定出 K_j 值。确定的方法是,在对应于 p_0 的 C 点处作 $p-\delta$ 曲线的切线,切线与水平轴夹角的余切即为接触刚度,即:

$$K_j = \cot\alpha$$

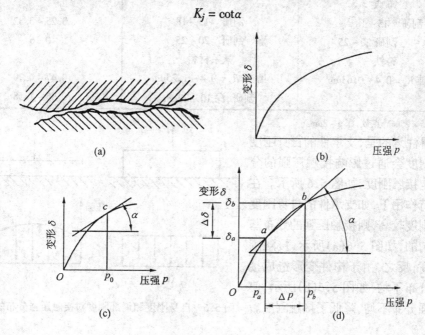

图 5.5　接触刚度

当两接触面为活动接触(如导轨面)时,情况有所不同,如图 5.5(d)所示。由于它的预载荷等于滑动件(如工作台或床鞍以及装在上面的工件、夹具或刀具等)的质量,预载与外载(主要是切削力 F_c)一般处于同一数量级,甚至预载会低于外载荷。因此,活动接触面的接触刚度 K_j 是以预载点 a(对应接触压强 p_a)至最大载荷点 b(载荷为预加载荷与最大切削力之和,接触面压强为 p_b)的连线与水平轴夹角 α 的余切表示

$$K_j = \frac{\Delta p}{\Delta \delta} = \frac{p_b - p_a}{\delta_b - \delta_a}$$

由此看出,同样的接触面,固定接触的接触刚度比活动接触的高。

目前,尚无公认的接触刚度数据。尽管各种文献发表了不少试验结果和根据试验数据得出的经验公式,但结果相当分散。这是由于接触面的表面粗糙度和宏观不平度、材料的硬度、预压强等因素对接触刚度的影响很大。试验时,上述条件不同,其结果相差很大。

这里仅介绍一种试验结果,以供参考。

对于名义接触面积不超过 $100 \sim 150 cm^2$ 配合较好、宏观不平可以忽略的表面,钢和铸铁的接触变形 $\delta(\mu m)$ 可按下面试验公式近似地估算

$$\delta = c \sqrt{p} \qquad (5.1)$$

$$K_j = \frac{\Delta p}{\Delta \delta} = \frac{2\sqrt{p}}{c} Pa/\mu m = \frac{2\sqrt{p}}{c} \times 10^{-6} MPa/\mu m \qquad (5.2)$$

式中　p——接触面之间的平均压强,Pa;

　　　c——系数,根据表 5.1 确定。

表 5.1　c 值

接　　触　　面		$c(\times 10^{-2})$
铸铁 刮研　$15 \sim 18$[①]	铸铁 刮研　$15 \sim 18$	$0.25 \sim 0.32$
刮研 $20 \sim 25$	刮研　$20 \sim 25$	0.16
铸铁 磨削 $R_a = 0.4 \sim 0.63 \mu m$	氟系材料 磨削 $R_a = 0.4 \sim 1.25 \mu m$	$0.47 \sim 0.79$
	刮研,深 $10 \sim 20 \mu m$	$0.95 \sim 1.58$

①每 $25 \times 25 mm^2$ 点数,深 $6 \sim 8 \mu m$。

值得注意的是,支承件的自身刚度和局部刚度会通过影响接触压强的分布而影响接触刚度,如图 5.6 所示。在集中载荷作用下,如支承件的自身刚度和局部刚度较高,则接触压强的分布基本是均匀的,如图 5.6(a) 所示,接触刚度也较高;反之,由于构件变形造成接触压强分布不均,如图 5.6(b) 所示,使接触压强分布不均,降低了接触刚度。

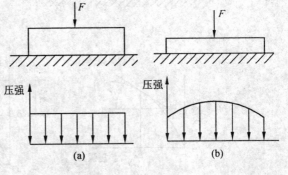

图 5.6　自身刚度和局部刚度对接触压强分布的影响

5.3　支承系统结构设计中的几个问题

一、正确选择支承件的截面形状

如前述,支承件承受的载荷主要是弯矩和扭矩,其变形主要是弯曲和扭转,这与截面形状(惯性矩)有密切的关系。表 5.2 列举了常见的 8 种截面形状和它们的抗弯、抗扭惯性矩。为便于比较,截面积皆为 $1 \times 10^4 (10\ 028) mm^2$。从表中可看出,在截面积相同的条件下:

1. 空心截面惯性矩比实心的大

如表中的 2 与 1 比较,3 与 2 比较等。因此,加大轮廓尺寸、减小壁厚可有效提高刚

度,在设计支承件时,总是使壁厚在工艺可能的前提下尽量薄一些。通常尽量不用增加壁厚的办法来提高支承件的自身刚度。

表 5.2　截面形状和惯性矩的关系

序　号		1	2	3	4
截面形状			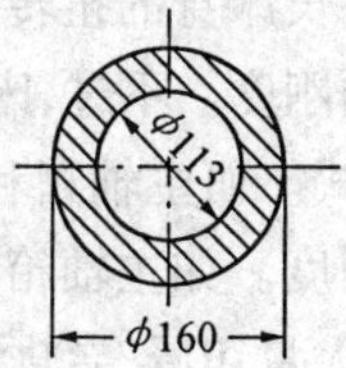	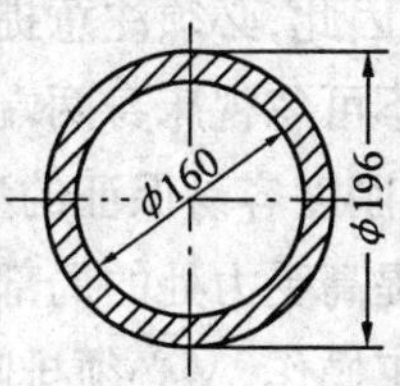	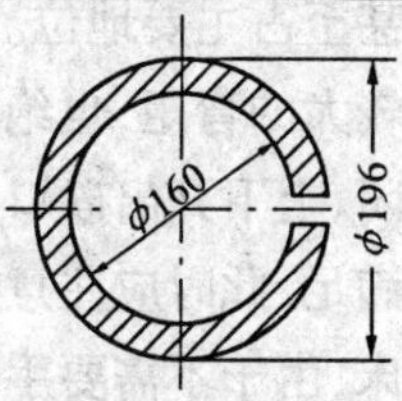
抗弯惯性矩	cm⁴	800	2 416	4 027	—
	%	100	302	503	—
抗扭惯性矩	cm⁴	1 600	4 832	8 054	108
	%	100	302	503	7
序　号		5	6	7	8
截面形状		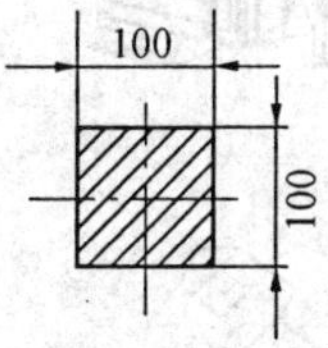	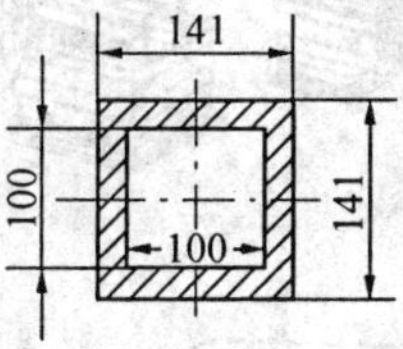	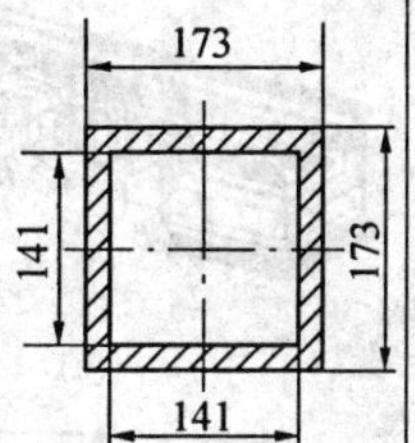	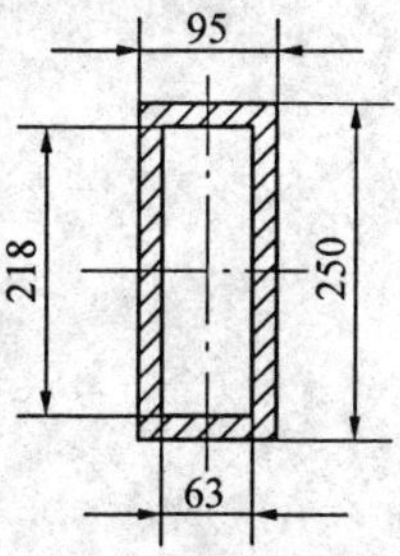
抗弯惯性矩	cm⁴	833	2 460	4 170	6 930
	%	104	308	521	866
抗扭惯性矩	cm⁴	1 406	4 151	7 037	5 590
	%	88	259	440	350

2. 方形截面抗弯能力大,圆形截面抗扭能力强,矩形截面抗弯能力更好

可由表中 5 号与 1 号比较、6 号与 2 号比较、8 号与 7 号比较得出上面的结论。因此,如果支承件所受的主要是弯矩,则截面形状以方形和矩形为佳,矩形截面在其高度方向的抗弯刚度比方形截面高,但抗扭刚度则低(如 8 号与 7 号比较)。当支承件以承受一个方向的弯矩为主时,截面形状常取为矩形,并以高度方向为受弯方向。如龙门刨床的立柱、立式车床的立柱等。如果支承件所受的弯矩和扭矩都相当大,则截面形状常取为正方形。例如,镗床加工中心和滚齿机的立柱等。

3. 封闭截面比非封闭截面的刚度大得多

如表中的 4 号所示。因此,在可能的条件下应尽量把支承件的截面做成封闭的框形。但是,对于一些机械系统,如机床由于排屑、清砂、安装电器、液体和传动件等,往往很难做到四面封闭,有时连三面封闭都难做到。例如,普通卧式车床床身因排屑的需要,中间部分往往上下不能封闭,如图 5.7(a)、(b)所示。因此,水平面内的弯曲刚度往往低于竖直面内的弯曲刚度。由前述可知,水平面内的变形对加工精度的影响又很严重,设计时必须设法提高水平面内的弯曲刚度。对于长床身,扭转变形造成刀尖与工件间的位移相当大,甚至占主要地位。因此,必须注意提高长床身的扭转刚度。主轴箱和尾座对床身作用有较大的弯矩,也绝不可忽视床身两端的刚度。不过,床身左端装主轴箱处可以做成四面封闭、上下开出砂口、刚度容易保证的型式。而主轴箱和尾座也可做成箱形,自身刚度较易满足,此时应注意提高受力处的局部刚度。如主轴箱前支承处箱壁的刚度。对于数控车床,由于不需要手工操作,又必须排除大量切屑,导轨常做成倾斜状,只需在车床左下方安装切屑传送链。因此,床身可设计成四面封闭,如图 5.7 中(c)所示,其刚度比图(a)、(b)的型式高得多。

二、合理设置肋板和肋条

肋板又称隔板,肋条又称加强肋。对于封闭或非封闭的薄壁支承件,采用合理布置隔板和肋条比采取简单地增加壁厚的办法来提高支承件刚度的效果要好得多。

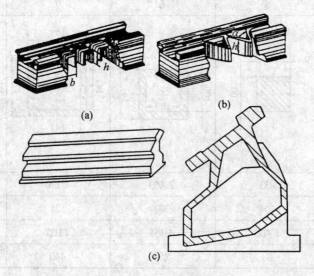

图 5.7　车床床身

1. 隔板(肋板)

隔板(肋板)是指布置在支承件两外壁之间并将两外壁连接在一起的内板。设置隔板的目的在于把作用于支承件局部地区的载荷传递给其他壁板,从而使整个支承件承受载荷。可见,隔板的作用主要用来提高支承件的自身刚度。纵向隔板主要用来提高支承件的抗弯刚度,横向隔板主要用来提高支承件的抗扭刚度,斜向隔板既可提高支承件的抗弯刚度,又可提高抗扭刚度。纵向隔板必须布置在支承件的弯曲平面内,如图 5.8(a)所示,才会显著提高抗弯刚度。此时,隔板绕 x 轴的惯性矩为 $\dfrac{l^3 b}{12}$。如布置在与弯曲平面垂直的平面内,如图(b),则惯性矩为$\frac{lb^3}{12}$。两者之比为$\frac{l^3}{b^2}$。
故前者大于后者。对于中、小型普通车床的床身,
为了排屑,如前述,上下不能封闭。机床工作时,
水平方向的背向力F_p由刀架经导轨作用于床身
的前壁板。由于壁板较薄,刚度很低。故用隔板
将前后壁连接起来,通过隔板将载荷传到后壁。
于是把前壁的弯曲转化为整个床身的弯曲。即转
化为前壁对隔板的拉伸和后壁对隔板的压缩。如
图 5.7(a)所示的"凵冖"形隔板。它具有一定的宽度

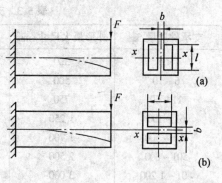

图 5.8　纵向隔板布置方式与刚度的关系

b 和高度 h,故在竖直平面和水平平面的抗弯刚度都较高。同时,它具有一定的铸造工艺
性,故常在大多数中型普通车床上采用。图 5.7(b)所示的为斜向隔板(又称对角隔板),
它在床身的前后壁间呈"W"形布置,能较大地提高水平面内的抗弯刚度,对于扭转刚度的
提高更为明显。尤其是中心距超过 1 500mm 的长床身,效果更好。当普通车床的中心距
为 750～1 500mm 时,斜隔板的刚度与"凵冖"形隔板的差不多,而铸造却困难。故斜隔板只
在长床身上才采用,相邻两斜隔板间的夹角 α 一般为 60°～100°。此外,各种立柱和其他
类型支承件都布置有各种隔板,详见《机床设计手册》第二册(下)。

2. 肋条

肋条是指配置在支承件内壁上的条状金属,它不连接支承件的整个断面。主要是为
了减少支承件的局部变形和防止薄壁振动。肋条也有纵向、横向和斜向几种形式。如前
述,肋条也必须布置在支承件的弯曲平面内。图 5.9(a)所
示的是直字形肋条,结构最简单。常用于窄壁和受载荷较
小的内壁上。图 5.9(b)的十字形肋条是呈直角交叉布置,
结构也简单,但易产生内应力,广泛用于箱形截面的支承
件和平板上。图 5.9(c)的三角形肋条可保证足够的刚度,
多用于矩形截面支承件的宽壁上。图 5.9(d)的交叉肋条
有时会与支承件壁的横隔板结合在一起来有效地提高其
刚度,常用于重要支承的宽壁和平板上。图 5.9(e)的蜂窝
形肋条常用于平板上。由于它在各方向能均匀地收缩,不
会在肋条连接处堆积金属,故内应力小。图 5.9(g)的井字
形肋条单元壁板的抗弯刚度接近图 5.9(f)的米字形肋条,

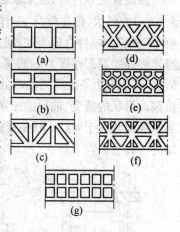

图 5.9　肋条形式

但抗扭刚度是米字形肋条的$\frac{1}{2}$。米字形肋条制造困难,铸
造时金属堆积严重。因此,铸造支承件一般用井字形肋条,而焊接支承件用米字形肋条。
肋条的高度一般不大于支承件壁厚的 5 倍,厚度一般是床身壁厚的 0.7～0.8。隔板和肋
条的厚度可按壁厚从表 5.3 中选取。

表 5.3　支承件隔板和肋条的厚度

支承件质量/kg	外形最大尺寸/mm	壁厚/mm	肋板厚/mm	肋条厚/mm
< 5	300	7	6	5
6 ~ 10	500	8	7	5
11 ~ 60	750	10	8	6
61 ~ 100	1 250	12	10	8
101 ~ 500	1 700	14	12	8
501 ~ 800	2 500	16	14	10
801 ~ 1 200	3 000	18	16	12
> 1 200	> 3 000	20 ~ 30		

三、合理开孔和加盖

为了安装机件或清砂,支承件如机床的床身或立柱上常需开孔。开孔对刚度的影响取决于孔的大小和位置。在与弯曲平面垂直的壁上开孔时,由于这些壁受拉或受压,开口后将减少受拉、压的面积,故大大削弱了抗弯刚度。对于抗扭刚度的影响,开在较窄壁上的孔比开在较宽壁上的为大。故矩形截面的立柱尽量不要在前后壁上开孔,开孔宽度尽量不要超过立柱空腔的 70%,高度不超过空腔的 1 ~ 1.2 倍。在开孔四周翻边(厚一些)并加盖(加嵌入盖比面覆盖好),然后拧紧螺钉,可补偿一部分刚度损失。

四、提高支承件的局部刚度

在设计支承件时,应采取必要措施提高其局部刚度。例如,普通车床床身如设计成图 5.10(a)的形状,则在载荷 F_c 作用下,导轨与床身连接的局部区域会产生变形。如果使导轨与壁板基本对称,适当加厚过渡壁并加肋条(见图 5.10(b))便可显著地提高导轨与床身连接处的局部刚度。如前述,合理布置肋条是提高支承件局部刚度的有效措施。如图 5.11(a)是用肋条来提高轴承处的局部刚度。图 5.11(b)为立柱内的环形肋,主要用来抵抗截面形状的畸变,前面的三条竖直肋主要用来提高导轨处的局部刚度。图 5.9 所示为当壁板面积大于 $400 \times 400 \text{mm}^2$ 时,为避免薄壁振动和提高壁板局部刚度而在壁板内表面加的各种肋条。

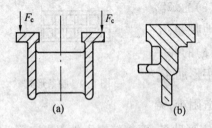

图 5.10　过渡壁和肋条

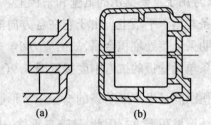

图 5.11　提高局部刚度的肋条

五、提高支承件的接触刚度

不论是活动接触面(导轨面)或是重要的固定接触面,都必须配磨或配刮,以增加实际的接触面积,从而提高其接触刚度。固定结合面配磨时,表面粗糙度不得大于 $R_a = 1.6$ μm;配刮时,每 $25 \times 25 mm^2$ 面积内,高精度机床为 12 点以上,精密机床为 8 点,普通机床为 6 点,并应使接触点均匀。一般用力矩扳手拧紧固定螺钉,在两接触面上施加预压力,使接触面间的平均压强约为 2MPa。在确定螺钉的尺寸和分布螺钉的位置时,既要考虑施加预压力的需要,又要注意支承件的受力状况。从抗弯刚度考虑,在受拉一侧应布置较多一些的螺钉。从抗扭刚度考虑,螺钉应均布在四周。如在连接螺钉轴线平面内布置肋条,则可适当提高接触刚度。

六、材料的选择和时效处理

应根据机械系统支承件的功能要求来选择它的材料,如,在机床上,当导轨与支承件做成一体时,按导轨的要求来选择材料;当采用镶装导轨或支承件上无导轨时,则仅按支承件的要求选择材料。支承件的材料有铸铁、钢、轻金属和非金属。

1. 铸铁

灰铸铁的流动性好,具有良好的铸造性能,容易铸造成形状复杂的各种构件。同时,它的阻尼系数大,抗振性能好。但铸造工艺必须制做木模,制造周期长。铸造还容易产生缩孔、气泡和砂眼等缺陷(当然,如果用呋喃树脂砂并采用窄缝喷射造型法基本可克服上述缺陷,但在一些机械行业尚未推广),而这些缺陷往往要在机械加工中才能发现。支承件常用的铸铁有 HT100、HT150、HT200、HT250、HT300 等。HT100 的机械强度差,只用于镶装导轨的床身和一些不重要的、形状简单的支承件,一般都很少用。HT150 的流动性好,铸造性能也好,但机械性能稍差。适用于镶装导轨和一些形状复杂而无导轨的支承件。HT200 可承受较大的抗压和抗拉应力,常用于导轨与支承件铸成一体的支承件。当导轨需要淬硬,采用这种材料的效果较好。HT250、HT300 的强度和耐磨性都很好,抗拉、压的强度大,多用于导轨与床身铸成一体的支承件。如六角车床、自动车床和其他重负荷机床的床身等。对于特别重要的支承件也可用球墨铸铁(QT450 - 10, QT800 - 02)及耐磨铸铁等。

2. 钢

支承件用钢板或型钢焊接成形时,常用 3 号或 5 号钢,也可用 Q235、20 和 25 号钢、15Mn、16Mn、20Mn、15MnTi、15MnSi 等。用钢材焊接支承件的优点是:①不需制作木模和浇铸,生产周期短,且不易出废品。②质量轻。因为钢的弹性模量约为铸铁的 1.5 ~ 2 倍,在形状和轮廓尺寸相同的条件下,如果要求支承件的自身刚度与铸铁支承件的刚度相同,则前者的壁厚可比后者薄。③可以采用全封闭的箱形结构,而铸造工艺必须留出砂孔。④结构有缺陷容易补救。如发现刚度不足,可加焊隔板和肋条。但焊接结构在中、小型机械的成批生产中,成本较高,这时以铸造为宜。值得一提的是,虽然钢材的内摩擦阻尼约为铸铁的 $\frac{1}{3}$,但是,整体的阻尼主要由支承件间的结合面决定。即,振动能量主要消耗在结合面的摩擦和粘滞上。仅此一点,钢材焊接结构和铸铁结构并无明显差别。差别在于支承件自身振动(如床身的弯曲和扭转振动等)的阻尼和薄壁振动的阻尼低于铸铁。不过,可以用在支承件内部浇注混凝土和采取减振措施来补偿。基于上述原因,焊接支承件在大型、重型、专用机床和其他机械系统等单件、小批生产中得到了广泛的应用。在国外,大型、重型和组合机床的支承件采用焊接结构的方式越来越多。当需要支承件强度高,刚度大,且形状不复杂时,也可以用铸钢,可用的材料有 ZG200～400,ZG230～450,ZG270～500等,但铸钢支承件似乎并无特殊的优越性。

3. 轻合金

轻合金应用于支承件较多的是铝合金。它的密度只有钢的 1/3,有些铝合金尚可通过强化处理,以提高其强度,使其具有较好的塑性、良好的低温韧性和耐热性。所以,对于减轻支承件重量具有重大意义的运行式机械如飞机、汽车、拖拉机、起重机等来说,采用轻合金是比较合适的。例如,目前,日本轿车的发动机缸体已全部采用高强度铝合金,部分变速箱也开始采用铝合金。

支承件常用的铸铝合金材料有 ZAlSi7Mg、ZAlSi9Mg、ZAlSi12Cu2Mg1、ZAlZnl1Si7。

4. 钢筋混凝土

混凝土的比重是钢的 $\frac{1}{3}$,弹性模量是钢的 $\frac{1}{10}～\frac{1}{5}$,它的阻尼比铸铁还大。采用它作支承件可以获良好的动态特性。因此,对于受载均匀、截面积较大、抗振性要求高的支承件可以采用。例如,目前,高速切削机床,特别是超高速切削机床,切削速度已达到或超过125m/s,对支承件的抗振性要求极高,可考虑采用钢筋混凝土,以获得良好的动态特性。但混凝土性能不够稳定,会产生蠕变,而且本身较脆又不耐油。因此,需要进行处理。如,固性处理:把短纤维材料均匀地渗入混凝土中,以克服其脆性,这种处理后的复合材料称为纤维增强混凝土;在表面喷涂塑料以防止油的浸蚀。由于混凝土的弹性模量小,为提高其抗弯能力,必须在混凝土中加钢筋。

5. 花岗岩

以各种大小的花岗岩块为骨料,以环氧树脂为粘接剂,混合后放入模内,经振动捣实,然后固化形成所需要的支承件,它是近年来发展起来的一种人造花岗岩复合材料。目前主要用于高精度机床、金刚石车床和三坐标测量机。这种材料有优越的动态特性和抗热变形能力。因此具有广阔的应用前景。

不论是铸造构件或焊接构件,都应在不降低其机械性能的前提下进行时效处理,消除内部的残余应力,以减小铸造、焊接和机械加工后的变形并保证在使用过程中的尺寸稳定性。时效处理最好在粗加工后再进行一次。时效方法有天然时效、热时效和振动时效三种。普通精度机床的支承件只需一次时效即可,精密机床最好在粗加工前后各进行一次。有的高精度机床在进行两次时效处理后,还要进行天然时效——把构件堆放在露天一年左右,使其充分变形。铸铁件的热时效处理在 530～550℃范围内进行。而焊接钢件则在600～650℃范围内进行。

七、支承系统的铆接结构

铆接支承系统主要用于制造薄壁框架、立柱、横梁等由金属型钢和轻合金联接的结构。铆接具有工艺简单、抗振、耐冲击和牢固可靠等优点。目前在桥梁、建筑、造船、重型机械及飞机制造等部门中应用广泛,如起重机的机架、建筑物的桁架、飞机框架等,尤其在航空航天、铁路车辆等采用轻合金(如铝合金、镁合金、硅合金、锰合金等)的结构中,铆接应用得更为普遍。这不仅可以避免由于焊接时的高温而引起的强度减弱,而且其铆接强度有的可达到钢结构的程度,并具有经久耐用、式样美观、抗腐蚀等特点。但铆接件往往结构较笨重、铆接工艺的环境噪声大、生产效率低,因而在钢结构中有逐步减少的趋势,并为焊接、胶接所代替。

铆接支承件的结构设计应根据承载情况和具体要求,按照有关专业技术规范,选择合适的铆接类型,确定铆钉规格,布置铆钉位置。

铆接支承件结构设计的一般原则是:

① 尽量使铆钉合理受力,防止一组铆钉中的各个铆钉受力过份不均,以提高铆接的可靠性和寿命。

a.沿力作用线的铆钉排数不超过 5~6 排,且每一排中的铆钉数目不宜过多。

b.接头中的铆钉采用交错布置。

c.多层板铆接时,各层板的接口应错开。

d.使铆钉布置应尽可能靠近或通过被联接件截面的质心轴线。

② 采用有效措施提高铆接的疲劳强度。

a.将铆钉孔钻成后进行扩孔或铰孔。

b.将铆钉头附近的孔边倒成直角或圆角。

c.铆钉杆与铆钉孔之间不留间隙,必要时采用过盈配合。

③ 当采用辅助角钢铆接结构时,盖板的形状应力求简单,其厚度可取被联接件的平均厚度。铆钉布置如图 5.12 所示。

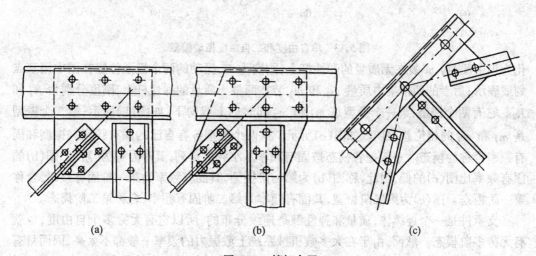

图 5.12 铆钉布置

④ 对于轻合金结构,由于弹性模量较小(约为钢的 1/3),所以应特别注意其弹性挠曲,可采用连续挤压成形的型材作为联接件。

⑤ 铆接的操作应方便,铆接工艺应简单。

a.在同一组结构中采用相同直径的铆钉。

b.应使铆钉孔远离壳壁,且铆钉外露。

八、结构工艺性

设计支承件的结构必须重视它的工艺性,包括铸造、焊接或铆接以及机械加工的工艺性。例如,铸件的壁厚应尽量均匀或截面变化平缓,要有出砂孔便于水爆清砂或机械化清砂(风轮能进入铸件内),要有起吊孔等。结构工艺性不单是个理论问题,因此,除要学习现有理论(可参阅《机床设计手册》第二册第十五章以及其他文献)外,还要注意在实践中学习,注重经验累积。

5.4　支承系统的动态特性

支承系统除要满足静刚度外,还要满足动态特性的要求。动态特性主要指支承件的固有频率不能与激振频率重合;具有较高的动刚度(共振状态下,激振力的幅值与振幅之比)和较大的阻尼,使支承件在受到一定幅值的周期性激振力的作用下受迫振动的幅值较小。

一、固有频率和振型

单自由度振动系统只有一个固有频率和一个振型,其力学模型如图 5.13(a)所示。二自由度振动系统的力学模型如图 5.13(b)和(c)所示。前者的集中质量(将系统质量简

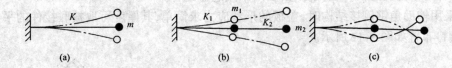

图 5.13　单自由度和二自由度振动模型

化为集中质量) m 装在无质量的弹性杆上,刚度为 K,振动的两个极限位置在图中用双点划线表示;后者的两个集中质量 m_1 和 m_2 装在两根无质量的弹性杆上,刚度分别为 K_1 和 K_2。它有两个振型:第一个振型是 m_1 和 m_2 同时向上或向下,如图(b)所示;第二个振型是 m_1 和 m_2 的相位差 180°。如图(c)所示。这两个振型各有自己的固有频率。振型和固有频率合称为模态。一般把各模态按固有频率从小到大排列,其序号称为"阶"。图(b)的固有频率比图(c)的低,因此,称图(b)为第一阶振型,其固有频率为第一阶固有频率,合称第一阶模态。图(c)为第二阶振型,其固有频率为第二阶固有频率,合称第二阶模态。

支承件是一个连续体,质量和弹性都是连续分布的,所以它有无穷多个自由度,也就有无穷多阶模态。然而,由于在大多数机械系统上激振力的频率一般都不太高,因而只有最低几阶模态的固有频率才有可能与激振力频率重合或接近。高阶模态的固有频率已远高于可能出现的激振力频率,一般不可能发生共振,对系统的工作质量影响也不大,国此,只需研究最低几阶模态即可。现以某车床床身的水平方向的振动为例说明它的最低几阶模态。

1. 第一阶模态——整机摇晃振动

床身作为一个刚体在弹性基础上作摇晃振动,其振型如图 5.14(a)所示。主振系统是床身和底部的连结面。振动的特点是床身各点的振动方向一致,同一水平线上各点的振幅相差不大,离结合面越远的点振幅越大。整机摇晃的固有频率取决于床身的质量、固定螺钉和接触面处的刚度。其值较低,大约在 15~30Hz 范围内,常见的是 20~25Hz。

2. 第二阶模态——一次弯曲振动

振动的特点是各点的振动方向一致,上下振幅相差不大,但沿床身纵向(其振型如图5.14(b)所示)越接近中部的振幅越大,越接近两端的振幅越小。其固有频率约为110Hz左右,一般在80~140Hz范围内。

3. 第三阶模态——一次扭转振动

主振系统仍是床身本体,其振型如图5.14(c)所示。振动的特点是床身两端的振动方向相反,振幅值分布呈两端大中间小。而且,在靠近中部有一条线AB,在这条线上及附近,振幅等于零或接近于零。在这条线的两侧,振动方向相反,称该线为节线。A、B点称为上、下节点。频率范围约在30~120Hz,常见的是40~70Hz。

4. 第四阶模态——二次扭转振动

主振型仍是床身本体,其振型如图5.14(d)所示。振动的特点是有两条节线AB和CD,在两条节线上,振幅为零。两端的振动方向相同,但与两节点线间的振动方向相反。

此外,还有二次弯曲、三次弯曲、纵向振动等。这些模态的固有频率一般都较高,已远离可能出现的激振频率,因此,一般不予考虑。

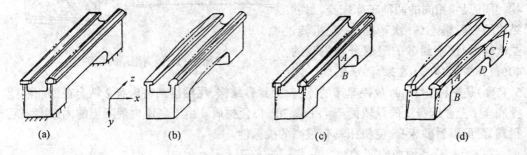

　(a)　　　　　　　(b)　　　　　　　(c)　　　　　　　(d)

图5.14　车床床身的振型

5. 薄壁振动

对于某些面积较大而又较薄的壁板,以及罩、盖等容易发生所谓的薄壁振动。这类振动的主振系统是薄壁,振动的固有频率较高,振动的幅值不大,属于局部振动。因此,对系统的工作质量如机床的加工精度影响不大,但却是噪声源或噪声的传播媒介,必须足够重视。

在上述四阶模态中,二、三、四阶模态将引起执行器官的相对位移,对机械系统的工作质量,如对机床的加工精度和表面粗糙度的影响较大。第一阶模态虽然在同一水平面内的加速度相差不大,但上面所装部件(如车床的床头、尾座、刀架等)的质量各不相同,因而作用在这些部件上的惯性力也不同,也会引起这些部件的相对位移而影响工作质量如机床的加工精度。对于上述的振型,当外界激振力的频率与其固有频率一致时,振幅将剧增,即产生共振,这是不允许的。

二、提高动刚度的措施

改善支承件的动态特性,提高抗振性的关键是提高动刚度。动刚度是共振状态下激振力幅值与振幅之比,可按下式计算

$$k_d = 2\zeta k \tag{5.3}$$

式中　　k_d——动刚度;

　　　　ζ——阻尼比;

　　　　k——静刚度。

由式(5.3)看出,提高静刚度 k 和阻尼比 ζ 可以提高动刚度。换言之,在相同幅值激振力的作用下可以降低受迫振动的幅值。

提高静刚度的途径是合理设计支承件的截面形状和尺寸,合理布置隔板和肋条,注意整体刚度、局部刚度和接触刚度的匹配等。

提高阻尼可以采取保留砂芯(常称封砂结构)、在构件中灌注混凝土、采用具有阻尼性能的焊接结构或安装阻尼装置等办法。图 5.15(a)是一种 $\phi1\,000\text{mm}$ 卧式车床的床身,型砂不清除,依靠型砂与铸件壁和型砂与型砂之间的摩擦来消耗振动能量,提高阻尼。有资料介绍,结构相同、尺寸相同的两种车床床身,封砂结构的三阶模态(一次弯曲、一次扭转、二次弯曲)比不封砂的阻尼分别提高约 40%、78%、214%,效果十分显著。图

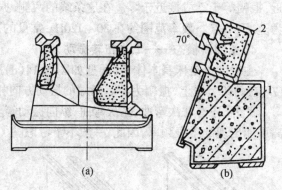

图 5.15　提高阻尼的办法

5.15(b)是一种 $\phi480\text{mm}$ 数控车床的床身,为封砂结构,用粘接剂将床身 2 粘合在钢筋混凝土底座 1 上。床身上的导轨面与水平倾 70°,以便排屑。由于底座内混凝土的内摩擦阻尼很高,再配以封砂床身,使机床具有很高的抗振性。

图 5.16(a)是预加载荷的减振头焊接结构,中间接触处不焊。冷却后,焊缝收缩,使中间处压紧。振动时,摩擦阻尼可消耗振动能量。

图 5.16(b)为升降台式铣床的悬梁和受力情况,图(c)是悬梁头部安装阻尼装置的结构图。由于悬梁在水平面和竖直面内的弯曲振动和扭转振动的最大振幅均在悬梁的头部,因此,将阻尼装置放在该处。悬梁头部是一个封闭的箱形铸件,空腔内装几块铸铁并充满钢珠,再灌注

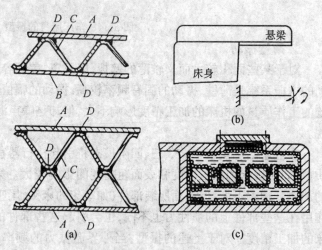

图 5.16　提高阻尼的办法

高粘度油。振动时,油在钢珠间隙之间运动,产生粘性摩擦,再加上钢珠间的碰撞,可在较宽的频率范围内消耗振动能量。据资料介绍,竖直平面一次弯曲振动的固有频率,不装阻尼装置时为 170Hz,安装阻尼装置后降为 150Hz。由于阻尼装置使其阻尼提高,在此频率下的动刚度为不安装阻尼装置时的 3 倍。还有资料介绍,为了提高升降台式铣床的动刚

度,采用钢材焊接结构(钢的弹性模量比铸铁高),加大截面积,把悬梁做成全封闭的框形结构以提高静刚度。同时在空腔内灌注混凝土或型砂,或装前述阻尼装置以提高阻尼。

5.5 支承系统的热特性

一、支承系统的热变形

机械系统如机床工作时,由电动机输入的能量,不论通过什么途径,最后都变成热。这些热量,一部分由切屑、冷却和润滑液带走,一部分向周围发散,一部分使工件升温,一部分使机床升温。这是机床温度变化的主要原因。同时,环境温度的变化和阳光的照射也会使机床升温,这些内部和外部的热源,使机床的温度呈复杂周期性变化。因此,机床的热变形也不是一个定值。机床的热变形改变了各执行器官的相对位置和移动部件的位移轨迹,会降低机床的加工精度。由于机床温度变化的复杂周期性,还会使机床加工精度不稳定。例如,车床主轴部件前后轴承的温升不同,将引起主轴中心线位置的偏移。主轴箱的热膨胀又将使主轴中心线高于尾座中心线。数控机床主轴的轴向膨胀,会改变机床的坐标原点。龙门铣床和龙门刨床工作台的高速运动,会使导轨面的温度高于床身温度,引起导轨中凸等。

热变形对自动机床、自动线、数控机床、精密和高精度机床以及精密机械系统的影响尤为明显。自动机床和自动线是在一次调整后大批地加工工件,数控机床的坐标原点是预先设定的。调整机床和设定坐标原点都是在温升前的冷态下进行。在加工过程中,加工精度随着温度的升高而变化,当温度升到某一值后,可能使加工件不合格。对于精密机床和高精度机床,其几何精度的公差很小,热变形的位移很可能使热检时几何精度不合格。因此,热变形已成为进一步提高机床精度的主要限制条件。

一般情况下,支承件的结构比较复杂,质量不均,各处的受热情况不同,因此,支承件的热变形往往是不均匀的。这种不均匀的热变形比均匀的热变形的影响要有害得多。

二、提高支承系统热特性的措施

提高支承系统热特性就是设法减少热变形,特别是不均匀的热变形,以及降低热变形对加工精度的影响。

1. 散热和隔热

如果及时将机械系统工作时产生的热量扩散到周围环境中,则机械系统的温度不会很快升高。适当加大散热面积,增设与气流方向一致的散热片,或采用风扇,或人工致冷等都可加快散热。后两种办法在数控机床、加工中心和精密机床的主轴箱中已有成功的应用。另外,将电动机、液压油箱、变速箱等热源移到与机械系统隔离的地基上,也是常用的隔热办法。有时,在隔热的同时也考虑散热。

在设计时应注意气流的流动方向问题,应有进风口和出风口。有时还要在内部加某些隔板,引导气流流经温度高的地方,以加强冷却。

2. 均热

影响机械系统工作质量的不仅仅是温升,更重要的是温度不均。因此,使支承件的热变形均匀也是提高系统工作质量的一种措施。例如,可以用改变传热路线的办法来减小机床床身的温度不均。图 5.17 是在车床床身 B 处开一个浅缺口,装主轴箱的 A 处是主要热源,C 处是导轨。这样可使从 A 处传来的热量分散传至床身各处(如箭头所示)。床身的温度就比较均匀。

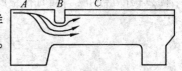

图 5.17　车床床身的均热

图 5.18 是改变传热路线使均匀热变形的又一例子。图(a)是一台立式矩台平面磨床,由于砂轮电动机的热量经砂轮架接合面使立柱前壁的温度高于后壁,造成立柱后倾,使磨出的工件表面与安装基面不平行。图(b)是在磨头侧面装一条管子,将从电动机出来的热风引向后壁,提高了后壁的温度,使前后壁的温差缩小,这样,加工面的平行度大为提高。

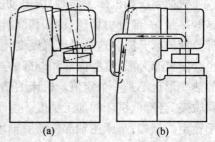

(a)　　　　　　　(b)

图 5.18　立式矩台平面磨床立柱的均热

3. 使热变形对工作质量的影响较小

同样的温升,由于结构不同,热变形对工作质量的影响也不同。采用通常所说的"热对称"结构,可使热变形后对称中心线的位置不变,从而减小对工作质量的影响。例如,车床采用对称的双三角形导轨,可减小溜板在水平面内的位移和倾斜。再如,卧式升降台式铣床的床身,如采用图 5.19(a)所示的结构,由于后支承内装的轴承多,后支承的温度高于前支承,使主轴端部向下倾斜。如改为图(b)所示结构,将后支座在横向与两侧壁相连,则把由上下热膨胀变为水平热膨胀,床身在水平方同是对称的,因此,可保持温升前后、支承处中心的位置不变。

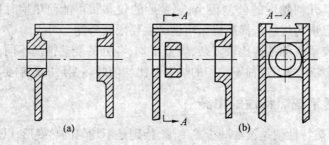

(a)　　　　　　　　　　　(b)

图 5.19　卧式铣床床身的"热对称"结构

5.6　机械系统(机器)的基础

机械系统的工作质量和它们的工作寿命,在很大程度上,取决于是否正确地安装在它们的基础上。基础要均匀地把作用在其上的机器和加工工件重量,以及加工运转时产生的载荷,传给承载它的地基。因此,应对地基的承载能力提出要求;同时位于其上的基础本身也应具有足够的强度、刚度、稳定性和抗振动的能力,以保证机器的正常工作和不干扰相邻机器、仪表及人员的工作。

下面介绍一下机器基础的结构形式、设计的一些原则内容及浇灌方法。

一、基础的结构形式

机械系统(机器)的种类繁多,它们的基础形状也就随之各异。但归纳起来可分为以下4种型式:块式、框架式、墙式和板式。图5.20是上述不同型式中常用的几个典型基础结构图。一般说来对重型机器,如大型电动机、活塞式压缩机、锻压机及轧钢机等基础相当大者,则多采用块式、墙式及框架式组合而成。而中、小型机器,例如一般机床基础则多采用单独块式和混凝土地坪式结构。自动线上的机床,取宽度为 1.5 ~ 3m,长度到 6m,厚度为 300 ~ 600mm 连续实体板式基础。

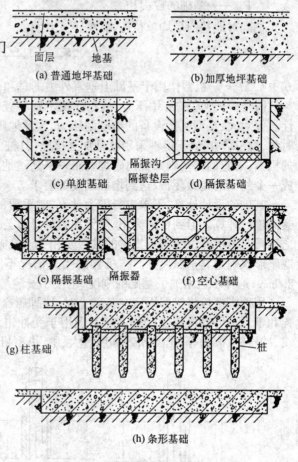

图 5.20　常用基础的典型结构型式
(a)普通地坪基础　(b)加厚地坪基础　(c)单独基础
(d)、(e)隔振基础　(f)空心基础　(g)柱基础　(h)条形基础

二、基础的设计

机械系统(机器)基础必须有足够的强度、刚度和稳定性。首先它必须有一定的质量以吸收机械系统(机器)的振动,增加稳定性,保证它正常运转及工作质量。它的质量越大越有利于前者。但增大基础的质量会受到多种因素限制,而且也不经济。对机床来说,根据实践经验,基础的质量与机床及工件质量的关系按下式计算:

$$m_{基} = K(m_{机} + m_{件}) \tag{5.4}$$

式中　$m_{基}$——基础质量,吨;

$m_{机}$——机床质量,吨;

$m_{件}$——最大可加工工件质量,吨;

K——系数,一般机床取 1.1 ~ 1.3。

重心较高的机床取 1.5 ~ 1.7。上述 K 值仅指机床类,而对大重型机器则不适用。例如冶金行业中轧钢机器的基础质量与机器质量的比值,一般都在 5 倍以上;而对锻锤在采取各种防振措施后,基础的质量要比落下锤头质量大出 20 倍以上。

当我们知道了基础的质量及它的底面积后,按下式算出基础的厚度:

$$H_{基} = \frac{m_{基}}{F_{基} \cdot \gamma_{基}} \tag{5.5}$$

式中　$H_{基}$——基础的厚度;

$\gamma_{基}$——基础材料的密度;

$F_基$——基础的底面积。

基础对地基的平均单位压力,按下式计算:

$$\sigma = \frac{m_基 \cdot g + \Sigma P}{F_基} \leqslant [R] \tag{5.6}$$

式中　ΣP——机器作用于基础上垂直外力的总和;

　　　$[R]$——地基的许用压力,从专业技术资料查获。它越大越有利于工程质量和可靠性。但对大、重型机器设备的地基耐压力,须经地质勘探部门提供的技术资料来确定。有时为了提高$[R]$值不得不采用各种加强措施,打桩就是其方法之一。另外,对某些刚度差的机器,对它们的基础又提出附加要求——通过地脚螺拴将机身紧固于基础之上,使之形成一个封闭的受力环,以达到增加刚度的要求。

　　基础的设计计算,不单进行静力计算,对重要的机器设备还应对动力、抗倾覆及振动衰减进行计算。但到目前为止,尚无完善的计算公式可供使用。一般参考专业资料进行,之后再参考机器说明书所提供的参数及相关设施等选定结构型式。根据机器外形尺寸及底座形状确定其平面尺寸。按机器的受力情况不同,一般基础都比底座尺寸大出 100 ~ 800mm,这样不但增加了基础的刚度,也便于安装与调整。

　　用地脚螺栓将机器固定在基础上时,地脚螺栓在基础中的埋设方法可分为:可更换螺栓和予埋不可更换螺栓二种。前者多用于受冲击及振动载荷大的大、重型机器,如轧钢机、冲压机、锻锤等,见图 5.21。后者大、中、小型机器都有使用。不可更换地脚螺栓又可

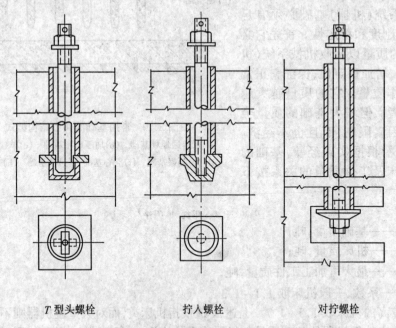

T 型头螺栓　　　　　　　　拧人螺栓　　　　　　　　对拧螺栓

图 5.21　可更换螺栓的常用型式

分为一次浇灌法及二次浇灌法。一次浇灌法地脚螺栓与基础连接牢固,如图 5.22(a),但当地脚螺栓位置偏移时不易校正;二次浇灌可避免位置偏差问题,但其连接强度又不如前者见图 5.22(b)。也有采取先将地脚螺栓一次浇灌在基础内,然后在上端留出位置调整方孔的办法,以达到取长补短的目的,如图 5.22(c)。地脚螺栓的材质,一般用 A3 ~ A5 或碳素结构钢 20 ~ 45#。地脚螺栓经常承受拉应力及剪力,一般是被拉断或剪断,按经验用下

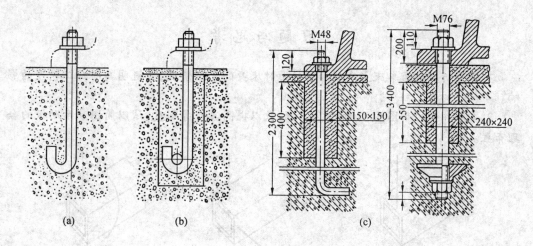

图 5.22　不可更换螺栓

式计算其直径尺寸：

$$1.35p = \frac{\pi d_1^2}{4} \cdot [\sigma] \tag{5.7}$$

式中　　d_1——螺栓丝扣的内直径；

　　　　1.35——考虑预紧力系数；

　　　　$[\sigma]$——地脚螺栓材质的许用应力。

地脚螺栓按长度又可分为长、短两种。中、小型或以静载荷为主的机器,用短地脚螺栓,它的总长度按下式计算：

$$L = 20d_1 + A + (5 \sim 10) \tag{5.8}$$

式中　　L——螺栓总长度(mm)；

　　　　A——安装垫铁高度、机器底座凸缘和螺母、垫圈厚度的总和(mm)；

　　　　d_1——螺栓丝扣的内直径(mm)。

地脚螺栓底端部应制成弯钩状。

长地脚螺栓,用于重、大型机器设备。其长度视螺纹直径及工况情况而定,一般 $L = 2\ 000 \sim 5\ 000$。如某钢铁公司的 1000 初轧机车间,其齿轮机座的地脚螺栓直径为 M175mm,总长达 6 000mm。这类螺栓尚应有分散受力的其他附件,要慎重处理。

基础的基本材料是混凝土,对中、小型机器,如一般机床,可用 75、90、110 号的素混凝土。而对大、重型机器,且工作中又伴随着冲击或动载荷的,取标号 120 以上,以至 200 号的钢筋混凝土。钢筋的配置,视基础形状及受力的部位不同而各异。钢筋材质可取 A₃、16Mn 等,其直径多采用 φ6.5 ~ φ16 的光面或螺纹钢筋。对特重大型基础,则另当别论。基础浇灌前应按其外廓尺寸挖好土抗,坑底面应平整,并铺上 100 ~ 300mm 厚的碎石或毛石垫层,灌以 75# 沙浆,支好盒子板,最好用装配式盒子板,以便拆除。基础浇筑前应对配筋、予留孔、予埋地脚螺栓的坐标位置及标高、水、电、风、气等管路的部位,进行严格的综合检查。浇灌时混凝土必须搅拌均匀,其自由落差最好不要大于 2 000mm,应分段分层连续进行浇灌,中间不要间断。为增加混凝土的密度,以提高其强度,可用机器或人工捣固。浇好后应对基础进行初步验收,待它养生到设计强度的 50% 时,就可开始设备安装了。

习题与思考

1.试分析在普通车床上车削外圆柱面时床身的变形情况,并说明其对加工精度的影响。

2.支承件受力如图 5.23 所示,需加肋板以提高其自身刚度,试以简图表示肋板的合理布置。

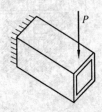 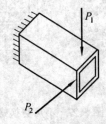 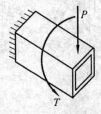

图 5.23　支承件受力情况

3.何谓支承件的接触刚度? 接触刚度与构件自身的刚度有何不同,如何提高支承件的接触刚度?

4.加强支承件的自身刚度应采取哪些措施?

5.铸铁支承件和由钢板、型钢焊接的支承件各有何优缺点? 各用于什么场合?

6.什么是支承件的模态? 在分析支承件模态时,为什么主要考虑其低阶模态? 为什么说,在一般情况下,支承件的固有频率以高一些为好?

7.常用基础的典型结构型式有哪几种? 各有什么特点?

8.基础地脚螺栓的埋设方法有几种? 各用在什么样场合?

第六章 控制系统设计

6.1 概　述

一、控制系统及作用

机械系统在工作过程中,各执行机构应根据生产要求,以一定的顺序和规律运动,各执行机构运动的开始、结束及其顺序一般由控制系统保证。早期机械系统中,人作为控制系统的一个关键环节起着决定作用。随着科学技术的发展,控制系统自动化程度的提高,在一些控制系统中,人的作用被某些控制装置所取代,从而形成了自动控制系统。

自动控制系统是指由控制装置和被控对象所构成的、能够对被控对象的工作状态进行自动控制的系统。

机械系统控制的主要任务通常包括:

① 使各执行机构按一定的顺序和规律动作。

② 改变各运动构件的运动(位移、速度和加速度)和规律(轨迹)。

③ 协调各运动构件的运动和动作,完成给定的作业环节要求。

④ 对整个系统进行监控及防止事故,对工作中出现的不正常现象及时报警并消除。

二、控制系统的分类和组成

1. 分类

自动控制系统种类很多,按不同的角度有各种不同的分类方法,下面列举几种分类方法。

(1)按被控制量的变化规律(给定信号特点)分类

①恒值控制系统:给定信号是恒定值,如电源自动稳压系统。

②程序控制系统:给定信号是已知的时间函数或按预定规律变化,如高炉程序加料系统。

③随动系统:又称伺服系统,其给定信号是未知规律变化的任意函数,如数控机床的进给驱动系统,炮瞄雷达天线控制系统。

(2)按系统结构特点分类

①单回路控制系统与多回路控制系统。

②开环控制系统(系统内不存在主反馈回路)、闭环控制系统(具有主反馈回路)、复合控制系统(是既有主反馈又有前馈的开环、闭环结合的系统)。

③单级控制系统与多级控制系统。

④固定结构控制系统及变结构控制系统。

(3)按元器件及装置的能源分类

机械控制系统;气动控制系统;液压控制系统(又可分为有可动部件系统;无可动部件系统——射流控制系统);电力拖动系统与电动控制系统;气动、液压、电动混合系统等。

2.控制系统的组成

就物理结构来说,控制系统的组成是多种多样的,但就控制系统的作用来看,控制系统主要由控制部分和被控对象组成。控制部分的功能是接受指令信号和被控对象的反馈信号,并对被控部分发出控制信号,被控部分则是接受控制信号,发出反馈信号,并在控制信号的作用下实现被控运动。

无论多么复杂的控制系统,都是由一些基本环节或元件组成的,图6.1是一个典型的闭环控制系统框图,它由以下几个环节组成。

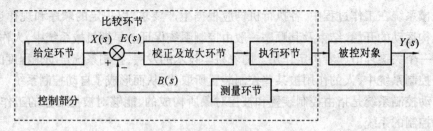

图6.1　典型的闭环控制系统框图

(1)给定环节

给定环节是给出与反馈信号同样形式的控制信号,确定被控对象"目标值"的环节。给定环节的物理特性决定了给出的信号可以是电量、非电量,也可以是数字量或模拟量。

(2)测量环节

测量环节用于测量被控变量,并将被控变量转换为便于传送的另一物理量(一般为电量)的环节。例如电位计可将机械转角转换为电压信号,测速发电机可将转速转换为电压信号,光栅测量装置可将直线位移转换为数字信号,这些都可作为控制系统的测量环节。测量环节一般是一个非电量的电测量环节。

(3)比较环节

比较环节是将输入信号 $X(s)$ 与测量环节发出的有关被控变量 $Y(s)$ 的反馈量信号 $B(s)$ 进行比较的环节。经比较后得到一个小功率的偏差信号 $E(s) = X(s) - B(s)$,如幅值偏差、相位偏差、位移偏差等。如果 $X(s)$ 与 $B(s)$ 都是电压信号,则比较环节就是一个电压相减环节。

(4)校正及放大环节

为了实现控制,要将偏差信号作必要的校正,然后进行功率放大以便推动执行环节。实现上述功能的环节即为校正及放大环节。常用的放大类型有电流放大、电气-液压放大等。

(5)执行环节

执行环节是接收放大环节的控制信号,驱动被控对象按照预期的规律运动的环节。执行环节一般是能将外部能量传送给被控对象的有源功率放大装置,工作中要进行能量转换,如把电能通过电机转换成机械能,驱动被控对象作机械运动。

给定环节、测量环节、比较环节、校正放大环节和执行环节一起,组成了控制系统的控制部分,实现对被控对象的控制。

3. 控制系统的要求

(1)稳定性要求

系统的稳定性是系统的固有特性,系统稳定与否取决于系统本身的结构与参数,与输入无关。若控制系统在任何足够小的初始偏差作用下,其响应过程随着时间的推移逐渐衰减而趋于 0,则称该系统具有渐近稳定性;反之,在初始

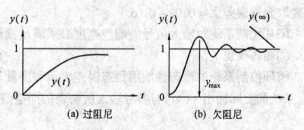

图 6.2　系统的单位阶跃响应曲线

条件影响下,若控制系统的响应过程随时间的推移而发散,输入无法控制输出,则称这样的系统为不稳定系统。任何一个系统能进行正常工作的首要条件是系统必须是稳定的。

(2)响应特性要求

系统的响应特性包括动态特性和稳态特性。为了更具体地描述系统的动态特性和稳态特性,引入一些物理量和定义用以衡量系统的特性,称之为系统的性能。系统的性能也可以分为两类,即动态性能(瞬态性能)和稳态性能。它们可以用来表达和衡量系统满足设计要求的程度。

①动态性能

过渡过程中系统的动态性能,常用系统的阻尼特性和响应速度来表征。

阻尼特性可用单位阶跃响应曲线表征,如图 6.2 所示。欠阻尼($0 < \xi < 1$)状态时的阻尼特性可用超调量 σ_p 衡量。

$$\sigma_p = \frac{y_{max} - y(\infty)}{y(\infty)} \times 100\%$$

σ_p 越小,说明系统的阻尼越强,响应过程进行得越慢。σ_p 过大,可使系统的瞬态响应出现严重超调,而且响应过程在长时间内不能结束。系统的阻尼特性还可以通过被控量 $y(t)$ 在过渡过程中穿越 $y(\infty)$ 的次数 N 来描述。N 越小,说明系统的阻尼性能越好。闭环控制系统必须具备合乎要求的阻尼特性。在一般的控制系统中,为了兼顾快速性和稳定性,取阻尼比 ξ 在 0.4 至 0.8 之间。而在机器人控制系统中,一般不允许超调。

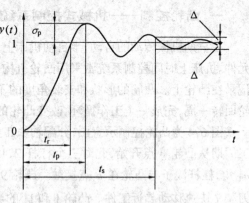

图 6.3　单位阶跃响应曲线

假如机器人末端执行件的运动目标是某个物体的表面,系统出现超调,则机器人末端执行件将会运动到物体内部而造成破坏。因此,在机器人控制系统中,应该选择系统的阻尼比 $\xi > 1$(过阻尼),理想情况下取 $\xi = 1$(临界阻尼)。

响应速度一般是通过单位阶跃响应曲线上的一些时间特征值来表征的,如图 6.3 所

示。图中 t_r 称上升时间，t_p 称峰值时间，t_s 称调整时间。这些时间越短，说明系统对输入信号的响应速度越快，系统的快速性能越好。其中，调整时间 t_s 定义为当 $t \geqslant t_s$ 时

$$|y(t) - y(\infty)| \leqslant \Delta$$

一般取允许误差 $\Delta = 0.02 \sim 0.05$

闭环控制系统对输入信号的响应速度必须满足设计指标的要求。

②稳态性能

闭环控制系统的稳态性能用稳态误差表示和度量，它是当 $t \to \infty$ 时，即过渡过程结束时，系统的实际输出 $y(\infty)$ 与参考输入所确定的期望值 $y_r(\infty)$ 之间的差值，即稳态误差 e_s 为

$$e_s = \lim_{t \to \infty} e(t) = \lim_{t \to \infty}\left[y_r(t) - y(t) \right]$$

它包含任何扰动所引起的误差。

在典型输入信号作用下系统的稳态误差，一般是稳态精度的基本要求，不同的典型信号，e_s 可能不同。若系统对某种典型信号来说，e_s 很大，甚至随时间延迟而增大，则系统在这种典型信号作用下不能正常工作。

除上述三项基本要求外，还要求控制系统结构简单、维修方便、体积小、重量轻、投资少等。

6.2　控制系统举例

机械系统通常以电动机、伺服电动机、液压马达为动力，其控制系统按控制元件和装置的能量性质可分为机械式、电动式、液压式、气动及其组合式，如机-电、机-电-液等。各部件的运动和动作由控制系统统一、协调控制。现通过下面的实例说明各种类型控制系统的工作原理。

一、凸轮控制——机械式控制系统应用实例

在早期机械传动的自动、半自动机床上，凸轮和靠模等曾是机械控制系统的主要控制元件。机床上时间控制系统常采用凸轮机构，各部件动作的时间分配和运动的行程信息都记录在凸轮上。凸轮的形状和安装角度的不同，可以控制执行部件的先后动作顺序。凸轮回转一周，完成一个工作循环，改变凸轮的转动速度可改变工作循环周期。

图 6.4 为凸轮控制示意图，分配轴 Ⅰ、Ⅱ 上装有凸轮 1、11 和 9，同分配轴一起旋转。加工周期从凸轮 o 点开始，此时三个杠杆 2、12、8 的滚子都在 o 点与凸轮接触。凸轮转过 α_1 角，杠杆滚子与凸轮在 a 点接触。凸轮 9 的 oa 段是快速升程曲线，在杠杆 8 的作用下刀架 7 快速移动趋近工件。凸轮 1 和 11 的半径不变，刀架 6 和 13 保持不动。当凸轮转过 α_2 角时，凸轮 9 转过 ab 段，该段是加工升程曲线，机床进行钻孔加工，b 点是升程的最高点，钻孔也达到了要求的深度。凸轮 11 的 ab 段是快速升程曲线，刀架 13 在杠杆 12 的推动下向前趋近工件。凸轮 1 的半径不变，刀架 6 不动。当凸轮从 b 转到 c 点时，凸轮 9 的 bc 段是回程曲线，凸轮半径减小。杠杆 8 在回程曲线作用下使刀架 7 退回原位。凸轮 11 的 bc 段仍是快速升程曲线，刀架 13 继续趋近工件。凸轮 1 的半径不变，刀架 6 不动。凸

轮与杠杆滚子的触点越过 c 以后,凸轮 11 的 cd 段是加工升程曲线,刀架 13 向前作进给运动,刀具进行切削加工。凸轮 1 和 9 的 cd 段是圆弧,半径不变,刀具 6、7 保持不动。当凸轮转至 d 点与杠杆滚子接触时,凸轮 11 达到了加工升程曲线的最高点,刀架 13 达到了要求的切削深度。凸轮 1 处于升程曲线的起点。当凸轮从 d 转到 e 点时,凸轮 1 使刀架 6 快速引进;凸轮 11 使刀架 13 快速后退;凸轮 9 的 $def-go$ 半径不变,使刀架 7 停留在最后位置,直到下一循环开始。当凸轮转至 g 点时,凸轮 1 使刀架 6 完成进给;转至 g 点时,完成快退。凸轮 11 的 efg

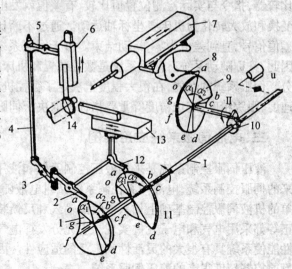

图 6.4 凸轮控制示意图

段半径不变,使刀架 13 停在后面位置不动。当凸轮与杠杆滚子的接触点从 g 到 o 时,三个凸轮的半径不变,三个刀架都不动,此时机床进行自动上料、夹紧、换刀等辅助运动。

分配轴 I、II 旋转一周的时间由置换机构 u 控制,改变 u 的传动比可改变凸轮的旋转速度,即可调整加工周期。

二、机电伺服系统应用实例

机电伺服系统是以移动部件的位置和速度为控制量的自动控制系统,其典型应用是数控机床中的进给系统。数控机床伺服系统的一般结构如图 6.5 所示。

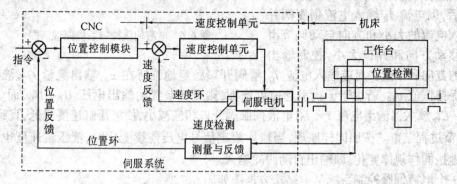

图 6.5 伺服系统结构图

这是一个双闭环系统,内环是速度环,外环是位置环。速度环中用作速度反馈的检测装置为测速发电机、脉冲编码器等。速度控制单元是一个独立的单元部件,它由速度调节器、电流调节器及功率驱动放大器等各部分组成。位置环是一个由 CNC 装置中的位置控制模块、速度控制单元、位置检测及反馈控制等各部分组成。

数控装置生成的进给位移运动指令作为伺服系统的输入,伺服系统接收后,快速响应跟踪指令信号,同时,检测装置将位移的实际值检测出来,反馈给位置控制模块中的位置比较器,指令与实际检测位置值比较,有差值就发出速度信号,速度单元接收速度信号,经变换和放大转化为机床各坐标轴运动。通过不断比较指令值与反馈实测值,不断地发出差值信号,直到差值为零,运动结束。由于伺服系统能够快速跟踪不断变化的位置信号,因此,又称随动系统。伺服系统是数控装置和机床的联系环节,是数控系统的重要组成部分。伺服系统的性能,在很大程度上决定了数控机床的性能。例如,数控机床的最高移动速度、跟踪精度、定位精度等重要指标均取决于伺服系统的动态和静态性能。

三、电液伺服系统应用实例

液压伺服控制系统是采用液压控制元件和液压执行机构,根据液压传动原理建立起来的伺服控制系统,电液伺服控制系统又叫电液随动系统,也叫电液控制系统,它是在简单的机液伺服控制基础上加入电气的输入和反馈装置而构成。信号的初始放大、检测、校正等都采用电气和电子元件实现。它充分发挥电气、液压两方面的优点,以其优良的动态性能使系统具有很大的灵活性和广泛的适应性。因其响应速度快,抗负载刚度大,而成为目前控制精度很高的液压伺服系统。

电液伺服控制系统由指令元件、检测元件、比较元件、伺服放大器、电液伺服阀、液压执行元件控制对象等组成。图6.6是一个简单的电液伺服控制系统。系统的工作原理如下:在某稳定状态下,液压缸速度由测速装置(齿条、齿轮、测速发电机)测得并转换为电压 U_{fo},U_{fo} 与从给定电位器输入的信号电压 U_{go} 通过比较元件进行比较。其差值 $U_{eo}(=U_{go}-U_{fo})$ 经放大器放大后,以电流 I_0 输入电液伺服阀并按输入电流的大小和方向自动调节滑阀的移动方向和开口大小,控制输出

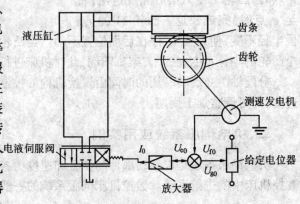

图 6.6　电液伺服控制系统原理简图

油流的方向和流量。对应输入电流 I_0,滑阀开口稳定地维持在 x_0,输出流量 Q_0,液压缸速度保持恒值 v_0。若由于干扰引起速度增加,则测速装置的输出电压 $U_f < U_{fo}$,而 $U_e = U_{go} - U_f$,放大器输出电流 $I < I_0$;电液伺服阀开口相应减小,使液压缸速度降低,直到 $v = v_0$,调节过程结束。按照同样原理,当输入给定信号电压连续变化时,液压缸速度也随之连续地按同样规律变化,即输出自动跟随输入。

一个电液伺服控制系统基本结构方框图如图6.7所示。

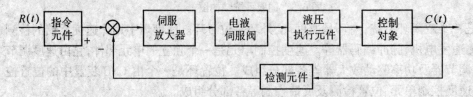

图 6.7　电液伺服控制系统基本结构方框图

四、电气伺服系统应用实例

气压伺服控制系统由于采用低压压缩空气为工作介质,对环境污染小,适合易燃、易爆和多尘工作场所的应用,其安全可靠性大大超过液压和电气控制系统,而且气动元件的动作速度高于液压元件。

图 6.8 所示为一种工业机械手电气-气压伺服控制系统,主要应用在工业机器人的手臂控制装置上。该工业机械手的气压伺服系统可根据指令电流偏差信号(电流范围 $\pm 4 \sim \pm 40$mA),确保连接机械手的活塞杆 13 按要求的运动规律和定位精度工作。其工作过程如下:若伺服放大器 15 输出的偏差信号(设定的指令信号与反馈信号之差)加到气压伺服阀 17 的电磁线圈 9 上,则永久磁铁 10 和电磁线圈 9(二者常合称力矩马达)两侧产生的电磁力不相等,使端部装有挡板 3 的摆杆 8 偏离中间平衡位置而绕支点 a 偏转,挡

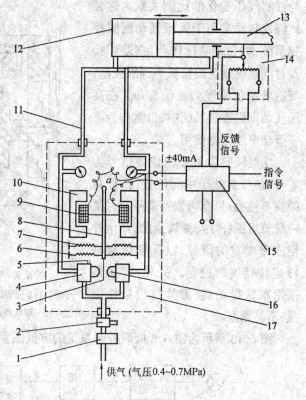

图 6.8 工业机械手电气-气压伺服控制系统

1—滤清器;2—减压阀;3—挡板;4—转换器;5—排气口;6—增益调整弹簧;7—零位调整弹簧;8—摆杆;9—电磁线圈;10—永久磁铁;11—管道;12—负载气缸;13—活塞杆;14—反馈电位计;15—伺服放大器;16—喷嘴;17—气压伺服阀

板 3 使对称布置的两个转换器喷嘴 16 的气体流量发生变化,造成一侧喷嘴背压腔压力升高,另一侧喷嘴背压腔压力降低,使负载气缸 12 左右腔压力不等,活塞杆 13 移动,机械手即按要求的规律运动。

喷嘴挡板转换器的工作原理见图 6.9(图中仅表示图 6.8 中右侧的喷嘴挡板转换器)。当摆杆在偏差信号作用下偏离中间平衡位置移向右转换器时,挡板 6 与喷嘴 5 之间的间隙减小,气体流经喷嘴 5 的阻力增加,使喷嘴背压腔 A 内的压力升高,阀芯 4 右移,把罩状提动阀 8 推向右方,使腔 D 的罩状提动阀阀口开启,于是由进气口流入的控制气流经节流调节针阀 10 进入负载气缸右腔,驱动活塞杆向左移动(见图 6.8)。与此同时,图 6.8 中左侧的喷嘴挡板转换器工作原理与右侧相同,只是动作正好相反。

当偏差信号为零时,摆杆处于中间位置,两侧转换器的输出相等,活塞杆便停止在新的平衡位置上。显然,这是一个阀控气缸位置伺服控制系统。该系统中的喷嘴挡板为一比例控制器,其功能是把挡板位置的微小变化转换为喷嘴压力腔中背压的变化。利用这种控制器可用小的输入功率移动挡板,以控制较大的输出功率。喷嘴与挡板间的距离与所控制背压腔的压力关系曲线,在某一段近似为直线,工作在这段时,可实现挡板的位移

与控制气压变化的比例关系。这种比例控制器常用于低压气动伺服控制系统,如自动喷涂作业、自动焊接及自动供料装置的机械手伺服控制,其重复定位精度为 ±0.5mm。在高压气动伺服控制系统中,也常作为第一级功率放大器使用。

增益调整弹簧 6 在偏差信号为零时,摆杆 8 处于中间位置,摆杆与弹簧不接触,只有当偏差信号超过某一数值后摆杆才与弹簧接触,产生补偿流量增益的信号,以保证活塞杆 13 定位精度的稳定。另外,转换器采用蕈状提动阀,因其抗污染性能强,不易堵塞。

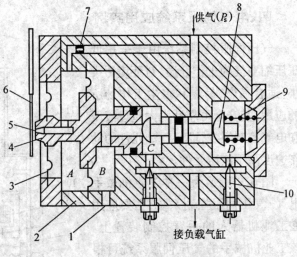

图 6.9　喷嘴挡板转换器工作原理图(右侧)
1—排气口;2—阀座;3—膜片;4—阀芯;5—喷嘴;6—挡板;7—固定节流孔;8—蕈状提动阀;9—弹簧;10—节流调节针阀

图 6.10 所示为图 6.8 伺服控制系统的方框图。

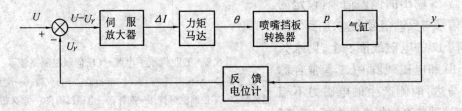

图 6.10　图 6.8 的伺服控制系统方框图

6.3　数控系统

从机械系统控制的主要任务看,机械系统控制主要是对执行机构运动和动作的控制。对运动的控制表现为对其位移、速度、加速度及运动规律 – 轨迹的控制。对动作的控制表现为对其位置、状态及动作逻辑关系的控制。针对这两类控制,在实际应用中发展出两类典型控制系统产品,即数控系统(CNC—Computerized Numerical Control)和可编程控制器(PLC—Programmabe Logical Controller)。本节主要介绍数控系统。

一、数控系统概述

由于航空工业的发展,对于复杂零件的加工提出了更高的要求,传统机床已不能满足加工需要,20 世纪 50 年代数控机床应运而生。

数字控制系统是数控机床的核心,数控机床就是在数字控制系统控制下,自动地按给定程序进行机械零件加工的机床。数字控制系统早期的主要功能大多由硬件实现,因此称为硬件式数控系统(NC—Numerical Control)。但随着计算机技术的发展,20 世纪 70 年代新的机床数控系统发展起来,计算机成为了数控系统的核心,计算机结合软件代替了先前硬件数控所完成的功能,从而发展成为计算机数控系统(CNC)。相对硬件式数控系统,计算机数控系统又称为软件数控系统。它是一种包含计算机在内的数字控制系统。其原理是根据计算机存储的控制程序执行数字控制功能。

1. 数控系统组成和分类

(1)数控系统组成

CNC 数控系统由程序、输入输出设备、CNC 装置、可编程序控制器(PC—Programmable Controller)、伺服系统等组成,其中,CNC 装置是整个数控系统的核心,如图 6.11 所示。

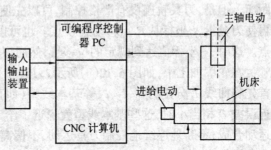

①控制介质　控制介质是贮存数控加工所需要的全部动作和刀具相对于工件位置信息的媒介物,它记载着零件的加

图 6.11　CNC 系统框图

工程序。数控机床中,常用的控制介质有穿孔带(也称数控带)、穿孔卡片、磁带和磁盘等。早期时,使用的是 8 单位(8 孔)穿孔纸带,并规定了标准信息代码 ISO(国际标准化组织制定)和 EIA(美国电子工业协会制定)二种代码。尽管穿孔纸带趋于淘汰,但是规定的标准信息代码仍然是数控程序编制、制备控制介质唯一遵守的标准。

②数控装置　是用于机床数字控制的专用电子计算机,它能接收零件加工要求的信息,进行处理(包括插补运算)实时地向各坐标轴伺服单元发出速度位置控制指令及辅助指令,由伺服驱动装置执行指令带动各坐标运动并进行检测直至加工完结。

③伺服驱动装置　数控装置发出运动指令信号,伺服装置快速响应跟踪指令信号,检测装置将位移的实际值检测出来,反馈给伺服系统中调节电路比较器(包括速度和位置),有差值就发出信号,不断进行比较,不断地发出信号,直到差值为 0,运动结束。

④可编程控制器(PC、PLC)　用于开关量控制,如主轴的启停、刀具的更换、冷却液开关等等。

⑤检测装置　在调节控制中,主要完成实时检测、反馈,从而实现差值控制,从理论上讲,它的检测精度,决定了数控机床的加工精度。

(2)数控系统分类

数控系统分轮廓控制和点位控制系统。

①点位控制系统比较简单(如钻、镗),它严格控制用最小位移量表示的点到点之间的距离,而路径没有严格的控制。

②轮廓控制系统比较复杂,功能齐全,有的还包括了点位控制功能的内容,由于这种 CNC 系统具有多轴插补功能,可以完成各种平面或空间的轨迹运动,因此,可以按工件的轮廓进行轮廓加工。

2. 数控加工的原理

数控系统加工,首先要将被加工零件图上的几何信息和工艺信息数字化,按规定的代码和格式编写加工程序。数控系统按照程序的要求,经过信息处理、分配,使坐标移动若干个最小位移量,各坐标位移量合成微段运动,由于 CNC 装置中的插补器对各坐标按最小位移量协调控制,合成微段运动是沿给定轨迹进行的,从而可以在一定精度范围内逼近给定的运动轨迹。实现刀具与工件的相对运动,完成零件的加工。

点位控制较多应用在钻削、镗削或攻丝等孔加工中,如图 6.12(a)所示。它是严格控制用最小位移量表示的二点间的距离,使刀具在一定时间内,刀具中心从 P 点移动到 Q 点,即刀具在 x 坐标、y 坐标移动规定量的最小单位量,他们的合成量为 P 点和 Q 点间的距离。但是,刀具轨迹没有严格控制,可以先使刀具在 x 坐标上由 P 点向 R 点移动,然后再使刀具沿 y 坐标从 R 点移动到 Q 点。也可以两个坐标以相同的速度,使刀具移动到 K 点。这时,y 坐标值达到规定的位移量,然后刀具沿 x 坐标方向由 K 点移动到 Q 点。

在轮廓加工中,如图 6.12(b)所示,刀具 T 沿任意曲线 L 的轨迹运动,进行切削加工。首先将曲线 L 分割为 l_0、l_1、l_2 等基本线型(如直线、圆弧),用基本线型逼近曲线 L,当逼近误差 δ 相当小时,这些基本线型就逼近了给定曲线。数控系统通过最小单位量的单位运动合成,不断地连续地控制刀具运动,不偏离地按基本线型运动,从而非常逼真地加工出曲线轮廓。

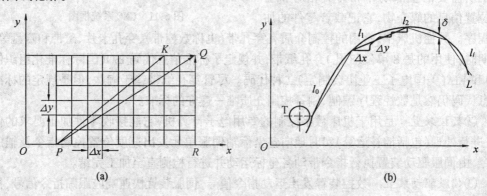

图 6.12　用单位运动来合成任意运动

这种在允许误差范围内,用逼近的基本线型运动代替给定的任意曲线运动,以得出所需要的运动,是数控的基本构思之一。这种依据有限数据,按照一定方法产生基本线型,并以此为基础完成所需轮廓轨迹拟合的方法称为"插补"。用直线来模拟被加工零件轮廓曲线称为直线插补;用圆弧来模拟被加工零件轮廓曲线称为圆弧插补;用其他二次曲线或高次函数模拟被加工轨迹轮廓称为二次曲线插补(如抛物线插补)或高次函数插补(如螺旋线插补)等。实现这些基本线型插补的算法,称为插补运算。

轮廓控制不但对坐标的移动量进行控制,对各坐标的速度及它们之间的比率也进行控制。

3.CNC 装置的组成和工作过程

CNC 装置是数控系统的核心,所有控制指令都是通过 CNC 装置处理后才交给 PLC 和伺服系统执行,CNC 装置对伺服系统而言就是它的"智能给定"。同时,数控系统的大部分功能都是由 CNC 装置体现的,因此,对数控系统的学习,最重要的就是了解 CNC 装置。

CNC 装置的核心是计算机。其组成可分为硬件和软件两部分。软件在硬件支持下运行,实现控制机床加工的各项功能。硬件的组成如图 6.13 所示;软件组成如图 6.14 所示。

CNC 计算机的工作是在硬件支持下,执行软件程序的过程,现按工作过程顺序分述如下:

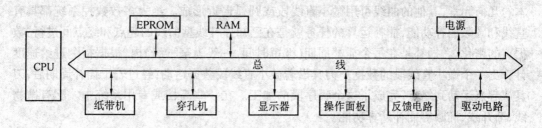

图 6.13　CNC 计算机硬件组成

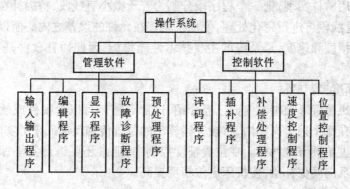

图 6.14　CNC 计算机软件组成

（1）信息输入

输入 CNC 计算机的信息有零件程序、控制参数和补偿数据。输入的方式有光电阅读机纸带输入、键盘输入、磁盘输入和上级计算机的 DNC（直接数控）接口输入。在这些信息输入过程中还要进行代码转换等工作。

（2）译码处理

以一个零件程序段为单位，把零件轮廓信息（如起点、终点、中心、直线或圆弧等）、工艺信息（主轴转速 S 代码、进给速度 F 代码、刀具标号 T 代码等）和其他辅助指令（M 代码等）按照一定的规则处理为计算机能识别的数据形式，并按一定格式存于内存专用区的过程，即为译码处理。在译码过程中，一般同时进行程序段语法错误检查，并立即送出报警信息。

（3）刀具补偿

刀具补偿包括刀具长度和刀具半径补偿。通常零件程序是以零件轮廓编程。刀具补偿的作用就是把零件轮廓轨迹转换为刀具中心轨迹。当前较先进的数控系统中刀具补偿还包括程序段之间的自动转接和过切判别，有时将此功能称为 C 刀具补偿。

（4）速度处理

程序给出的 F 代码是刀具进给的合成速度。速度处理有三方面内容：

①根据合成速度计算出各运动坐标方向分速度。

②根据机床允许的最高速度判别是否超速。

③根据速度变化的情况进行自动加减速处理。

（5）插补运算

在轮廓控制加工中，刀具的轨迹必须严格准确地按零件轮廓曲线运动。被加工零件的外形轮廓都可以认为是由直线、圆弧和其他曲线等几何元素构成，其中直线和圆弧是基本的几何元素,其他的曲线可用微小直线段或圆弧逼近形成。绝大多数数控系统都具有直线和圆弧插补功能,插补运算的任务就是在已知插补线型曲线的起点和终点间进行"数据点的密化"。插补是在每个插补周期(极短时间,一般为毫秒级)内,根据指令进给速度计算出一个微小直线段的数据。刀具沿着微小直线段数据运动,经过若干插补周期后,刀具从起点运动到终点,完成了这个程序段的加工。在一些高档或专用系统中才配有抛物线、渐开线、椭圆等插补计算功能。

在 NC 系统中插补是硬件实现,在 CNC 系统中插补功能常分为粗插补和精插补两步完成。粗插补用软件实现,把一个程序段分割为若干微小直线段,精插补在伺服驱动模块中,把各微小直线段再进行密化处理,使加工轨迹在允许的误差之内。所以插补功能直接影响系统控制精度和速度,是系统的主要技术性能指标,因此插补软件是 CNC 系统的核心软件。

(6)位置精度控制

伺服电动机位置环控制在前面已经介绍,这部分控制可以由硬件或软件来完成。它的主要任务是在每个采样周期内,将插补运算出的位置值和反馈回来的实际值进行比较,用其差值控制进给伺服电动机。在位置精度控制中,通常还要进行各坐标方向的螺距误差补偿和丝杠反向间隙补偿,使机床定位精度提高。

(7)辅助功能控制

除了前面所述的加工轨迹控制外,机床加工中还有其他辅助功能控制,如换刀、转速变换、润滑、冷却等,一般是 CNC 计算机发出指令,通过 PC 进行控制。

(8)显示和诊断

显示的主要功能有零件程序显示、参数显示、刀具位置显示、机床状态显示等。

现代 CNC 都具有自诊断和脱机诊断功能。自诊断程序一般常驻内存中,在系统运行时随时诊断系统状态,发现不正常状况及时报警。脱机诊断是在机床不运行时,将诊断程序输入 CNC 系统,诊断 CNC 系统的内存、CPU、各逻辑单元、外设、接口等部件。诊断后显示系统各部件的状态,便于系统维护和修理。

二、数控系统编程及应用

1. 数控机床的程序编制

同计算机一样,数控系统应有相应的程序。数控机床的加工动作是在加工程序指令下进行的,因此,必须熟练掌握所使用的数控机床的指令系统,编制各种数控加工程序是使用数控机床的首要条件。理想的加工程序不仅能加工出合格的零件,而且应能使数控机床的功能得到合理的应用和充分的发挥,同时,还要使数控机床能安全可靠和高效地工作。

(1)程序编制的定义

所谓编程,就是将零件的工艺过程、工艺参数、刀具位移量与方向及其他辅助动作(换刀、冷却、夹紧等),按运动顺序和所用数控系统规定的指令代码和程序格式编成加工程序单,再将程序单中的全部内容记录在控制介质上(如穿孔纸带等),输入数控系统,指挥所控制机床的加工动作。这种从零件图纸到制成控制介质的过程称为数控加工的程序编制,简称编程。

(2)数控编程的内容和步骤

数控编程主要包括:零件图纸分析、工艺处理、数学计算(处理)、编写程序单、制备控制介质和程序检验等步骤。这些步骤之间的关系如图 6.15 所示。

(3)数控机床的指令

数控编程常用 G 代码、M 代码及 F、S、T 等指令代码来描述数控机床的运动方式和加工种类。

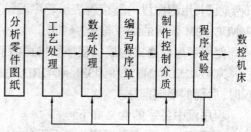

图 6.15 数控机床程序编制过程

①G 代码 G 代码又称准备功能(Preparatory function or G – function),它由"G"字母和其后两位数字组成,G00 ~ G99 共有 100 种,它的作用是指定数控机床的运动方式。表 6.1 为部分 G 代码的 ISO 标准。

②M 代码 M 代码又称辅助功能(Miscellaneous function or M – function)。它由"M"字母与其后两位数字组成,M00 ~ M99 共 100 种,用于机床加工操作时的工艺性指令。部分 M 代码的 ISO 标准具体规定见表 6.2。

③进给功能字(Feed function or F – function) 它给定刀具对于工件的相对速度,它由地址代码"F"和其后面的若干位数字构成。这个数字取决于每个数控装置所采用的进给速度指定方法。进给功能字(也称"F"功能)应写在相应轴尺寸字之后,对于几个轴合成运动的进给功能字,应写在最后一个尺寸字之后。

④主轴转速功能字(Spindle speed function or S – function) 主轴转速功能也称为 S 功能,该功能字用来选择主轴转速,它由地址码"S"和在其后面的若干位数字构成。根据各个数控装置所采用的指定方法来确定这个数字,其指定方法,即代码化的方法与 F 功能相同。

⑤刀具功能字(Tool function or T – function) 该功能也称为 T 功能,它由地址"T"和后面的若干位数字构成。刀具功能字用于更换刀具时指定刀具或显示待换刀号,有时也能指定刀具位置补偿。一般情况下用两位数字,能指定"T00 ~ T99"100 种刀具;对于不是指定刀具位置,而是利用能够指定刀具本身序号的自动换刀装置(如刀具编码键,也叫代码钥匙方案)的情况,则可用五位十进制数字;车床用的数控装置中,多数需要按照转塔的位置进行刀具位置补偿。这时就要用四位十进制数字指定,不仅能选择刀具号(前两位数字),同时还能选择刀具补偿拨号盘(后两位数字)

需要注意,不同厂家出产的数控产品,它们的指令系统略有区别。因此,在编程时,必须要详细查阅所使用的数控机床的相关手册,以免出错。

(4)数控加工程序的结构

一个完整的数控加工程序是由许多程序段组成;程序段是由一个或几个字组成;字是由地址(字母)和地址后面的数值构成。

根据该字就能识别其含义,然后将其数值存入特定的存储单元,以备加工使用。所以说字母就相当于一个加工参数的存储单元的地址。这种构成程序的格式又称字地址格式。

程序段就是一个加工意义的一个动作的描述语句。在加工程序中,程序段的字符数不受限制,用程序段的结束符表示程序段结束。注意不同系统的结束符各个不相同。如 FANUC – 3M 系统的结束符是"＊"号。

使用字地址格式构成的程序段格式如下:

N04G02XL + 043YL + 043ZL + 043RD043F050H02T02M02＊, 当某一个字在程序段不出现时,后面的字向前移。

程序段中各字的含义如下:

N(顺序号):程序段顺序。N 后面的 04 表示 N 的数值最大为四位数,

G:准备功能。02 表示 G 的数位为两位且前"0"可省。注意 G00 一般不写成 G0。

x、y、z:坐标参数,它们后面的 L 表示这些参数可采用绝对值和增量值两种方法表示加工参数;"+"号表示其数值可正可负;043 表示 x、y、z 后数值的整数位为 4 位,且前"0"可省,小数位为 3 位。

R:圆弧半径。D 表示 R 只能用于增量值系统,043 含义同上。

F:进给功能。表示进给速度,050 表示有 5 位整数,单位 mm/min。

H、S、T 为补偿功能、主轴功能、刀具功能。02 含义同 G02 中 02 的含义。

M:辅助功能。02 含义同上。

一个完整的加工程序可表示成如下形式:

%

O0050

N0001 G00 X100.0 Y60.00 Z – 130.0 T30＊

N0002 G0 X50.0＊

…

N0032 G00 X210.0 Z150.0 M02＊

这个加工程序由 32 条程序段构成。整个程序开始用符号"%"表示,以 M02(或 M30)为整个程序的结束指令。

在"%"后的 O0050 表示从 CNC 系统的存储器中调出加工程序编号为 050 的加工程序。

表 6.1　部分准备功能(G 代码)的 ISO 标准规定

代码	功　能	说　明	代码	功　能	说　明
G00	点定位		G42	刀具补偿 – 右侧	按运动方向看,刀具在工件右侧
G01	直线插补		G43	正补偿	刀补值加给定坐标值
G02	顺时针圆弧插补		G44	负补偿	刀补值从给定值中减去
G03	逆时针圆弧插补		G90	绝对值输入方式	
G04	暂停		G91	增量值输入方式	

续表 6.1

G17	选择 xy 平面			G93	按时间倒数给定进给速度	
G18	选择 zx 平面			G94	进给速度（mm/min）	
G19	选择 yz 平面			G95	进给速度 [mm/(主轴)r]	
G40	取消刀具补偿			G96	主轴恒线速度（m/min）	
G41	刀具补偿 – 左侧	按运动方向看,刀具在工件左侧		G97	主轴转速(r/min)	取消 G96 的指定
G42	刀具补偿 – 右侧	按运动方向看,刀具在工件右侧				

表 6.2　部分辅助功能(M 代码)的 ISO 标准规定

代码	功　能	说　明	代码	功　能	说　明
M00	程序停止	主轴、切削液停	M08	1 号切削液开	
M01	计划的停止	需按钮操作确认才执行	M09	切削液停止	
M02	程序结束	主轴、切削液停,机床复位	M10	夹紧	工作台、工件、夹具、主轴等
M03	主轴顺时针方向转	右旋螺纹进入工件方向	M11	松开	
M04	主轴逆时针方向转	右旋螺纹离开工件方向	M13	主轴顺时针转,切削液开	
M05	主轴停止	切削液关闭	M14	主轴逆时针转,切削液开	
M06	换刀	手动或自动换刀,不包括选刀	M19	主轴准停	主轴缓转至预定角度停止
M07	2 号切削液开		M30	纸带结束	完成主轴切削液停止、机床复位、纸带回卷等动作

2. 轮廓加工编程举例

工件形状和工件参数如图 6.16 所示。

要求:按图示加工顺序加工该工件。

注意:程序的格式和代码是按 FANUC‑3M 系统规定编制,且刀具半径补偿值已设置在 H10。

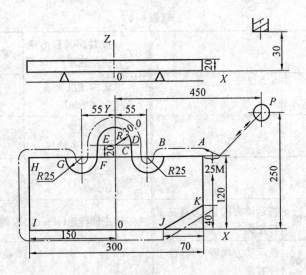

图 6.16　轮廓加工工件几何图形

程序如下：

0040 *	;
N01 G92 X450.0 Y250.0 Z300.0 *	;设置坐标系
N02 G90 G00 X175.0 Y120.0 *	;采用绝对道系统;快速定位于 M
N03 Z – 6.0 M03 *	;下刀,启动主轴(顺时针转动)
N04 G01 G42 X150.0 H10 F120.0 *	;切削至 A 点,引入半径补偿
N05 X80.0 *	;切削到 B 点
N06 G39 X80.0 Y0.0 *	;B 点尖角过渡
N07 G02 X30.0 R25.0 *	;切削 BC 圆弧(半圆)
N08 G01 Y140.0 *	;切削 CD 线段
N09 G03 X – 30.0 R30.0 *	;切削 DE 半圆
N10 G01 Y120.0 *	;切削 EF 段
N11 G02 X – 80.0 R25.0 *	;FG 半圆
N12 G39 X – 150.0 *	;G 点尖角过渡
N13 G01 X – 150.0 *	;切削 GH 段
N14 G39 X – 150.0Y0.0 *	;H 点尖角过渡
N15 Y0.0 *	;切削 HI 段
N16 G39 X0.0 Y0.0 *	;I 点尖角过渡
N17 X80.0 *	;切削 IJ 段
N18 G39 X150.0 Y40.0 *	;J 点尖角过渡
N19 X150.0 Y40.0 *	;切削 JK 段
N20 G39 X150.0 Y120.0 *	;K 点尖角过渡
N21 Y126.0 *	;切削 KA 段(有 6mm 过切,以便形成尖角 A)
N22 G00 G40 X450.0 Y250.0 *	;返回 P 点,取消半径补偿
N23 Z300.0 M02	;程序停止。

6.4　可编程控制器(PC)

可编程控制器,即 PC 或 PLC,是工业控制中应用最广泛的一种计算机控制设备。它最初是为了在顺序控制中取代传统的继电器逻辑而产生的。PC 是由计算机简化而来的,与一般计算机有一定的不同。它省去了计算机的一些数字运算功能,而强化了逻辑运算控制功能;同时,PC 的计算机及其 I/O 设备,是为工业控制而专门设计,它结构紧凑、安全可靠、使用方便、抗干扰力强,适用于恶劣的工业环境;在它的程序设计语言中,专为工程技术人员提供了"继电器梯形符号语言",即梯形图,与传统的继电器控制原理图相似,十分易于掌握。它是一种介于继电器控制和计算机控制之间的自动控制装置。

PC 的输入单元有直流和交流两种形式。输出单元有晶体管输出、继电器输出和可控硅输出等形式。其系统方框图见图 6.17。

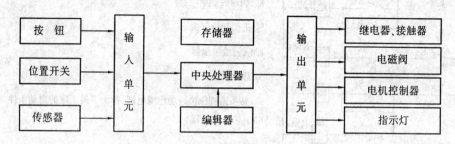

图 6.17　可编程控制器系统框图

现代 PC,其应用虽然还是以开关量逻辑顺序控制为主,但在功能上已有了很大扩展。目前,大中规模的 PC 一般采用模块化结构,除基本的 CPU 模块、电源模块、开关量 I/O 模块外,还可扩展一些特殊功能模块,如高速计数模块、定位模块、通信联网模块等。因此,PC 的应用领域更加广阔,除在生产、加工设备中的单机应用外,还可以联网组成基于 PC 的小型集散系统。

为了更好理解可编程控制器的原理及在实际中的应用,这里我们将顺序控制中使用的两种主要装置对比介绍,其中一种是传统的"继电器逻辑电路",简称 RLC(Relay Logic Circuit),另一种就是可编程控制器 PC。

一、继电接触控制

顺序控制就是指以机械设备的运行状态和时间为依据,在各个输入信号的作用下,使其按预先规定好的动作次序进行工作的一种控制方式。RLC 是将继电器、接触器、按钮、开关等机电式控制器件用导线连接而成的具有顺序控制功能的电路。如图 6.18,为某加工生产线—钻孔工序电气控制原理图。此工序的动作过程如下:

①按启动按钮启动后,夹紧控制继电器 K_1 线圈接通,K_1 的两个常开触点闭合。其中第一个常开触点用来保持 K_1 的接通,第二个常开触点个用来启动下一个动作。

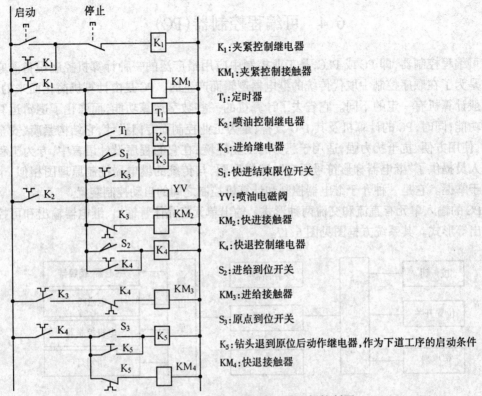

图 6.18　钻孔过程的继电器逻辑控制图

②控制继电器 K_1 的第二个常开触点接通后,其下面的四个支路将相继动作。

·夹紧控制接触器 KM_1 线圈接通,则夹紧装置动作,完成工件的夹紧。

·定时器 T_1 开始计时,延时 10s,等待夹紧动作完成后,T_1 的常开触点闭合。

·T_1 的常开触点闭合后,喷油控制继电器 K_2 线圈接通,K_2 的常开触点闭合,接通控制冷却油的喷油电磁阀 YV 吸合,开始喷射冷却油;同时,快进接触器 KM_2 线圈接通,钻头向工件方向快进。

·当接近工件时,快进结束限位开关 S_1 被压紧闭合,进给继电器 K_3 线圈接通,则进给开始,快进结束。具体动作为:K_3 的第一个常开点闭合,使继电器 K_3 的通电保持线路接通;第二个常开点闭合,使进给接触器 KM_3 线圈接通,开始进给运动;K_3 常闭点断开,用来互锁快进接触器 KM_2,结束快进。

③钻削进给开始后,当达到预定深度时,进给到位开关 S_2 被压紧闭合,快退控制继电器 K_4 线圈接通,则进给结束,钻头快速退回。具体动作为:K_4 的第一个常开点闭合,使继电器 K_4 的通电保持线路接通;第二个常开点闭合,使快退接触器 KM_4 线圈接通,钻头开始快速退回;K_4 常闭点断开,用来互锁进给接触器 KM_3,钻削进给结束。

④K_4 第二个常开点闭合后,当钻头快速退回到原位时,限位开关 S_3 闭合,控制继电器 K_5 线圈接通。K_5 的常闭点断开,使快退接触器 KM_4 线圈断电,钻头停止移动。钻削工序结束。K_5 的常开点闭合,通电保持线路接通,作为下道工序的启动条件。

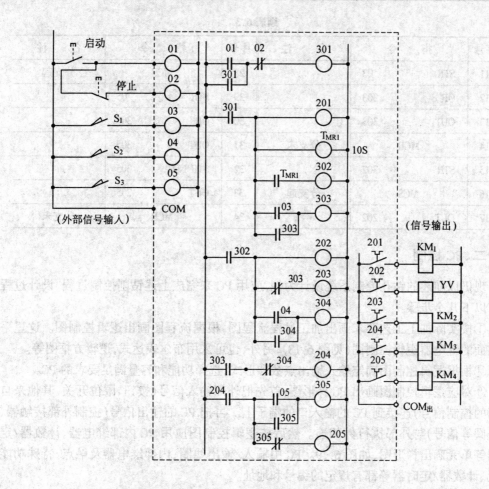

图6.19 钻孔过程的PC梯形图

表6.3 钻孔工艺的程序清单

序号	指 令		备 注	序号	指 令		备 注
1	SRT	01		18	STR NOT	303	
2	OR	301		19	OUT	203	
3	AND NOT	02		20	STR	04	
4	OUT	301		21	OR	304	
5	STR	301		22	OUT	304	
6	MCS		分支起	23	MCR		分支末
7	OUT	201		24	STR	303	
8	T_{MR}	1 10	1#定时器定 10S	25	AND NOT	304	
9	STR	T_{MR}		26	OUT	204	
10	OUT	302		27	STR	204	

续表6.3

序号	指　　令		备　　注	序号	指　　令		备　　注
11	STR	03		28	MCS		分支起
12	OR	303		29	STR	05	
13	OUT	303		30	OR	305	
14	MCR		分支末	31	OUT	305	
15	STR	302		32	STR NOT	305	
16	MCS		分支起	33	OUT	205	
17	OUT	202		34	MCR		分支末

二、PC 控制

现仍以前述的钻孔控制系统设计为例,应用 PC 来完成上述钻削控制过程,设计过程常有以下几个步骤:

①按实际加工工艺要求画出加工过程流程图,根据流程图画出逻辑控制图。这里采用前面的继电器逻辑控制图(见图 6.18),另外,也可采用布尔表达式,逻辑方框图等。

②根据逻辑控制图确定输入输出点数和形式,选择功能和容量满足要求的 PC。

③对应逻辑控制图画出 PC 梯形图:首先把外部输入信号(按钮、限位开关、其他来自现场的控制信号)连接到 PC 的输入口的端子上。再把 PC 的输出信号(控制外部接触器、电磁阀等信号)与外部执行件相连。然后按逻辑控制图应用 PC 内部继电器、计数器/定时器等单元画出梯形图,如图 6.19。PC 中输入/输出线圈、内部继电器及触点、特殊功能单元、计数器/定时器等都有规定的编号和地址。

④程序的输入、调试、考核和运行。把编好的程序通过编程器输入到 PC 内(本例中,PC 选用的是美国 GE 公司的 GE - I 型,输入的程序清单见表 6.3)。然后,按工艺要求进行离线调机。最后,将现场的输入输出信号与 PC 相连进行在线调试,直到满足现场要求为止。

6.5　计算机控制系统及现代制造技术

一、计算机控制系统

计算机控制系统是强调计算机作为控制系统的一个重要组成部分而得名,系统的控制规律是由计算机来实现的。计算机控制系统按照它所实现的功能可以分为以下几种类型:

①数据采集系统。它将生产过程的数据加以采集、处理、记录并显示。该系统主要用于生产过程的监督、运行情况的显示,同时利用采集到的生产过程的输入和输出数据,来建立并改善生产过程的数学模型。

②操作指导控制系统。该系统测量生产过程的数据,并将这些数据送入计算机进行

运算,最后计算出各控制回路合适的或最优的设定值,同时将其显示并打印出来。操作人员根据计算机显示或打印的结果来调节各控制回路。从而该计算机系统为生产过程的控制起到了操作指导作用。

③监督控制系统。该系统对所测量的数据进行运算而求得合适或最优的设定值,然后由计算机本身来直接修改各控制回路的设定值。因此,监督控制比之操作指导控制有更高的自动化程度。

④直接数字控制系统(DDC—Direct Digital Control)。在以上几种计算机系统中,计算机均不参与直接的闭环回路控制,直接的闭环控制仍采用常规的模拟控制。在 DDC 系统中,计算机直接作为闭环控制回路的一个部件而直接控制生产过程,从而完全取代了原来的常规模拟控制。

⑤多功能计算机控制系统或称多级计算机控制系统。它具有生产管理、任务协调、优化计算、直接数字控制等多种功能,其典型结构如图 6.20 所示。

计算机控制系统按照它的结构形式可分为如下两种类型:

图 6.20 多级型计算机控制系统结构

①集中型计算机控制系统。它将所有的控制功能均集中于一台计算机来完成,它可能包括很多个回路的 DDC 控制以及监督管理控制。早期的计算机控制通常都采用这种方式。因为当时计算机的价格比较高,因而总是希望一台计算机能完成尽量多的控制任务。

②分布型计算机控制系统或分散式计算机控制系统。70 年代开始,电子工业的发展,大规模集成电路的问世、微处理机的出现、CRT 显示及数字通信技术的进一步发展,为新型的计算机控制系统的研制和发展开拓了新的领域。从 1975 年开始出现了分散型计算机控制系统,它一出现便显示了强大的生命力。图 6.21 显示了分散型计算机控制系统的典型功能框图。

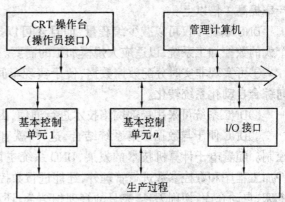

图 6.21 分散型计算机控制系统的典型功能框图

在分散型计算机控制系统中,由于采用了多微处理机的分散化控制结构,每台微处理机只控制一个局部过程,一台微处理机发生故障不会影响整个生产过程,从而使危险性分散,提高了整个系统的可靠性。同时,由于系统硬件采用了标准的模件结构,因此可以很容易地根据需要扩大和缩小系统的规模。因此该系统扩展容易、使用方便灵活。目前,分散型计算机控制系统也逐渐商品化和系列化,该结构形式将是计算机过程控制系统的主要发展方向。

二、现代制造技术

数控机床的出现具有划时代的重要意义,标志着传统制造技术变更的开始。随着微电子、计算机、数字控制、自动检测等技术的迅速发展,数控机床正逐步向功能集成化、工艺复合化方向演变。现代机械工业的自动化进程的深化,使数控技术与机械制造业的关系越来越密切。可以说数控技术是现代制造技术的基石之一。

目前,现代生产制造业中,其主要发展方向有 DNC 系统、FMS 系统和 CIMS 系统等,从这些系统中,就可看出数控机床在现代制造业所占位置的重要程度。

1. DNC 系统

DNC(Direct Numerical Control)系统即为分布式数控或群控系统,它是用一台计算机控制多台数控机床的系统。它的结构如图 6.22 所示。

20 世纪 60 年代末以来,数控机床在中小批量生产中的应用越来越普遍,由于零件种类的增多,品种更换频繁,以致于穿孔带数量越来越多,给程序的编制和检验都带来很大的不便,严重影响数控机床

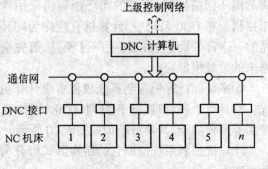

图 6.22　DNC 系统的构成

的生产效率。为此,世界各国纷纷寻求解决的途径,开始研制并使用通用计算机经改造后作为主计算机实现对数台数控机床中的数据进行集中管理和控制信息的自动输入,并逐渐演变成 DNC 系统。DNC 系统投入生产后,使数控机床的开工率提高到 50% ~ 70%,生产率提高 1 倍以上。

DNC 系统不仅可以减少编程量,而且还可以把车间内各数控机床联系起来,形成一个大的数控加工系统,以适应大规模加工的需要。DNC 系统的特点如下:

①可实现非实时分配数控数据,便于实现车间的监控和管理,同时也便于 DNC 系统向综合自动化系统转化。

②DNC 系统可采用局部网络技术进行通信,因此,DNC 系统扩展方便。

③DNC 便于与数据采集系统结合,这样,就有利于对加工质量和机床状态进行实时控制。随着电子计算机技术的发展,DNC 系统主计算机的功能不断增强和扩展,除对零件加工程序和数控参数进行管理外,还能进行数控程序的计算机辅助设计和检验;与数控机床、自动仓库、切削刀具、夹具的管理相结合,还可以对物料流进行自动控制,从而为更高级的制造系统的发展奠定了技术基础。

2. 柔性加工单元(FMC)和柔性制造系统(FMS)

早期自动化生产线的机械化程度高,适用于大批大量零件的生产,具有很高的生产效率。刚性自动化生产线的加工对象专一,灵活性极低。数控机床具有较大的柔性,调整快速方便,能完成自动加工,对多品种、小批量和产品的快速更换具有较强的适应性。将数控机床的灵活性和自动化生产线的高生产率有机地结合起来,这就是柔性制造单元 FMC 和柔性制造系统 FMS 产生与发展的根本原因。

（1）柔性制造单元（FMC—Flexible Manufacturing Cell）

柔性制造单元（FMC）由一台数控机床（主要是加工中心）进行功能扩展，并配备自动上下料装置或工业机器人和自动监测装置（见图6.23）。加工中心是FMC的主体，自动上下料装置及监测装置只对机床的刀具和主轴等工作状态进行检测和控制，发现故障（如过载、刀具破损等），立即停车。单元控制器是将FMC的加工中心、自动上下料装置和自动监测装置有机地联系在一起，实现FMC系统的自动控制。

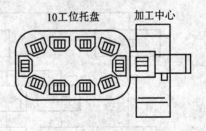

图6.23 具有托盘交换系的FMC示意图

柔性加工单元可以自成子系统，在FMS系统的自动化生产过程中能完整地完成某个规定功能，即可成为柔性加工系统FMS的加工模块。FMC一般具备如下基本功能：

①通过传感器对工件的自动识别功能，对不合格产品自动淘汰。

②对切削状态、刀具磨损和破损、主轴热变形等进行监控，自动测量和补偿。

③能与工业机器人、托盘交换站等配合，实现工件的自动装卸。

FMC在计算机控制下，将加工中心与工业机器人等自动化设备联系在一起，具有自动加工、自动换刀、自动检测、自动补偿以及工件的自动装卸等功能。FMC作为独立的生产设备，具有小规模、低成本、高效率等优点，广泛应用于中小型企业。

（2）柔性制造系统（FMS—Fleaible Manufacturing System）

加工中心具有良好的柔性，但一台机床往往不能完成零件的全部加工。传统的自动化生产线能完成大量工序的加工，但缺乏柔性，只适用于大批量生产。为实现生产的柔性自动化将上述自动化生产线与数控机床相结合，开发出柔性加工系统。柔性制造系统

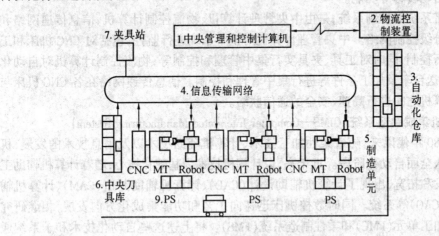

图6.24 柔性制造系统结构框图

FMS（见图6.24）是将一组数控机床通过自动物料（包括工件和刀具等）储运系统联接在一起，由分布计算机系统进行综合管理与控制的自动化制造系统。柔性制造系统没有固定的加工顺序与节拍，能随机进行不同工件的加工，实现物料自动搬运，适时地进行生产调度，从而使系统自动地适应零件品种的更换和产量的变化。

FMS系统一般由加工系统、物流系统和信息流系统组成，如图6.25所示。

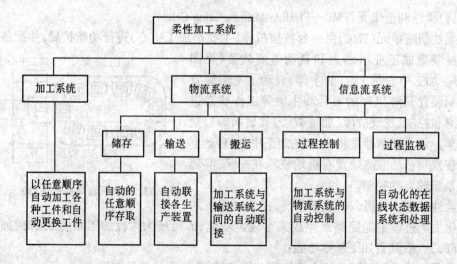

图 6.25　柔性加工系统的组成

①加工系统，多数由加工中心和工业机器人等组成，是 FMS 的核心，通常都能构成子系统，能完整地执行系统中一个自动化加工过程。加工系统一般都具有同 FMC 相近似的功能，如自动加工、自动换刀、自动检测、自动补偿，以及工件的自动安装定位等。

②物流系统，即传送系统，又称物料储运系统，进行工件、夹具等各类物料的出入库和装卸工作。基本单元有自动化仓库，无人输送车，工、夹具站和随行工作台站等。自动化仓库是将加工用毛坯、半成品或成品进行自动存储和自动调配的仓库。无人输送车是联系数控机床与自动化仓库的输送工具，能完成物资的运输出入库等工作。工、夹具站是工具和夹具的集中管理点。随行工作台在系统中起过渡作用，并根据系统的指令在存放站实现工件和自动转移等功能。

③信息流系统即控制系统，是由中央管理计算机、物流控制计算机、信息传递网络和配套设备的分级控制网络。中央管理计算机对整个系统进行监控，包括对 CNC 机床和工业机器人实行控制，同时对工具、夹具实行集中管理和控制等；物流控制计算机对自动化仓库、无人输送台车及加工条件等进行集中管理和控制。信息传递网络在各 CNC 机床与中央管理计算机之间进行高速、安全的通信联络。

3. 计算机集成制造系统（CIMS—Computer Intergrated Manufacturing System）

20 世纪 80 年代以来，随着柔性加工技术、计算机辅助技术以及信息技术的发展，机械制造业进入全面自动化阶段。近年来，以计算机技术为基础和核心，随着计算机辅助工程的深入开发和拓宽，出现了计算机辅助设计（CAD）、计算机辅助制造（CAM）、计算机辅助质量管理（CAQ）等系统。同时数控机床迅速向工艺和功能集成化方向发展，相继研究制造了柔性加工单元（FMC）和柔性制造系统（FMS）。将上述这些自动化技术和子系统通过计算机和现代信息通信技术有机地联系成一个完整的体系，从而使柔性自动化和企业生产管理形成了一个有机整体，这就是计算机集成制造系统（CIMS）。

CIMS 思想最早于 20 世纪 70 年代提出。企业生产过程实质上是一个信息的采集、传递和加工处理的过程，因此最终生产的产品可以视为信息的物质表现；企业生产的各个环节，包括市场调查和分析、产品构思和设计、加工制造、经营管理、售后服务等全部过程是一个不可分割的有机整体。代表着生产自动化发展方向的 CIMS 思想体系正是基于上述而提出,并受到学术界和企业界的高度重视,被认为是现代企业发展的哲理和构想。

CIMS 是把生产工厂的生产管理、产品开发制造等全部功能实现计算机高度综合化管理,具有对市场的高度适应性,生产短周期、低成本、高质量等经济指标的自动化生产系统。CIMS 的主要特征即是信息流自动化和系统的智能化。从功能角度来看,CIMS 包括工程设计系统(CAD)、加工制造系统(FMC、FMS)和经营管理系统;它们在数据库和通信网络(PB/NET)支持下形成完整的集成化系统,实现信息流和物料流的自动传递、处理和变换,如图 6.26 所示。

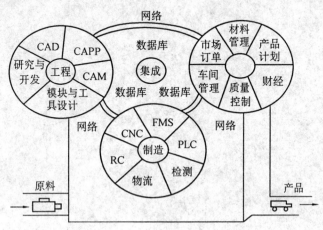

图 6.26　CIMS 技术集成关系图

(1)工程设计系统

利用计算机辅助设计技术进行产品开发和生产所需的技术准备工作,向加工制造和经营管理提供所需技术信息的集成化 CAD/CAPP/CAM 系统。

(2)加工制造系统

加工制造系统是以 FMC 和 FMS 为主体和基础,对加工过程进行计划、调整和控制,实现生产加工与管理的柔性自动化系统。

(3)计算机辅助生产管理(CAPM)

利用计算机辅助管理对市场信息、产品设计和工艺设计信息、生产活动信息等进行及时的采集、存储、处理和反馈等工作,保证生产过程的协调、有序和高效。

CIMS 是以多品种小批量产品为主要对象,以计算机技术为核心,具有高度自动化、模块化和柔性化的集成生产系统。它是未来的机械制造业的一幅蓝图,成为现代加工生产的主要探索目标之一。

习 题 与 思 考

1.机械系统控制的主要任务包括哪些?

2.典型闭环控制系统有哪些环节组成? 简述各环节作用?

3.控制系统的基本有哪些基本要求?

4.什么是超调题? 超调量反映了系统的什么性能?

5. 数控系统由哪几部分组成? 简述各部分作用?

6. 什么是插补? 简述数控加工的基本原理?

7. 简述 CNC 装置的软件组成及工作过程?

8. 数控指令系统中包括哪些主要功能字,并简述功能字的作用?

9. 为什么工业控制中广泛采用 PLC? PLC 与 RLC 相比有什么优点?

10. 现代制造技术中,DNC、FMS、CIMS 系统各有什么特点?

第七章　操纵系统和安全系统设计

7.1　操纵系统

一、操纵系统概述

操纵系统是把人和机械联系起来,使机械按照人的指令工作的装置和元件所构成的总体。

由于科学技术的发展,特别是计算机技术的发展,对于复杂的机械系统,如数控机床,其操纵系统与控制系统联系非常紧密,有时很难从控制系统中分离开来,操纵系统成为控制系统的一部分,可看做是控制系统与人的界面。因此,我们按操纵系统与控制系统的紧密程度,将操纵系统分为下面两类:

集中控制操纵系统　这类操纵系统除操纵元件外,其余部分与控制系统重合,而应纳入控制系统的设计中。操纵系统设计,一般仅在于操纵元件的选择和布置。

独立控制操纵系统　这类操纵系统独立构成系统,完成人体四肢所不及的,如力、行程、复杂动作等一些辅助控制目的。以下所述,皆指这类独立控制操纵系统。

1. 操纵系统的功能

操纵系统的功能是实现信号转换,即把操作者施加于机械的信号经过转换,传递到执行系统,以实现机械的起动、停止、制动、换向、变速和变力等目的。

2. 操纵系统的组成

操纵系统主要由操纵件、变送环节和执行件三部分组成

(1)操纵件

常用的操纵件有:

机械的拉杆、手柄、手轮和脚踏板;电气的按钮、按键、开关;液压、气动的调节阀手柄等。操纵件大多以标准化,设计的主要任务只是选择和布置。

(2)变送环节

操纵系统中的变送件是将操纵件的信号、运动或作用力,通过适当的信号、能量等的变换和传递,以实现控制执行件目的的中间环节。

变送环节一般由传动装置和控制件两部分组成,但一些简单的操纵系统,其变送环节只有传动装置。由于变送环节是实现信号、能量等的变换和传递的环节,因此,它的结构形式多样、复杂程度不一。传动装置中,机械传动装置常用的有杠杆、凸轮、齿轮齿条、丝杠螺母、及摇杆等机构,控制件机械的有凸轮、孔盘等,另外还有液压、气压和电气传动控制装置等。

(3)执行件

执行件是与被操纵部分直接接触的元件,常见的有拨叉、滑块、气(液)缸、电磁铁等。

此外,操纵系统中还有一些保证操纵系统安全可靠工作的辅助元件,如定位元件、锁定和互锁元件及回位元件等。

3. 操纵系统的分类

(1)按操纵力的来源分类

按操纵力的来源操纵系统可分为:人力操纵系统、电动操纵系统、液压操纵系统、气压操纵系统、混合操纵系统。

人力操纵系统是指操纵所需的作用力和能量全部由操作者提供的操纵系统。显然,这样的操纵系统只适宜于需要操纵力小的机械。

液压操纵系统中通常需操作者施加的操纵力很小,只需克服传动件(如滑阀)的摩擦阻力,而克服操作阻力所需要的力全部由液压系统供给。

气压操纵系统与液压操纵系统具有类似的特点,克服操纵阻力所需要的操纵力和能量全部由压缩空气提供,人所施加的力很小,只用来克服操纵件自身的摩擦阻力。。

(2)按一个操纵件控制的执行件数分类

按一个操纵件控制的执行件数操纵系统可分为单独操纵系统和集中操纵系统。

单独操纵系统中,一个操纵件只操纵一个执行件,这是最常见的操纵方式。集中操纵系统中,一个操纵件可操纵多个执行件。

4. 操纵系统的要求

操纵系统虽然不直接参与机械做功,对机械的精度、强度、刚度和寿命没有直接影响,但是,机械工作性能的好坏、功能是否充分发挥以及操作者劳动强度等,都与操纵系统有直接关系。因此,对操纵系统的设计应予以重视。

操纵系统应满足灵活省力、方便和舒适、安全可靠的要求。

(1)操纵灵活省力

尽量减少操纵力,以减轻操作者的劳动强度,有益于提高劳动生产率和安全性,对提高操纵系统的灵敏度也有好处。操纵力的大小应符合人机工程学的有关规定。

(2)方便和舒适

操纵行程应在人体能达到的舒适操纵范围之内。此外,操纵件的形状、尺寸、布置位置、运动方向和各操纵件的标记、操作顺序等都要符合人体状况和动作习惯。如用按钮操纵时,开、停按钮的布置应适当,当开、停按钮水平布置时,"开"按扭布置在右边,"停"按钮布置在左边,垂直布置时,"开"按钮布置在上边,"停"按钮布置在下边;采用摇把和手轮为操纵件时,习惯上应使顺时针方向旋转对应于执行机构的工作行程。

(3)安全可靠

操纵件应有可靠的定位,相互关联的操纵应互锁,以保证操纵有效,防止错误操纵。为防止因意外事故而对人身造成伤害,除应采取必要的安全保护措施外,还应有应急措施。如在适当的位置要安置急停按钮。

二、操纵系统设计

(一)操纵系统设计

操纵系统设计的内容包括原理方案设计、结构设计。

1. 操纵系统主要参数的确定

操纵系统作为人体四肢的延伸,一般是以变力、变行程和完成较复杂动作为目的。其主要设计参数有操纵力、操纵行程和传动比。

由于一般设计要求已经给出或较容易计算出执行件的力和行程,而操纵件一般已标准化,其相应的操纵力和操纵行程,已有一般经验值或推荐值可做参考。因此,可以初步确定相应的传动比。

操纵力 F_c、执行件的工作阻力 F_z 与操纵系统的传动比 i_c 有如下关系

$$F_c = \frac{F_z}{\eta i_c} \tag{7.1}$$

式中,F_z、F_c 的单位为 N;η 为操纵系统的传动效率,取决于操纵系统的传动机构,一般取 $\eta = 0.7 \sim 0.8$。

操纵行程 S_c、执行件的行程 S_z 与操纵系统的传动比 i_c 有如下关系

$$S_c = i_c S_z \tag{7.2}$$

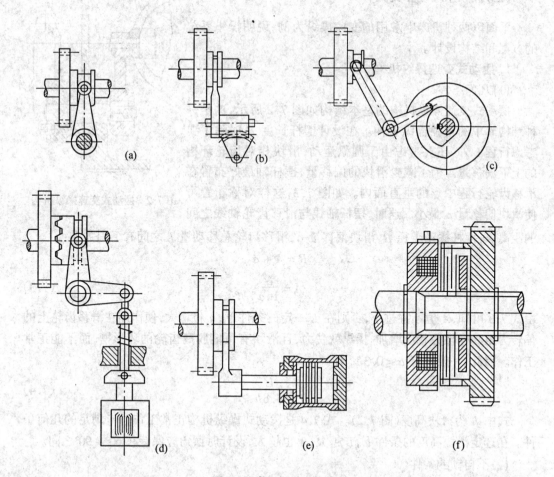

图 7.1　常用操纵机构简图

人机工程学或者经验值确定的允许用操纵力,一般手操纵力建议不大于 150N,脚操纵力不大于 180N。操纵行程的大小应使人体在不移动位置的情况下能方便自如地达到。

机床手柄的转角不宜大于 90°。

传动比是变送环节和总体方案的主要参数,确定时要结合操纵力、操纵行程和总体方案全面考虑。另外,有些采用带助力器的操纵系统,人施加的操纵力与执行件推力之间没有直接的联系。因此,设计时仅考虑行程关系。

2. 原理方案设计

初步确定传动比后,结合设计任务要求,如执行件的运动轨迹、行程、速度和被操纵件的数目以及各执行件之间的关系等,进行原理方案设计。

原理方案的确定要与整个机械系统的复杂程度、控制系统的自动化程度相一致,同时,要考虑动力来源和所占空间的限制。常见的操纵机构原理如图 7.1 所示。

初选传动机构后,按此传动比初定各传动件的尺寸,进行结构设计。然后,根据结构尺寸精确计算传动比 i_c,并验算操纵力 F_c 和操纵行程 S_c。如果超过推荐值,则应调整传动件的尺寸。必要时,可重新选择传动方案。

(二)操纵系统设计实例

下面以两种机床中常用的变速操纵为例,说明操纵系统的方案和结构设计。

1. 摆动式变速操纵机构

(1)几何条件

摆动式变速操纵机构的基本结构如图 7.2 所示,这是一种结构简单的单独操纵机构。在设计摆杆长度 R 时除了要考虑行程 L 外,还要考虑由于圆弧运动,滑块相对齿轮环槽的上下偏移量。为了减少滑块的偏移量,摆杆轴最好布置在滑移齿轮行程中点的垂直面内。如图 7.3,这样对称布置可使滑块偏移量 a 最小。这时,摆杆轴线与滑移齿轮轴线之间

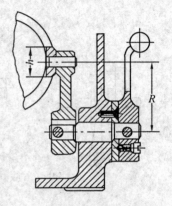

图 7.2　摆动式变速操纵机构

的距离 A,摆杆搬动半径 R,滑块偏移量 a,滑移齿轮总移动量 L 之间有下列关系:

$$R = A + a$$

$$A = \frac{L^2}{16a} \tag{7.3}$$

由式 7.3 可知,A 值不宜过小,否则在 L 一定的条件下,a 将增大,使作用在滑移齿轮上的偏转力矩和摩擦力相应增加,操纵就费力,且滑块有可能脱离齿轮的环形槽,而不能正常工作。因此,一般要求 $a \leqslant 0.3h$,则

$$A = \frac{L^2}{4.8h} \tag{7.4}$$

式中 h 为滑块高度(图 7.2)。式 7.4 是拨动式操纵机构正常工作时应满足的几何条件。在选定滑块高度的条件下,L 越大,A 也越大,设计时摆角应保持在 60° ~ 90° 之间。

(2)不自锁的条件

图 7.4 是单边拨动时滑移齿轮的受力状况图。为了使滑移齿轮能顺利移动,拨动力 F 必须克服滑移齿轮与轴间的摩擦阻力。摩擦阻力包括由滑移齿轮重量产生的摩擦力 Gf 和偏转力所产生的附加摩擦力 $2Nf$。设滑移齿轮重量对轴的正压力是沿接触全长上

均匀分布,附加正压力 N 是在接触长度一半上按三角形分布,不考虑其他阻力有:

$$F = G \cdot f + 2N \cdot f$$

$$F \cdot A = \frac{2}{3} N \cdot B$$

式中　B—滑移齿轮长度,一般取 $B \geq d$;

　　　f—静摩擦力系数,一般取 $f = 0.3$ 左右;

　　　A—滑移齿轮中心到拨叉拨动部位的径向距离。

联立上两方程可得

$$F = \frac{Gf}{1 - \frac{3A}{B}f}$$

代入 f 值后,可知,当 $\frac{A}{B} \geq 1$ 时会发生自锁,因此设计时应保证使 A 满足 $A/B < 1$,即

$$A < B \tag{7.5}$$

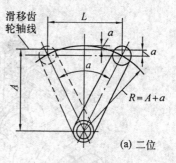

(a) 二位

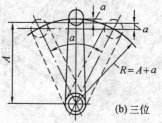

(b) 三位

图 7.3　摆杆轴的布置

2. 凸轮传动的操纵系统

凸轮传动的操纵系统如图 7.5 所示。此操纵系统是用一个操纵件 5 通过两个执行件(拨叉),分别操纵两个被操纵件(变速齿轮 A 和 B),双联齿轮 A 需有两个啮合位置,三联齿轮 B 需有三个啮合位置。凸轮 3 有六个不同位置(如图 7.5 中以 1~6 标出的位置),当手柄带动轴 4 转动,杠杆 6 的滚子中心处于凸轮曲线的大半径(位置 1~3)时,双联齿轮 A 在左端位置,同时,曲柄 2 通过拨叉控制三联齿轮 B,使其处于左、中右三种不同的轴向位置。同理,当杠杆 6 的滚子中心处于凸轮曲线的小半径(位置 4~6)时,双联齿轮 A 在右端位置,同时,三联齿轮 B 仍有左、中、右三种不同的轴向位置。当手柄带动轴 4 转动一圈时,靠曲柄 2 和凸轮 3 曲线的配合,可得六种不同的转速。滑移齿轮移至规定位置后,都必须可靠地定位。该操纵机构采用钢球定位装置。

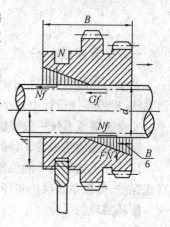

图 7.4　单边拨动时滑移齿轮
受力图

采用凸轮传动操纵系统时,其原理方案设计的步骤是:

①分析执行件的运动规律,绘制凸轮的行程曲线。凸轮的行程曲线就是凸轮曲线半径与凸轮分度角的关系。

②绘制凸轮理论曲线,包括确定凸轮机构尺寸和绘制凸轮轮廓曲线,如图 7.5 所示。

③验算凸轮曲线不同曲率半径处的压力角。为保证操纵省力和凸轮不发生自锁,最大压力角 α_{max} 不得大于推荐的许用压力角 α_p。对于从动件作直线运动的推杆,$\alpha_p = 45° \sim 60°$。常用的凸轮曲线有圆弧、直线和阿基米德螺线。

④绘制凸轮的工作图。

⑤确定从动件的杠杆尺寸,杠杆比由凸轮升程和执行件移动距离确定。

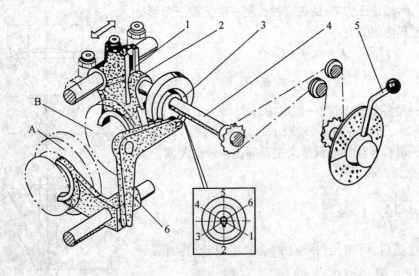

图 7.5　凸轮传动的操纵系统
1—拨叉　2—曲柄　3—平面凸轮　4—轴　5—操纵手柄　6—杠杆

7.2　安全系统

一、安全系统的分类

安全思想应贯穿于整个机械系统设计过程中。在动力装置、传动系统、执行系统、控制系统、操纵系统设计中,应注意安全措施的考虑。

安全装置或系统一般被纳入控制系统中统一管理,包括报警、显示、处理等。

安全系统的组成按其目的可分为:系统运行安全系统和人身安全系统。

按其在机械系统中的位置可分为:动力系统保护、传动系统保护、执行系统保护、控制系统保护、操纵系统保护和环境保护。

按其实现的手段可分为:电气、液压、机械及它们的混合形式。

二、安全系统设计

机床的安全系统是机床中一个重要的辅助部分。当出现不同类型的事故时,与之对应的安全装置将发挥其各自的作用,以确保操作者的人身安全或机床不发生损坏等恶性事件。设计应从复杂程度、可靠性、自动化程度、经济等多方面考虑。

1. 各组成部分安全保护的要点

(1)动力系统保护

机械系统的动力源一般为三相 380V 的交流电源。电源进入配电柜后,首先要经空气开关的保护,主回路和控制回路要有熔断器。电机要有熔断器和热继电器保护。熔断器主要用于断路保护,热继电器主要用于过载和过流保护。此外,还有欠压、过压和缺相等保护。在液压和气动回路中,要有安全阀和压力继电器。

(2)传动系统保护

传动系统主要是过载保护问题,如机械系统中采用的安全离合器、摩擦离合器。电气系统中的热继电器保护。

(3)执行系统保护

机械系统的最终目的是由执行件完成的,其安全系统主要考虑行程保护问题。

在执行件行程的极限处应有行程开关、限位开关或死挡铁。数控系统中,指令系统有软限位指令或更高级的通道保护指令。为防止位置环发生故障而产生"飞车"现象,伺服系统位置控制器要有超差保护。

(4)控制系统保护

控制系统是安全系统的核心,负责机械系统各部分运动和动作的逻辑关系,因此,正确处理这些逻辑关系,是整个机械系统安全可靠的前提和保障。

(5)操纵系统保护

操纵系统与人直接接触,人为因素较多,为避免操作的失误,保护机械系统正常运行和人身安全,在设计操纵系统时,必须设置必要的安全保护装置。此外,操纵机构本身也必须安全可靠,方能保证操纵有效。

操纵系统安全保护装置常用的有定位、自锁机构和互锁机构。

①定位　定位装置按工作原理可分为弹性定位和刚性定位两种型式。

弹性定位装置依靠滚珠、圆柱或圆锥在弹簧力的作用下,压紧在运动件上相应的定位孔或定位槽中实现定位。如图 7.2 所示的摆动式变速操纵机构中采用的是弹性定位装置中的钢珠定位。弹性定位装置的定位元件能够依靠运动件位移时产生的力量脱开定位孔或定位槽,而不需要设置脱出机构,所以结构简单。为了保证定位可靠,在设计定位槽时应使其具有自锁效应。

刚性定位分为摩擦定位(如刹车定位、摩擦离合器定位等)、插销定位和啮合定位三种型式。插销定位是使用较普通的刚性定位装置。刚性定位装置一般利用弹簧力使定位件进入定位孔或定位槽中;而退出则用凸轮、液(气)动,电磁铁等完成。

②互锁机构　为防止操作的误动作或相干涉而引起事故,对那些不允许同时动作的运动之间,应设置互锁装置。互锁装置可以采用机械、液压和电气的等多种方式来实现。常见机械互锁装置如图 7.6 所示。

(6)环境保护

环境安全保护主要是指对操纵环境的不安全因素采取必要的安全防护措施,有以下一些:

①在机械系统中加装保护装置　如对机械的危险操作区实行安全隔离或加防护罩;在汽车、拖拉机等室外行走机械上安装驾驶室等。

②提高操作者作业环境的舒适性　如作业环境的噪声超过劳动安全保护规定的限值时,设置必要的隔声装置或专用的隔声操作室;保持操纵环境安静、清洁、明亮、色彩柔和与协调;环境有合适的温度、湿度及良好的通风。

③设置指示和报警装置　为引导操作者正确操作,应设置操作指示仪表和信号显示装置,如指示标牌、指示灯和音响信号装置等。当有误操作或机械系统发生故障时,能指示故障部位,发出警报并采取停机措施。

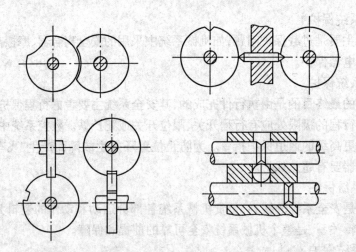

图 7.6　常见机械互锁装置

2. 安全系统设计举例

下面以普通车床和加工中心为例,说明不同机械系统其安全系统的特点。

传统机床的安全系统与加工中心的安全系统,由于结构形式、复杂程度、可靠性、自动化程度、经济等多方面原因,在实现的形式、手段、效果等方面各具特点,加工中心多体现为电气形式,而传统机床以机械式的为多。加工中心安全系统设计更全面、效果更好。

传统机床以 CA6140 车床为例,图 7.7 所示是其传动系统图。该机床的安全系统的特点突出表现在过载保险装置和互锁机构中。

在过载保险装置这一类中,该车床在主传动系统及进给系统中分别设置了保险装置。通过图 7.7 所示可看到,在主传动的 I 轴上装有一个双向多片式摩擦离合器 M_1。双向多片式摩擦离合器有两个作用:正反方向传递动力、过载保险。工作时,电机的动力通过摩擦片之间摩擦力,传递给各传动轴直至主轴。当机床过载时,摩擦片之间打滑,使主轴停转,从而起到了保险作用。

为了在发生意外事故,或在电机不停机时,使主轴迅速停止转动,在 IV 轴上设置了制动器。制动器和双向摩擦离合器由刹车杠上的两个相同的手柄控制,手柄在机床的正面,一个在进给箱的右侧,另一个在溜板箱的右侧,操纵十分方便。

进给传动系统中设置了一个超越离合器 M_6 和一个安全离合器 M_7 两个过载保险装置。安全离合器是在进给力过大或刀架移动受到阻碍时,为避免传动机构受到损坏而设置的。超越离合器是为了避免与快速进给运动干涉而设置的。

CA6140 车床设计的另一类安全装置是互锁机构。由于丝杠和光杠都可带动溜板箱,为避免损坏机床,丝杠和光杠不能同时接通,因此,该车床设计了一个对开螺母,在对开螺母的操纵上设置互锁机构与光杠互锁。另外,在溜板箱的快进操纵手柄盖上,开有十字形槽,这使手柄只能向前后左右的某一个方向扳动,从而避免了同时接通纵向和横向进给运动。

通过以上介绍可以看出,机械式的安全装置在 CA6140 车床的安全系统中取得了比较理想的效果。同时,也体现了的安全系统与机械系统本身及自动化程度相一致的思想。

与传统机床相比较,加工中心的安全系统具有与控制系统联系紧密、软硬件结合、自动化程度更高等特点。下面以德国 MAHO 加工中心的安全系统为例加以介绍。

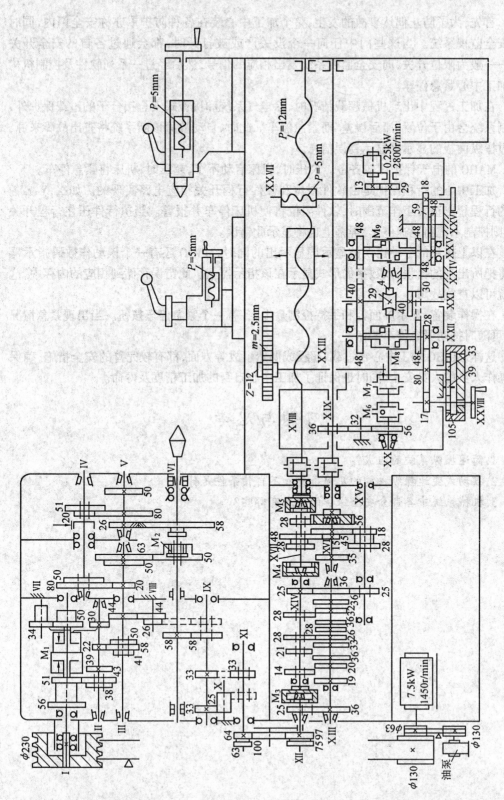

图 7.7 CA6140 型卧式车床的传动系统图

　　首先,为了防止偶然事故的发生,整个加工中心装在各种防护罩亦称安全门内,同时有安全监视系统。当这些门中任何一个没关严或被打开时,都会通过各自的安全开关——一般为限位开关,向安全监视系统发出相应的信号,然后经过一系列软件及控制机构使加工中心紧急停车。

　　在加工过程中出现机械超载情况时,除电气系统和机械式安全接合子的过载保护外,控制系统会由于位置"滞后误差"而紧急停车。此时,自动故障诊断系统将查出故障来源,通过操纵面板的显示屏显示错误信息。

　　MAHO 的电气保护比较齐备。欠压时,机床启动不了,超压时,机床将紧急停车。

　　加工中心的行程保护是由软件限位和硬件行程开关相应电路实现的。如 X、Y、Z 各轴的行程超出正常工作范围时,软件限位将使机床停车并报警。当执行件压住行程开关时,则控制系统将迅速停车,屏幕上也将显示此错误。

　　在以上提到的各种错误被显示屏显示出的同时,MAHO 还有一个误动作数码指示器也将把所出现的错误,以数字的形式显示在该指示器上。此错误存储到相应的内存中,这样就可以查找故障。

　　在操作装置、显示屏面板和手持控制盒上,各有一个紧急停车按钮。当出现紧急情况时,可随时按动紧急停车按钮。

　　这样,MAHO 加工中心在过载、超程或偶然事故等方面,都有较完善的安全措施,确保了操作人员的人身安全,同时也保证了加工中心自身的加工精度及寿命。

习 题 与 思 考

　　1.简述操纵系统的组成?

　　2.摆动式变速操纵机构的几何条件和不自锁条件是什么?

　　3.机械系统中各部分安全保护的要点有哪些?

第八章 润滑系统及工艺过程冷却

8.1 润滑材料

一切机器设备的润滑目的,都是为了减少工作表面的摩擦及由此造成的能量损失、减少工作表面的磨损及发热,提高其寿命、保持机器的工作精度及提高机器的工作效率;此外,润滑剂还有冲洗污物、防止表面腐蚀的功能。在机械行业中,常用的润滑材料可分为:矿物润滑油、润滑脂(俗称黄油),另外还有水及固体润滑剂等。

一、润滑油(脂)的主要性能

随着国民经济的飞速发展,生产设备的机械化、自动化程度不断提高,尤其重、大、精尖设备的大量涌现,必然对润滑材料的性能提出更高的要求。虽然新的润滑材料在不断地大量出现,但到目前为止,尚没有哪种润滑油能满足各方面的润滑要求。因此存在合理选择和掺配油的品种问题,故要求机械设计者必须了解润滑材料的一些基本性能。

1. 润滑油的主要质量指标

(1)粘度

它是液体最基本的,也是最主要的物理性质指标。液体受外力作用移动时,液体分子间的阻力称为粘度。度量的方法,分为绝对粘度和相对粘度两大类。绝对粘度又分为动力粘度和运动粘度。粘度一般随温度的升高而下降。所以表示粘度时,必须注明是在什么温度下测定的。比较粘度时,也必须在同一温度下进行。高粘度的润滑油能承受较大载荷,因为它形成的油膜厚度大,强度高。但由于高粘度,在高速运转的情况下,温度易升高,功率损失也大,所以粘度选择要适当。一般是高负荷、低转速的部位用高粘度油;反之用低粘度油。

(2)粘温特性

润滑油的粘度随温度的升高而降低;反之,随温度下降而增高。这种性能就叫粘温特性。润滑油随工作温度的变化而引起粘度的变化越小越好。一般用粘度比和粘度指数来表示。

(3)闪点

润滑油加热到一定温度就开始蒸发成气体,它与周围空气形成混合物,同火焰接触时,发生闪火花现象的最低温度,称为闪点。它是润滑油安全工作的一个重要指标,它至少要高于设备工作温度 20~30℃ 才能确保安全。

(4)凝固点

油品受冷后,失去其流动性的最高温度,称为凝固点。在冬季,特别在寒冷地区,在无采暖设备条件下工作机械无论是集中循环润滑还是分散润滑,它都是一项重要的技术指标。另外,还有酸性、腐蚀等指标。

2. 润滑脂的主要性能

(1)表现粘度

润滑脂开始流动时的粘度称为表现粘度。它是衡量集中供脂的"泵送性"好坏的一个指标。

(2)针入度

它是表明润滑脂稠度的指标。针入度越大表示油脂越稀。反之,越稠。(测定按GB269－64进行)。

(3)滴点

润滑脂加热到一定程度就开始变稀,当开始滴落时的温度即为它的滴点。它是油脂抗热性的重要指标。机械系统的工作温度应低于其滴点 $20 \sim 30℃$,有时甚至低 $40 \sim 50℃$ 才好。

(4)腐蚀

当润滑脂制造质量不高时,脂中残留有酸或碱,或者油脂使用过程中已经老化而生成低分子的有机酸时,将引起金属的腐蚀。

关于润滑油(脂)的一些其他性能指标以及它们的具体参数、计算公式和试验方法等,见专业资料。

二、润滑剂的选择

凡是能降低摩擦阻力作用的介质都可做为润滑剂。目前各类设备中常用的润滑剂类型为稀油和干油两大类。

1. 下列情况选用稀油润滑

稀油润滑一般用于下列情况:

①除完成润滑任务外,还需要带走摩擦表面间产生的热量者。

②须能够保证滑动平面间为液体摩擦者:液体摩擦轴承、高速移动的滑动平面之间、止推滑动轴承等;

③能够用简易的手段向啮合传动机构本身及其轴承,同时提供一种润滑剂的情况;

④除润滑外,还需要清洗摩擦平面并保持清洁状态者;

⑤相同情况下,易于对轴承进行密封并能很好防止润滑油外溢者。

2. 干油润滑

干油润滑一般用于下列情况:

①粘性很好,并能附着在摩擦平面上,不易流失及飞溅,多用于作往复转动及短期工作制的重载荷低转速的滑动轴承上;

②密封性好,且给油方便;

③很适用于低速的滚动轴承润滑,可长时间不用加油,维护方便;

④防护性能较好,能保护裸露的摩擦表面免受机械杂质及水等的污损。

8.2 润滑油(脂)的供应方法

一、稀油润滑的供油方法

1. 单体润滑

单体润滑都是用油杯实现的。它又分成周期性润滑和连续润滑,并可伴无压力及有压力润滑。最简单的周期无压力润滑是用各种标准化了的油杯来完成,如图 8.1 所示。连续无压力单体润滑,用不同油杯来完成,见图 8.2。在较先进的机器设备中,已经逐步淘汰了上述供油方法。

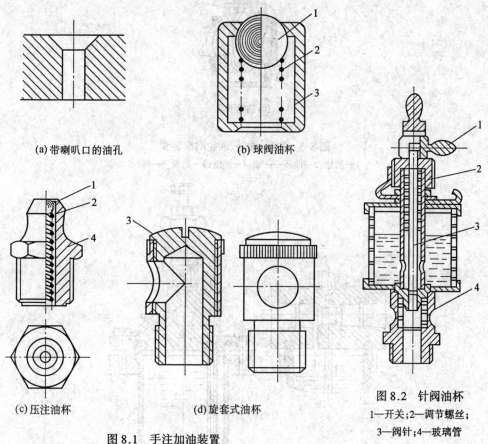

(a) 带喇叭口的油孔   (b) 球阀油杯

(c) 压注油杯   (d) 旋套式油杯

图 8.1 手注加油装置

1—球阀;2—弹簧;3—杯体;4—旋套

图 8.2 针阀油杯

1—开关;2—调节螺丝;
3—阀针;4—玻璃管

2. 油环润滑

油环、油链、油轮供油方法是将油环或是油链套在轴上作自由旋转,油轮则固定在旋转轴上。这些元件一部分浸入油池中,其随轴旋转时将油带入摩擦面,以形成自动润滑,见图 8.3。这种润滑被广泛应用于大型电动机的润滑轴承上。

3. 油雾润滑

油雾润滑的原理是利用压缩空气,通过喷嘴把润滑油喷出,雾化后再送入摩擦表面,并让其在饱和状态下析出,使摩擦表面上粘着一层油膜以达到润滑目的,见图 8.4。

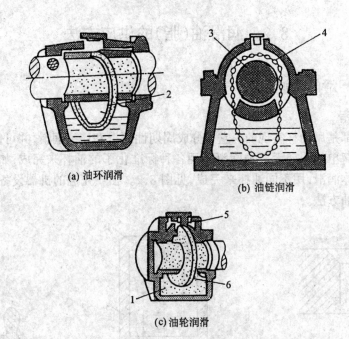

(a) 油环润滑

(b) 油链润滑

(c) 油轮润滑

图 8.3　油环、油链、油轮润滑装置

1—油池;2—油环;3—轴;4—油链;5—刮板;6—油轮

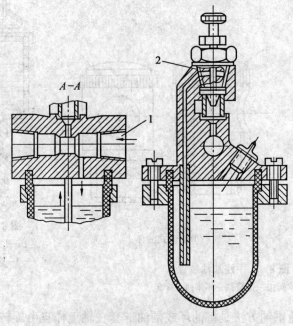

图 8.4　油雾润滑装置

1—压缩空气;2—调整阀

4. 油池润滑

油池润滑是借淹没在油池中的旋转件的转动,将油带到相互摩擦件的表面上或带到轴承处达到润滑目的的。这种方法比较简单,被广泛用于重载荷而圆周速度低于 12 ~

15m/s 的齿轮及蜗轮传动机构中,普通机床的床头箱也多用之,见图 8.5。

5. 集中循环润滑

集中循环润滑是利用油泵使润滑油达到一定压力后,经过冷却、过滤供循环使用。见图 8.6。

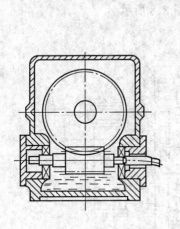

图 8.5　油池润滑

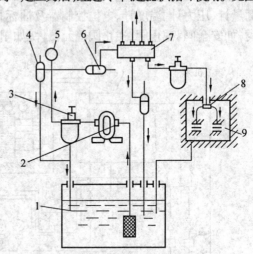

图 8.6　集中循环润滑装置

1—油箱;2—齿轮油泵;3—滤油器;4—回油阀;5—压力计;6—压力调节器;7—主要分配阀;8—辅助分配阀;9—机床主轴轴承

这种润滑方法经过系列优化设计和系统中采用相关的自控元件后,被广泛地应用于较先进的机器设备上。它的优点主要有:

①可不间断地向轴承、齿轮、蜗轮及其他被润滑处供应清洁的润滑油。

②可不断地将机构工作中产生的所有热量排出去。

二、润滑脂的供应方法

干油的供应办法,基本上分为单独手工给油、手动(电动)干油站、中央手动自动供油站等。采用何种供油方法,则主要取决于机器设备的类别、工作情况、工作制度以及工作地点等具体情况和经济效益。但不论从可靠性方面,还是经济效益方面来看,中央润滑站供应方式则越来越多地被采用。干油供应的各种设备、装置、元件等,在我国已经形成了标准化产品。

8.3　稀油集中润滑系统

由于稀油集中润滑系统是压力供油,因此,其不但可以保证足够的油量、满足多点供油要求,而且可将润滑油送到分布范围较广的设备上,同时油液将摩擦时产生的热量、被加工表面的金属碎粒及杂质冲掉带走,以达到表面光洁、润滑冷却良好、减轻摩擦、降低磨损、减少功率消耗,从而延长设备寿命的目的。下面介绍几种典型的供油系统。

一、典型供油系统

1. 回转活塞泵供油的集中循环润滑系统

现以轧钢机用回转活塞泵供电集中循环润滑系统为例,介绍一下此类集中循环润滑系统组成工作原理及控制方式等。

(1)系统的组成

其组成如下:油箱、活塞泵、圆盘过滤器、油冷却器、空气筒及溢流阀等。它还采用了各种测量计、压力计、温度计、电位控制器及油标指示装置,此外,还配备了各种不同用途的阀类,如安全阀、截止阀、逆止阀等元器件,如图8.7、图8.8所示。

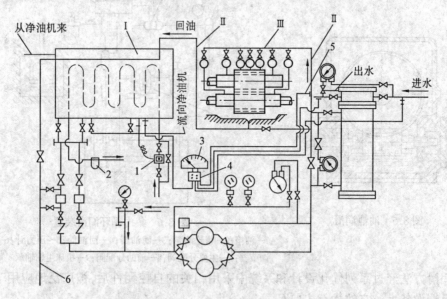

图 8.7　带回转活塞泵的循环润滑系统简图

1—温度调节器;2—冷凝器;3—电桥温度计;4—转换开关;5—电阻温度计;6—系统内换油用的管道

Ⅰ—润滑站;Ⅱ—主油管路;Ⅲ—被润滑的机器上的油管路

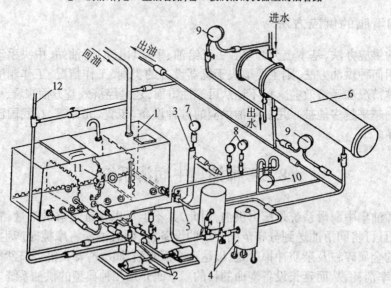

图 8.8　用回转活塞泵供油的循环润滑系统润滑站简图

1—油箱;2—回转活塞泵装置;3—补偿器(空气筒);4—圆盘式过滤器;5—放泄阀

6—冷却器;7—压力计;8—电接触压力计;9—压差式压力计;10—差式电接触压力计

11—浮标式液位继电器;12—排污油管

(2)回转活塞泵润滑系统的工作过程与自动控制

如图 8.9 所示,当电动机 3 启动时,带动油泵 4,从油箱内将油吸出,经单向阀 6 送入圆盘式过滤器 8 中,过滤后清净的油输入冷却器 15,经冷却后,沿输油管道送到所要润滑的机构磨擦副上。油完成润滑后,再返回油箱。若周围温度很高,或机构经常处于高温状态下工作需要连续冷却。在正常温度下(20 ~ 25℃),润滑油可绕过冷却器,直接流向润滑

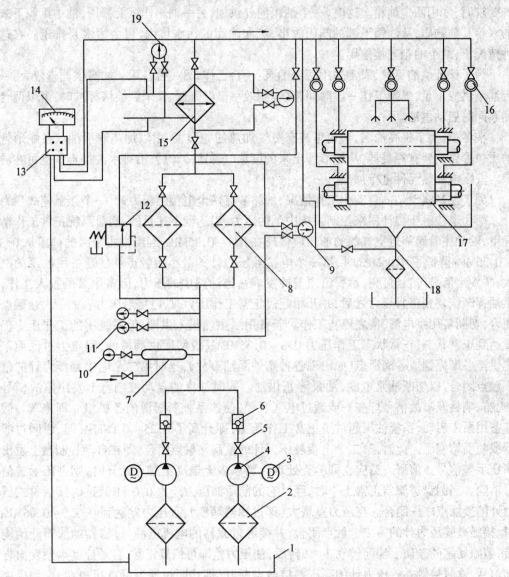

图 8.9 带回转活塞泵的循环润滑系统图

1—油箱;2—吸油过滤器;3—电动机;4—回转活塞泵;5—截止阀;6—单向(逆止)阀;7—空气筒;8—过滤器9—接触差式压力计;10—压力计;11—电接触压力计;12—安全旁通阀;13—转换开关(测温度用);14—电桥温度计15—冷却器;16—给油指示器;17—轧钢机齿轮座各摩擦部位的供油润滑点;18—回油管;19—压差式压力计

点。为了消除回转活塞泵流量的不均匀性(流量脉动),在油泵压油管路上装有空气筒,它

的上部充满了与润滑系统油路压力相应的压缩空气。当油泵向系统供油时,压缩空气调到适当的压力,在人口阀门关闭后,由于泵的流量不均匀,空气筒中的油面,将在一定范围内波动。为了检查油面的变化,在空气筒上安装了油面指示器,为了测量压力的变化,在它上端安装了压力计。

稀油润滑系统中,一般只设一个油箱。只有当系统中有相当数量的水浸入时,或有特殊要求时,才用两个油箱。这时,一个油箱向外供油,另一油箱作沉淀箱用,油中沉积下来的水等其他物质,从油箱下部的阀门放出,流向油库的污水坑内,再由污水泵排走。在这种情况下,两个油箱互换使用。

为了保证供油可靠,通常采用两台油泵:一台工作,另一台备用。如需供油量较大,一台油泵供应不足,或泵工作一段时间,其容积效率已经降低,又未到检修标准时,可以两台油泵同时启动供油。

在冬季,为了提高油温,油箱里装有蒸气加热的蛇形管,用以加热润滑油。在蛇形管的出口管路上装有冷凝器,从蛇形管出来的废蒸气迅速冷却后,沿排水沟排走。也可在油箱内安装电加热元件进行加热。

为了控制润滑站的自动化工作情况,油站装有两个电接触压力计,一个接触差式压力计。两个电接触压力计用来控制系统中油的压力,以达到下述目的:润滑系统正常工作情况下,给油主管路靠近空气筒的油压应保持在 0.3 ~ 0.35MPa,当给油主管路的油压从 0.3 ~ 0.35MPa 降低了 0.05MPa 时,第一个电接触压力计的最小接触点就接通备用油泵的电机,并发出信号(信号灯亮、示警笛或警铃响应);当油路中的压力,因备用泵的投入工作,供油逐渐恢复到正常压力之后,并开始超过正常工作压力时,电接触压力表的最大接触点闭合,切断备用泵电源,使之停止工作。若备用泵虽已投入供油,但系统中的工作压力仍没达到正常状态(正常状态工作压力 0.3 ~ 0.35MPa),说明所供润滑油,因压力过低而不能供至各摩擦副或各润滑点(如出现各种意外漏油事故),这时第二个电接触压力计的最小触点闭合,以切断油泵电源,油泵停止供油。同时油库的自动控制盘上发出事故信号(鸣笛、响铃及事故信号灯亮);或通过电气联锁,使该系统所润滑的各机组立即停车。假如备用泵未启动,系统油压超过了正常工作压力,即升高了 0.25 ~ 0.08MPa 时,说明过滤器或喷嘴堵塞了。此时,第二个电接触压力计的最高接触点闭合,即在自动控制盘上发出高压示警信号。值班人员应立即检查处理。当该表上最高接触点断开时,则高压示警信号消除。当圆盘过滤器正常工作时,经过它的前后油压力差为 0.04MPa,这时接触差式压力计的接触点之一闭合。当压力差增大(即过滤器堵塞),且压力差达到 0.055 ~ 0.06MPa 时,接触差式压力计的第二个触点闭合,并接通过滤器的电机电源,过滤器的滤筒开始旋转,清除堵塞的杂质。滤筒转动 1 ~ 2 转后,油压力差即可恢复正常,自动控制盘便发出告知信号,这时接触差式压力计的高压差接触点断开(即切断过滤器的电机电源)。如果由于某种原因,造成压力差上升到 0.08 ~ 0.085MPa,这时装在过滤旁路上的安全阀(或溢流阀)开启,润滑油就由旁路流出。控制油冷却器的是两个压差式压力计,其中一个是测量进冷却器和出冷却器油的压差的,以这个压差的大小变化来判断油在冷却器中流动的情况;另一个压差式压力计则是测量进出冷却器的冷却水的压力差值的,并由这个数值的大小来判断冷却水管的堵塞情况。为了测量油箱内油的温度及经过冷却器后,油的温度和进、出冷却器的水温,设置了 4 个电阻温度计,其温度数值由电桥温度计指出。温度计通过多点转换开关接于测点处。润滑系统的启动,要听从主机操纵台上操纵工的指挥(在车间主机启动之前数分钟由润滑油库的值班工人操作的)。在机器需长时间停车时(如检修),仍然要听从操作工的指挥,待被润滑的机器(各主、辅机在内)全部停车后,润滑系统才可停止供油。为了避免机器在润滑系统未工作时启动,驱动机器电机的电源与润滑系统驱动油泵电机的电路应连锁起来。这样润滑系统未启动供油之前,可确保主机不能启动。

2. 齿轮油泵供油的循环润滑系统

钢铁企业的许多机组、机械制造业的一些金属切削机床,都较普遍地采用此润滑系统,见图 8.10。这类齿轮油泵稀油润滑站的供应能力不同,规格也各异,但工作原理却是一样的。齿轮泵把润滑油从油箱吸出,经单向阀、双筒网式过滤器及冷却器送到机械设备的各润滑点。油泵的公称压力为 0.6MPa,稀油站的公称压力为 0.4MPa 当稀油站的压力超过 0.4MPa 时,安全阀自动开启,多余的润滑油经其他路径流回油箱。

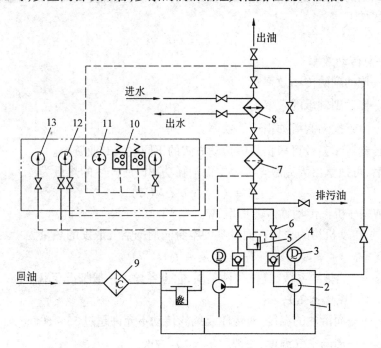

图 8.10 XYZ16～XYZ－125 型稀油站系统图
1—油箱;2、3—齿轮油泵装置;4—单向阀;5—安全阀;6—截断阀
7—网式过滤器;8—板式冷却器;9—磁性过滤器;10—压力调节器
11—接触式温度计;12—差式压力计;13—压力计

二、稀油集中润滑系统设计计算步骤

为满足机械系统的生产工艺要求,设计合理的集中润滑系统以保证它们的正常运行是非常必要的,设计时一般按下列步骤进行。

①全面了解所要润滑的机械系统概况;

②掌握润滑系统设计和计算所需要的参数与相关资料;

③确定润滑方案；

④根据所确定方案计算出各机构运动副的摩擦损失率，再换算出所需润滑油的总耗量；

⑤选定并核算润滑系统各项设备及元件的型号、规格及数量；

⑥选定管道尺寸，画出管路布置图；验算管路液压损失，若在规定范围内，则设计合理。

现重点介绍以下几方面内容。

1. 计算润滑机组消耗的功率

在集中润滑系统中，为满足形成润滑油膜所需要的油量，要比冷却这些摩擦副在运动中所产生的热量所需要的油量少得多。计算各运动副工作时克服摩擦所消耗的功率，因这些被消耗的功率都变成了热量，所以，计算润滑油消耗量的依据应是以热平衡为原则，即求出各运动副的效率，并换算成热量，再算出为吸收这些热量所需要的油量。

计算公式如下

$$\eta = \eta_1 \cdot \eta_2 \cdot \eta_3 \tag{8.1}$$

式中　η——总传动效率；

　　　η_1——传动副的传动效率；

　　　η_2——传动副轴承的效率；

　　　η_3——由于搅动润滑油损耗的效率。

以上各传动效率系数可根据具体传动方式的不同查找专业资料。

求出 η 后，可换算出为克服全部摩擦而消耗功率时所产生的热量为

$$T = (1 - \eta) \times N(\text{W}) \tag{8.2}$$

式中　N——机械传动输入的功率，W。

在这同时，传动机构的壳体表面及零件本身向周围空气散发的热量为

$$T_0 = k(t_1 - t_2)s(\text{W}) \tag{8.3}$$

式中　k——热传导系数，具体条件不同，它也各异。一般情况下 $k = (8 \sim 15) \times 1.16$ W/(m²·K)；

　　　t_1——润滑油的温度，对齿轮及蜗轮传动不允许超过 55 ~ 60K；

　　　t_2——周围空气温度，一般取 $t_2 = 20 \sim 30$K；

　　　s——传动机构散热表面积，m²。

在齿轮或蜗轮传动时产生的全部热量，除箱体散发的热量外，其余部分认为都由循环油带去，所以润滑油的消耗量应该是

$$Q = \frac{T - T_0}{C \cdot r \cdot \Delta t \cdot k}(\text{L/s}) \tag{8.4}$$

式中　C——润滑油的比热容，$C = (0.4 \sim 0.5) \times 4\ 184(\text{J/kg·K})$；

　　　r——润滑油的密度，$r = 0.9$kg/L；

　　　Δt——油的温升，$\Delta t = t_1 - t_2 = 10 \sim 12$K，不超过 15K；

　　　t_1——循环润滑油吸收了热量后的回油温度，K；

　　　t_2——循环润滑油进入润滑部位时的温度，K；

k——循环润滑油在啮合处不能全部利用系数,取 $k = 0.6 \sim 0.8$。

若机组由多套传动副所组成,则应分别求出各个 Q 后相加,最后求出润滑油的总消耗量,所以总耗油量公式如下

$$Q = \sum \frac{T - T_0}{C \cdot r \cdot \Delta t \cdot k} \mathrm{L/s} \tag{8.5}$$

2. 选择润滑系统形式的基本原则

在确定了机器设备的总润滑油消耗量之后,一般即可按下列原则选择其形式

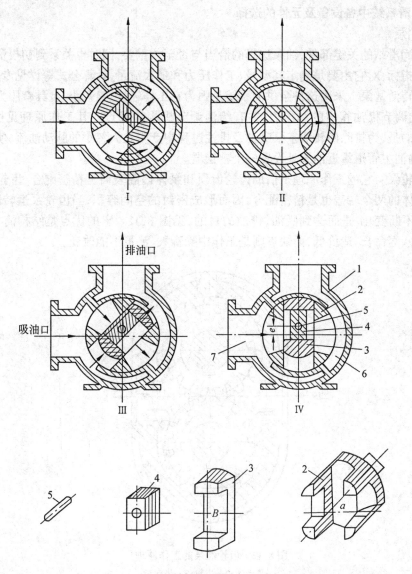

图 8.11　ZPB 型回转活塞油泵的工作原理图

Ⅰ、Ⅱ、Ⅲ、Ⅳ表示四种不同的工作位置

1—泵体;2—转子;3—外活塞;4—内活塞;5—销轴;6—排油腔;7—吸油腔

①如果油的消耗量大于 400L/min,或者耗油量虽小于 400L/min,但属重要的机械系统,应设计成自动循环润滑系统;

②机组中,相似机械应尽量采用一种润滑油,摩擦副类似而又互相靠近者(相距不大于 30～40m)应采用一个润滑站;

③对工作制度不同的机械设备,以及摩擦副给油方式各异或摩擦副的构造类别不同时,则不能统一到一个系统中;

④对油号有特殊要求和容易污染的摩擦部件应单独设站。

润滑站不宜太大,每个站的供油量应尽可能相同或成倍数关系,便于润滑设备及元件能互换通用。

3．润滑系统中各设备及元件的选择

(1)油泵

它是润滑站的关键部件,油泵选择的恰当与否至关重要,同时也关系到初投资及运行中的经济指标,对它主要是确定其型号、工作压力和最大流量,计算公式等详见专业资料。

①回转活塞泵　采用这种泵供油系统是因为它工作轻快、噪音小,且具有压力调节机构,能自动调节稀油管内的油压力,并有给油调节机构等优点。其工作原理见图8.11。应当指出的是,为排除回转活塞泵吸油及排油过程中产生忽大忽小的脉动油流,使供油均匀,应在输油主管道靠近油泵处设置一个补偿器。

②齿轮泵　它的工作原理是借助齿轮齿顶和泵体内腔表面是精密配合、齿轮的两个端面与泵体的两个端盖也是精密配合,因而形成密封的空间容积,当齿轮泵运转时,由于密封容积不断变化,进而达到吸油、排油的目的,见图8.12。它的优点是结构简单、体积小、重量轻、寿命长、造价低,而缺点则是工作中噪音大、流量不能改变。

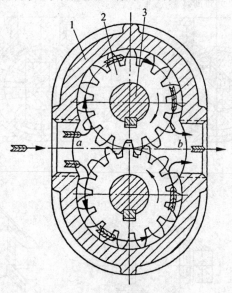

图 8.12　齿轮油泵的工作原理

1—泵壳体;2—齿轮;3—齿轮轴

(2)油箱

油箱的功能是贮油。润滑油从此吸取,完成循环任务后又流回油箱,在箱内经过沉淀、油水分离、油与杂质分离、消除油内泡沫、散发气体等处理后,以备使用。油箱根据容积不同,选用适合的钢板焊成。循环系统油箱容积一般取 25～30 倍油泵的每分钟供油量。它的上面应设回油孔、通气罩,正面设各种管道及元器件联接孔及清洗孔等。箱内设电或蒸气加热装置、油位控制器等。当油表面达到最高或最低时,发出电讯号及时反应液面的极限状况,见图8.13。

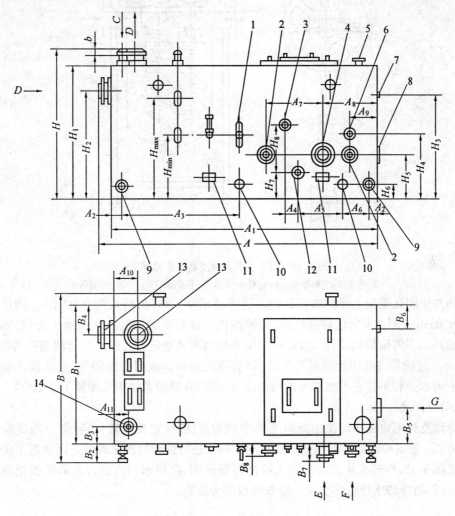

图 8.13 YX-1～YX-40 油箱外型图

1—弯嘴式旋塞;2—深入吸油用2孔;3—蒸气入口接管 G1″;4—正常吸油口;5—液位讯号器;6—铜热电阻预留接口 G$\frac{1}{2}$;7—分油器放回润滑油接口 G1″;8—辅助油箱连接法兰;9—内螺纹暗杆楔式闸阀2个 $D_g = 40$;10—接分油器用管路接口 G1″;11—油箱清洗孔;12—排冷凝水用接口 G1″;13—回油连接管法兰;14—安全阀连接法兰

我国已将油箱规格标准系列化了,详见有关资料。

(3)过滤器

在循环润滑系统中,润滑油必须清净,所以要不断地用过滤器清除掉其中的各种杂质(一类为机械杂质,另一类为油在使用中自己产生的杂质)以保证润滑与清洗的效果。过滤器根据滤芯结构和材料的不同,则有很多类型。一般在连续性工作行业中,且过滤精度要求又不高的情况下,多采用片状圆盘过滤器,其工作原理见图8.14。

润滑油按箭头指示方向穿过过滤器的片隙,大的杂质就被留在滤片周围,净油则沿滤

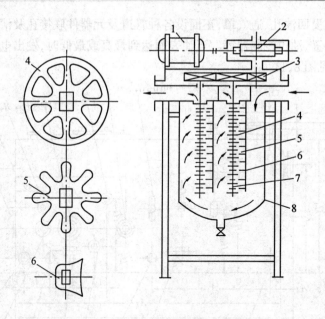

图 8.14 GLQ 型圆盘过滤器工作原理图

1—电动机;2—蜗杆蜗轮;3—齿轮;4—圆盘;5—垫片;6—刀片;7—轴;8—筒体

筒和垫片中间孔道向上经出油口送走。过滤器正常工作时,压差为 0.02MPa。当压差增大到 0.05MPa,则说明它已堵塞严重,需要清洗。这时要启动电机使过滤筒旋转,固定刮刀把滤筒四周的杂质刮掉,压差降下,过滤器继续有效地进行工作。其过滤精度为 0.12 ~ 0.18mm。过滤器在我国已成系列产品,详查有关资料。应当指出的是,过滤器不能清除油液中的水分和某些它不能滤掉的微小杂质,所以在润滑系统中又配置了净油机。

(4)冷却器

冷却器的用途是冷却稀油润滑系统中的油温,使油温处于较佳范围,一般此温度为 35 ~ 40℃。管式冷却器是利用热的油液与冷却水进行强制对流原理而达到油温下降的目的。见图 8.15,冷却水从进水口进入冷却器管子内,由出水口流出。油沿隔板组成的流道流出时,与冷却水进行热交换。冷却管材质为黄铜。

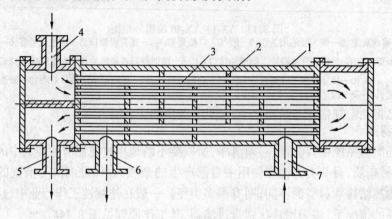

图 8.15 列管式冷却器工作原理图

1—外壳;2—隔板;3—冷却铜管;4—进水口;5—出水口;6—出油口;7—进油口

8.4　干油润滑系统

在各种机械设备中,有许多需采用干油润滑。根据摩擦副工作情况的不同,有的采用单独分散润滑方式(即人工用油枪回油法);有的则必须采用集中润滑系统,这是因为有些润滑点过多或工作条件不适宜人工操作。根据供脂的方式不同分为手动干油集中润滑系统和自动干油集中润滑系统。

一、手动干油集中润滑系统

这种润滑系统见图8.16,属于双线供脂手动干油集中润滑系统。

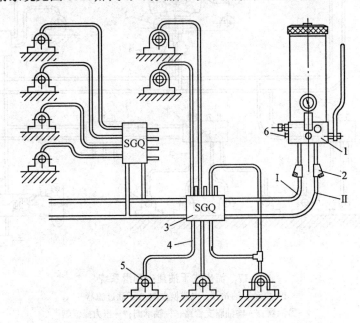

图 8.16　手动干油集中润滑系统

1—手动干油泵站;2—干油过滤器;3—双线给油器;4—输油脂支管路
5—轴承副;6—换向阀;Ⅰ、Ⅱ—输油脂主管路

当人工摇动手柄时,油站内的干油,经过滤器2,沿输脂主管路Ⅰ送至给油器3,各给油器在压力脂的作用下,按预先调整好的油量,把润滑脂经输油支管路分别送到各润滑点。继续摇动手柄,当所有给油器供脂完毕时,则润滑脂在主管路Ⅰ内受到挤压,当压力计的压力升高到一定值时(一般为7MPa),说明系统中的给油器已工作完毕,可停止摇动手柄。在压送油脂过程中,压力油脂在主管路Ⅰ内。主管路Ⅱ内的润滑脂则沿管道挤回到贮油筒内。之后,干油站的换向阀6从左边移向右边换向。这时主管Ⅰ经换向阀的通路和贮油筒相连通,管内高压消失。经过规定的加脂周期,人工再次摇动干油站的手柄,实现第二次供脂,但由于换向阀已经换向,所以压送出的润滑脂由管Ⅱ完成,则管Ⅰ将无压油送回油筒。它的工作就是这样周而复始。

二、自动干油集中润滑系统

此种润滑系统按供脂管路的布置分为流出式与环路式两种。

1. 流出式自动干油集中润滑系统

它可供给更多的润滑点和润滑点分布较大的区域,见图 8.17。它的工作过程如图所示。

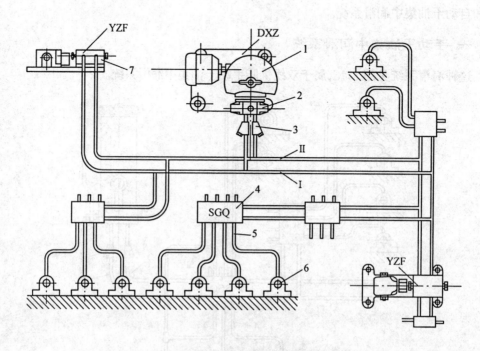

图 8.17　流出式干油集中润滑系统

1—电动干油站;2—电磁换向阀;3 干油过滤器
4—给油器;5—输油脂支管路;6—轴承副;7—压力操纵阀
Ⅰ、Ⅱ—输油脂主管

　　油站 1 供送的压力脂经换向阀 2,通过干油过滤器 3 沿输脂主管路Ⅰ经给油器 4 从支管路 5 送到润滑点 6。当所有给油器工作完毕后,主管路Ⅰ内的压力迅速提高,此刻装在输油主管路末端的压力换向阀,在此压力的作用下,克复弹簧的弹力,使滑阀移动,推动极限开关接通电讯号,则电磁换向阀换向,转换输脂通路,由输脂管路Ⅰ供油改变为主管路Ⅱ供油。与此同时,操作盘上的磁力起动器的电路断开,油站的电机停车,栓塞泵停止供脂。经过预先规定的加脂周期后,在电器盘上的电力控制器使油站电机启动,由于已经换向,则由主管Ⅱ压送润滑脂,而主管路Ⅰ则成为回油管。

　　电磁换向阀的作用是使油站输送的压力润滑脂由一条输脂主管路自动转换到另一条输脂主管路,如图 8.18 所示。从油站送来的油脂由左、右两入口经柱塞逆止阀 8 进入电磁阀腔,如图 8.18(a)所示。滑阀 7 在左边极限位置时,压力脂沿阀腔通路从主输脂管路Ⅰ供油,这时主管路Ⅱ与油站贮油筒呈卸荷连通状态。当系统中所有给油器都供脂完毕,最远端(压力操纵阀之后)的给油器 3 也动作完毕时,油泵仍继续工作。此时主管路Ⅰ内的压力继续提高,以至克服滑阀 4 的弹簧 2 的阻力,推动它动作,伸出杆伸出去触动开关 5,

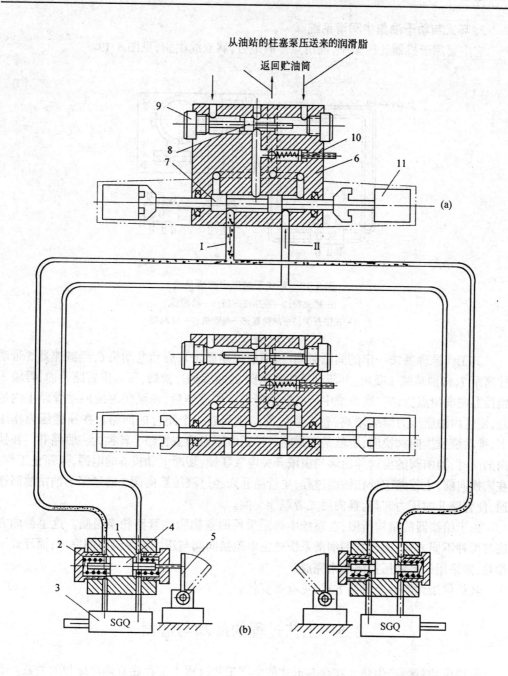

图 8.18　电磁换向阀和压力操纵阀协同工作原理图

(a)—电磁阀的滑阀在左边极限位置,管路Ⅰ供脂　(b)—电磁阀的滑阀在右边极限位置,管Ⅱ供脂

1—压力操纵阀的阀体;2—弹簧;3—给油器;4—压力操纵阀的滑阀;5—电极限开关

6、7—电磁换向阀的滑阀;8—柱塞式逆止阀;9—螺堵;10—安全阀的压力调节杆;11—电磁铁

通过电气联锁,使电磁阀的右边电磁铁 11 通电,滑阀 7 被吸向右近极限位置,达到换向目的,如图 7.18b 所示。这时供脂由主管路Ⅱ实现,主管路Ⅰ则与贮油筒呈卸荷联通状态。

2. 环式自动干油集中润滑系统

它主要用于机器比较集中,润滑点多的地方,属双线供脂,见图8.19。

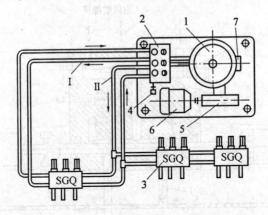

图 8.19　环式干油集中润滑系统
1—贮油筒;2—液压换向阀;3—给油器
4—极限开关;5—减速器;6—电动机;7—柱塞泵
Ⅰ、Ⅱ—输脂主管路

其工作原理是按一定的间隔时间(按润滑周期而定),启动电动机6,经减速器5带动柱塞泵7,将油从筒1吸出,并压到液压换向阀2,然后经过滤器,压入主管路Ⅰ内,再输入给油器向润滑点供油。当系统中所有给油器都工作完毕后,油泵仍继续向主管路Ⅰ内供脂,使管内油脂压力继续增高,整个系统的路线形成一个闭合的回路。在油脂压力作用下,推动液压换向阀换向,也就是润滑脂的输送由原来的主管路Ⅰ转换为主管路Ⅱ。在换向的同时,换向阀的滑阀伸出端与极限开关电气联锁,切断电动机6的电源,泵停止工作。在未换向前,主管路Ⅰ处在输脂过程,主管路Ⅱ则经过液压换向阀2的通路与油站油筒连通,使管路Ⅱ的压力卸荷,换向后二者职能交换。

由于给油器的结构所限,在系统中必须采用两条输脂主管路轮换送脂。这里换向方法有两种不同方式:流出式的润滑系统是由电磁换向阀与压力操纵阀协同完成;而环式干油站,则采用的是液压换向阀来完成。

其他供脂元器件及供脂方式,见有关资料。

8.5　工艺过程的冷却与润滑

只要做功就要产生热。在众多形式的生产工艺过程中都存在着热与冷却的关系。本节将以产生巨大热量的轧钢生产工艺和相对热量较大的(被加工表面与切削所产生的热量相比)金属切削工艺为例来介绍一下工艺过程的冷却与润滑。

一、轧钢工艺过程的冷却与润滑

现代化轧钢设备正朝着大型、高速、连续和自动化方向发展。其中,冷轧一般是用四辊式多辊轧机将准备适当的坯料轧成厚度在 0.8～0.01mm 之间的板材。目前,冷轧机的轧制压力已达数千吨(2 000～4 000t),其轧制速度高达 2 500m/min,金属在这样高速的变形过程中 min,内部分子间的磨擦必然产生大量的热量,另一方面,轧材在延伸时又伴随着相对轧速的前后滑动,见图 8.20。

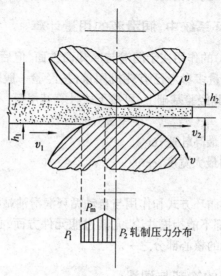

图 8.20　轧辊与轧材的相对运动

设:v——轧辊的圆周速度;

　　v_1,v_2——轧材出辊与入辊速度;

　　h_1,h_2——轧制前后轧材的厚度。

根据钢材轧制体积不变定律:

有　　　　　　　　　　　　　$v_1 \cdot h_1 = v_2 \cdot h_2$

因为 $h_1 > h_2$,v 为恒定值,则得不等式

$$v_2 > v > v_1$$

上式表明,轧材在轧制时对轧辊表面产生相对滑动,即所谓前后滑动。在巨大的轧制压力和高速轧制下,它也必然转化为巨大的摩擦热。并在无良好冷却与润滑的情况下,这两者有害热能必将引起轧辊和板材的温度迅速上升,并使轧辊变形,其强度及硬度降低,以致不能保证轧材的质量。而当轧制铝及铜材时则有可能使轧材与轧辊表面产生粘着现象,并剥落成微粒,附着在辊子表面上,这对有光亮表面要求的航空用板是绝对不允许的,所以冷轧板材过程中,必须给以充分的冷却与润滑,否则生产是难以正常进行的。

对冷轧工艺冷却润滑剂有以下基本要求:

①适当的油性,即在极大的轧制力下,仍能形成边界油膜,以降低摩擦力和金属的变形抗力,减少轧辊磨损,增加压下量,节约能量消耗。但轧辊与钢材之间还必须有一定的摩擦力,以保证轧材正常的咬入,所以润滑性能必须适当;

②良好的冷却性能,即能最大限度地吸收轧制过程中所产生的热量,达到恒温轧制,以保持稳定的辊形,使板材厚度保持均匀;

③对轧辊和板材表面有良好的冲洗清洁作用,以提高板材的表面质量,一般对润滑剂的过滤精度要求在 $1 \sim 15 \mu m$ 之间;

④有良好的理化稳定性,不与金属起化学反应,不影响金属的物理性能;

⑤有良好的防锈性和抗氧化性。

二、冷却、润滑循环系统中,润滑液的用量计算

工艺润滑剂(乳化油)的作用在于润滑与冷却两方面,但后者较前者更为重要。在高速板材轧机上,润滑液用量多参考已有轧机用量(按经验一般取 2~3L/KW,有的甚至对高速机组取 6L/KW),在此经验基础上,可按下式计算其用量

$$Q = v \cdot b \cdot z$$

式中　　v——最后机架的最高轧速,m/s;

　　　　b——被轧板材的最大宽度,cm;

　　　　z——机架数量。

据上所述,可知它的循环方式和作用与自动循环润滑油站相仿,但两者不论在润滑液的数量和过滤精度方面都不能相提并论,尤其过滤元件方面,必需设计专门的过滤装置,这是冷轧工艺冷却、润滑的核心部分之一。

三、金属切削过程的冷却与润滑

1. 金属切削过程的特点

切削加工与压力加工不同,它是在机床提供的运动和动力条件下,用刀具(可以是多种形状)切削工件毛坯上多余的金属,从而获得形状、精度及表面质量都符合设计要求的工件的过程。尽管各种机床的切削过程有很大的差别,但都是用刀具切削金属,见图 8.21。

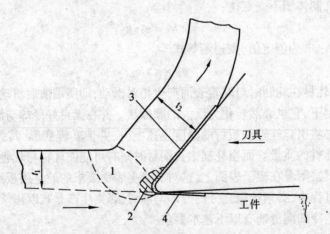

图 8.21　切削过程示意图

1—第一变形区;2—第二变形区;3—第一摩擦区;4—第二摩擦区

从图上几个区域看,在切削过程中,由于金属的塑性变形、切屑与前刀面以及已加工表面与后刀面间的摩擦等因素都能产生大量热。据有关资料估计,切削过程中所消耗的功,约有 97%转化的热量。刀具在此高温下,其硬度、强度和寿命都将急剧下降,为使切削正常进行必须给以适当的冷却与润滑。具体冷却与润滑系统此处不做详细介绍,请查找有关资料。

2.切削液

切削液的使用与研究很早就开始了。近些年来,很多科技工作者在这方面做了大量工作,取得了显著的成果。虽然对切削液作用的观点各有不同,但总的来说不外乎是:它能提高刀具寿命、工件尺寸精度、加工表面质量、切削效率;降低能耗和生产成本。总之,切削液应起到冷却、润滑、清洗和防锈作用,只不过上述提到的各种作用在具体条件下各有不同而已,使用时,请查找有关资料。

习 题 与 思 考

1.简述选用各种润滑剂的原则?

2.润滑油(剂)大致有几种供应方法?

3.稀油集中润滑系统中有哪些主要元件及设备?

4.简述机械加工及钢工艺过程中,冷却与润滑的意义与作用?

参 考 文 献

[1] 国家自然科学基金委员会工程与材料科学部机械工程科学技术前沿编委会. 机械工程科学技术前沿[M]. 北京:机械工业出版社,1996.

[2] 孙靖民等. 现代机械设计方法选讲[M]. 哈尔滨:哈尔滨工业大学出版社,1995.

[3] 戚昌滋等. 机械现代设计方法学[M]. 北京:中国建筑工业出版社,1987.

[4] 廖林清等. 机械设计方法学[M]. 重庆:重庆大学出版社,1996.

[5] 吴明泰等. 工程技术方法[M]. 沈阳:辽宁科学技术出版社,1985.

[6] 伊藤廣. 未来机械设计[M]. 徐风燕,译. 北京:人民交通出版社,1992.

[7] R 柯勒. 机械设计方法学[M]. 党志梁,等译. 北京:科学出版社,1990.

[8] RC 约翰逊. 机械设计综合创造性设计与最优化[M]. 陆国贤,等译. 北京:机械工业出版社,1987.

[9] 王成焘. 现代机械设计——思想与方法[M]. 上海:上海科学技术文献出版社,1999.

[10] 黄靖远等. 机械设计学[M]. 2 版. 北京:机械工业出版社,1999.

[11] 朱龙根等. 机械系统设计[M]. 北京:机械工业出版社,1992.

[12] 寺野寿郎. 机械系统设计[M]. 北京:机械工业出版社,1983.

[13] 邹慧君. 机械系统设计[M]. 上海:上海交通大学出版社,1994.

[14] 韦布 RM,霍利斯 WS. 工作移置机构[M]. 雷锡鎏,等译. 上海:上海科学科技出版社,1982.

[15] 戴曙. 金属切削机床[M]. 北京:机械工业出版社,1994.

[16] 赵松年等. 机电一体化机械系统设计[M]. 北京:机械工业出版社,1996.

[17] 初允绵. 仪表结构设计基础[M]. 北京:机械工业出版社,1979.

[18] 顾维帮. 金属切削机床概论[M]. 北京:机械工业出版社,1992.

[19] 杨荣柏. 金属切削机床——原理与设计[M]. 武汉:华中理工大学出版社,1987.

[20] A C 普罗尼科夫. 数控机床的精度与可靠性[M]. 北京:机械工业出版社,1987.

[21] 机床设计手册编写组. 机床设计手册(第一册,第二册,第三册)[M]. 北京:机械工业出版社,1986.

[22] 黄开榜. 金属切削机床[M]. 哈尔滨:哈尔滨工业大学出版社,1998.

[23] 顾熙棠. 金属切削机床(下册). 上海:上海科学技术出版社,1993.

[24] 邓怀德. 金属切削机床[M]. 北京:机械工业出版社,1987.

[25] 林亨耀. 塑料导轨与机床维修[M]. 北京:机械工业出版社,1989.

[26] 吕承湛. 轴承型号新旧对照指南[M]. 北京:机械工业出版社,1999.

[27] 赵昌颖等. 电力拖动基础[M]. 哈尔滨:哈尔滨工业大学出版社,1991.

[28] 李发海等. 电机与拖动基础[M]. 2版. 北京:清华大学出版社,1994.

[29] 邓星钟等. 机电传动控制[M]. 武汉:华中理工大学出版社,1992.

[30] 王光铨. 机床电力拖动与控制[M]. 北京:机械工业出版社,1997.

[31] 张建明等. 机电一体化系统设计[M]. 北京:北京理工大学出版社,1996.

[32] 白英彩等. 计算机集成制造系统——CIMS概论[M]. 北京:清华大学出版社,1997.

[33] 徐志毅. 机电一体化实用技术[M]. 上海:上海科学技术文献出版社,1995.

[34] 李正吾等. 机电一体化技术及其应用[M]. 北京:机械工业出版社,1990.

[35] 毕承恩等. 现代数控机床(上,下册)[M]. 北京:机械工业出版社,1991.

[36] 王永章等. 机床的数字控制技术[M]. 哈尔滨:哈尔滨工业大学出版社,1995.

[37] 俞新陆等. 液压机的结构与控制[M]. 北京:机械工业出版社,1989.

[38] 阿·依·采利可夫等. 轧钢机[M]. 莫斯科:冶金科学技术工业出版社,1958.

[39] 李金寿. 机床基础与机床安装[M]. 北京:机械工业出版社,1989.

[40] 张同. 精密机床修理与润滑[M]. 北京:国防工业出版社,1986.

[41] 设备润滑基础编写组. 设备润滑基础[M]. 北京:冶金工业出版社,1982.

[42] 中国机械工程学会摩擦学会润滑工程编写组. 润滑工程[M]. 北京:机械工业出版社,1986.

[43] 马先贵. 润滑与密封[M]. 北京:机械工业出版社,1985.

[44] 欧风. 合理润滑手册[M]. 北京:石油工业出版社,1993.

[45] 张晨辉. 设备润滑与润滑油应用[M]. 北京:机械工业出版社,1994.

[46] 汪德涛. 润滑技术手册[M]. 北京:机械工业出版社,1999.